U0918106

高等院校应用创新教材

工程地质学

张恩祥　冯　震　主编

科学出版社
北　京

内 容 简 介

本书以培养应用型人才为基础，系统全面地介绍了工程地质学的基础知识、基本理论和基本方法。本书主要内容包括：绪论，矿物和岩石，地层、地貌与地质构造，地表水及地下水的地质作用，岩石及特殊土的工程性质，不良地质现象及防治，地震工程地质问题，地下工程地质问题，工程地质勘察，工程地质试验与实习。

本书可作为土木工程、环境工程、水利水电工程及交通工程等专业学生的本科教材，也可供相关工程技术人员参考。

图书在版编目(CIP)数据

工程地质学 / 张恩祥，冯震主编. —北京：科学出版社，2018
（高等院校应用创新教材）
ISBN 978-7-03-051268-0

Ⅰ. ①工… Ⅱ. ①张… ②冯… Ⅲ. ①工程地质－高等学校－教材
Ⅳ. ①P642

中国版本图书馆 CIP 数据核字（2016）第 327088 号

责任编辑：周艳萍 / 责任校对：陶丽荣
责任印制：吕春珉 / 封面设计：耕者设计

科学出版社 出版
北京东黄城根北街 16 号
邮政编码：100717
http://www.sciencep.com
北京虎彩文化传播有限公司 印刷
科学出版社发行 各地新华书店经销
*
2018 年 4 月第 一 版 开本：787×1092 1/16
2020 年 1 月第二次印刷 印张：14 3/4
字数：332 000

定价：68.00 元

（如有印装质量问题，我社负责调换〈虎彩〉）
销售部电话 010-62136230 编辑部电话 010-62151061

编 委 会

主编　张恩祥　冯　震

编委　余　莉　李满根　李立云

　　　程祖锋　徐　双　徐　颖

前　　言

工程地质学是地质工程和土木工程（岩土）专业的主干课程，也是环境工程、水利水电工程及交通工程的重要必修课。

本书是编者们在多年教学、科研积累的基础上，总结自己的教学经验编写而成的。本书针对地质学基础知识较薄弱的学生，以培养应用型人才为基础，系统全面地介绍工程地质学的基础知识、基本理论和基本方法。

工程地质学是有多个分支学科的综合性学科，研究内容极为丰富，作为教材或教学参考书，面面俱到是不现实的。考虑到学时限制和土木工程各个专业方向的区别，本书重点介绍与铁路、公路、房建等土木工程专业方向密切相关的工程地质知识。鉴于学生在学习本课程之前地质基础知识较薄弱，在各章节的取舍上，重点介绍基础知识和成熟的研究成果；同时，为了提高学生的学习兴趣，在有限的篇幅内适当地介绍一些工程实例。

本书是按照48学时编写的。全书除前言和绪论外共9章，张恩祥与冯震担任主编，总体统筹并编写前言、绪论、第5章、第8章、第9章；李满根与徐双编写第1章；余莉与徐颖编写第2章、第4章、第7章；李立云与程祖锋编写第3章、第6章。

编者在编写本书的过程中得到了科学出版社、河北大学建筑工程学院的大力帮助，在此表示感谢。

由于编者水平有限，不足之处在所难免，恳请广大读者批评指正。

编　者

2017年8月

目　录

绪 论

本章导读 ☞

本章主要介绍工程地质学的主要研究内容、研究方法及实际意义，它与其他学科间的相互关系，工程地质学发展历史、现状和研究前沿，以及工程地质学的学习方法。

本章重点 ☞

（1）两个重要概念：工程地质条件和工程地质问题概念内涵的理解；

（2）有关工程地质学的研究方法的体系的建立。

0.1 工程地质学的研究对象、任务与分科

1. 定义

工程地质学是地质学的分支学科，它是一门研究与工程建设有关的地质问题、为工程建设服务的地质科学，属于应用地质学的范畴。

2. 研究实质

地球上现有的一切工程建筑物都建造于地壳表层一定的地质环境中。地质环境包括地壳表层和深部岩层，它影响建筑物的安全、经济和正常使用；而建筑物的兴建又反作用于地质环境，使自然地质条件发生变化，最终又影响到建筑物本身。二者处于既相互联系，又相互制约的矛盾之中。工程地质学就是研究地质环境与工程建筑物之间的关系，促使二者之间的矛盾得以转化、解决。

3. 研究任务

工程地质学通过工程地质勘察等为工程建设服务。通过勘察和分析研究，阐明建筑地区的工程地质条件，指出并解决存在的工程地质问题，为建筑物的设计、施工及使用提供所需的地质资料。它的主要任务是：①阐明建筑地区的工程地质条件，并指出对建筑物有利的和不利的因素；②论证建筑物所存在地区的工程地质问题，进行定性和定量的评价，得出确切的结论；③选择地质条件优良的建筑场址，并根据场址的地质条件合

理配置各个建筑物；④研究工程建筑物兴建后对地质环境的影响，预测其发展演化趋势，并提出对地质环境合理利用和保护的建议；⑤根据建筑场址的具体地质条件，提出有关建筑物类型、规模、结构和施工方法的合理建议，以及保证建筑物正常使用所应注意的地质要求；⑥为拟定改善和防治不良地质作用的措施方案提供地质依据。

可见，工程地质勘察是工程建设的基础工作。工程地质工程师务必要与工程设计师和施工工程师密切协作，以完成上述各项任务。

4. 两个重要概念

实践表明：工程地质条件的阐明，是工程地质工作的基础；而工程地质问题的论证和解决，则是工程地质工作的核心。因而，在这里明确工程地质条件和工程地质问题的含义是很有必要的。

工程地质条件（engineering geological condition）指的是与工程建设有关的地质因素的综合。地质因素包括岩土类型及其工程性质、地质结构、地形地貌、水文地质、工程动力地质作用和天然建筑材料等方面，它是一个综合概念。其中的某一因素不能概括为工程地质条件，而只是工程地质条件的某一方面。兴建任何一类建筑物，首要的任务就是要查明和认识建筑场区的工程地质条件。由于不同地域的地质环境不同，因此工程地质条件不同，影响工程建筑物地质因素的主次也不相同。工程地质条件是在自然地质历史发展演化过程中形成的，是客观存在的。

工程地质问题（engineering geological problem）指的是工程地质条件与建筑物之间所存在的矛盾或问题。优良的工程地质条件能适应建筑物的安全、经济和正常使用的要求，其矛盾不会激化到对建筑物造成危害；但是工程地质条件往往有一定的缺陷，从而可能对建筑物产生严重的甚至是灾难性的危害。所以，一定要将矛盾着的两个方面联系起来进行分析。由于工程建筑的类型、结构形式和规模不同，对地质环境的要求不同，因此工程地质问题也是复杂多样的。例如，工业与民用建筑的主要工程地质问题是地基承载力和沉降问题；地下洞室的主要工程地质问题是围岩稳定性问题；露天采矿场的主要工程地质问题是采坑的边坡稳定性问题；水利水电工程中，土石坝最需注意的是坝基渗透变形和渗漏问题，混凝土重力坝是坝基抗滑稳定问题，拱坝是坝肩抗滑稳定问题。因此，工程地质问题的分析、评价，是工程地质工程师的中心任务。

5. 相关工程实例

在国外，由于工程地质问题导致的建筑事故不乏其例。在大坝建设工程中，此类事故更是惨重。例如，1928 年美国圣弗朗西斯（St. Francis）重力坝失事是由坝基软弱岩层崩解，遭受冲刷和滑动引起的。1959 年法国马尔帕塞（Malpasset）薄拱坝的溃决则是由坝的左翼片麻岩体沿着一个倾斜的软弱结构面滑动所致。1963 年 10 月 9 日意大利发生的瓦依昂（Vaiont）水库左岸大滑坡（图 0-1）更是举世震惊。

瓦依昂双曲拱坝坝高 261.6m，是当时世界较高的大坝之一。当水库壅水至 225.4m 时，左岸山体突然下滑，体积达 2.7×10^8～3.0×10^8m^3，滑速达 28m/s，水库中 5×10^7m^3 的水体被挤出，激起 250m 高的巨大涌浪，高 150m 的洪波溢过坝顶冲向下游，约有 3000 人丧生。该水库开始蓄水时，就发现左岸山体蠕滑变形，但未引起水工人员的注意，随着水库水位抬高，滑动面上孔隙水压力加大，从而导致整个山体下滑。

在工业与民用建筑中，也有许多典型的地质事故。例如，加拿大特朗斯康（Transcona）谷仓的倾倒（图 0-2），是由于对该区大建筑物地基中深埋软土层的不均匀沉降估计不足。巴西 1958 年初刚建成的一座十一层高层建筑，尚未使用即倾倒平躺在地上，其原因是支承该建筑物的钢筋混凝土桩长度不够，未能深入沼泽土以下的硬土层中，致使地基承载力不足而不均匀沉降过大。

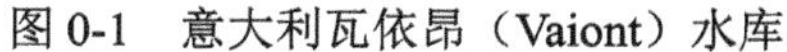

图 0-1　意大利瓦依昂（Vaiont）水库

图 0-2　加拿大特朗斯康（Transcona）谷仓的倾倒

我国也有一些建筑工程因工程地质问题而造成严重事故。例如，1961 年 3 月湖南资水柘溪水电站的近坝库岸滑坡，发生于震旦系板溪群砂质板岩中。水库蓄水时，受岩体孔隙中水压力作用导致库岸边坡失稳，产生滑坡；滑坡体倾入水库中产生的涌浪溢过坝顶冲向下游，造成了生命财产的严重损失。1980 年 6 月湖北远安盐池河磷矿的岩崩发生于震旦系灯影组厚层灰岩中。由于在灰岩下部较软弱的陡山沱组薄层白云质灰岩和页岩中开拓采掘巷道，引起岩体变形，使上部厚层灰岩中顺坡向陡倾节理被拉开，约 100 万 m^3 的岩体急速崩落，摧毁了矿务局和坑口全部建筑物，死亡 281 人。此外，我国因物理地质作用造成的地质灾害亦造成了严重的生命财产损失。例如，1978 年唐山大地震，1981 年四川大渡河南岸利子依达沟和辽东老帽山地区的泥石流，1983 年甘肃东乡洒勒山大滑坡，1987 年四川巫溪岩崩等。

由此可见，为保证工程的正常施工、运行和生命财产的安全，工程地质学的任务是非常重要的。

6. 研究内容

工程地质学的任务决定了它的研究内容，归纳起来主要有以下几个方面。

（1）岩土工程性质的研究

地球上任何类型的建筑物均离不开岩土体，无论是分析工程地质条件，或是评价工程地质问题，首先要对岩土的工程性质进行研究，包括研究岩土体的工程地质性质及其形成变化规律、岩土参数的测试技术和方法、岩土体的类型和分布规律，以及对其不良性质进行改善等内容。有关这方面的研究，是由工程地质学的分支学科工程岩土学（science of engineering rock and soil）来进行的。

（2）工程动力地质作用的研究

地壳表层由于受到包括地球的内力和外力在内的各种自然营力的作用，以及人类的工程-经济活动的作用，从而影响建筑物的稳定和正常使用。这种对工程建筑有影响的地质作用，即为工程动力地质作用。习惯上将由自然营力引起的各种地质现象称为物理地质现象，由人类工程-经济活动引起的地质现象称为工程地质现象。研究工程动力地质作用（现象）的形成机制、规模、分布、发展演化的规律，以及所产生的有关工程地质问题，对它们进行定性的和定量的评价，进而有效地对其进行防治、改造，就成为工程地质学的另一分支学科——工程动力地质学（engineering dynamic geology）的研究内容。

（3）工程地质勘察理论和技术方法的研究

为了查明建筑场区的工程地质条件，论证工程地质问题，正确地做出工程地质评价，以提供建筑物设计、施工和使用所需的地质资料，就需进行工程地质勘察。不同类型、结构和规模的建筑物，对工程地质条件的要求及所产生的工程地质问题各不相同，因而勘察方法的选择、工作的布置原则及工作量的使用也不相同。为了保证建筑物的安全和正常使用，首先必须详细而深入地研究可能产生的工程地质问题，在此基础上安排勘察工作。应制定适用于不同类型工程建筑的各种勘察规范或工作手册，作为勘察工作的指南，以保证工程地质勘察的质量和精度。在当前工程地质勘察中，尤其要研究新颖的勘察理论和新技术方法的应用，使勘察工作更为快速、便捷、有效。有关这方面的研究，是由专门工程地质学（special engineering geology）这一分支学科来进行的。

（4）区域工程地质的研究

区域工程地质是为工程规划设计提供地质依据的。不同地域由于自然地质条件不同，工程地质条件也不相同。认识并掌握广大地域工程地质条件的形成和分布规律，预测这些条件在人类工程-经济活动影响下的变化规律，并按工程地质条件进行区划，做出工程地质区划图，就是区域工程地质研究的内容。区域工程地质学（regional engineering geology）即为这方面研究的分支学科。

由此，我们可以知道，工程地质学是一门应用性非常强的地质科学。它在工程建设中的地位相当重要，服务对象非常广泛，所研究的内容十分丰富。

0.2 工程地质学的研究方法及其与其他学科的关系

1. 研究方法

工程地质学的研究方法与它的研究内容相适应，主要有自然历史分析法、数学力学分析法、模型模拟试验法和工程地质类比法。

（1）自然历史分析法

自然历史分析法即为地质学的方法，它是工程地质学最基本的一种研究方法。工程地质学所研究的对象——地质体和各种地质现象，是在自然地质历史过程中形成的，而且随着所处条件的变化，依然在不断地发展演化着。所以对一个动力地质作用或建筑场地进行工程地质研究时，首先就要做好基础地质工作，查明各项自然地质条件和各种地质现象，以及它们之间的关系，预测其发展演化的趋势及结果。只有这样，才能真正查明研究地区的工程地质条件，并作为进一步研究工程地质问题的基础。例如，对斜坡变形与破坏问题进行研究时，要从研究形态入手，确定斜坡变形与破坏的类型、规模及边界条件，分析斜坡变形、破坏的机制及各项影响、控制因素，以展现其空间分布格局，进而分析其形成、发展演化过程和发育阶段，从空间分布和时间序列上揭示其内在规律；并且还要预测在人类工程-经济活动下的变化情况，为深入进行斜坡稳定性工程地质评价奠定基础。

又如，研究坝基抗滑稳定性问题时，首先必须查明坝基岩体的层岩性特点、地质结构及地下水活动条件，尤其要注意研究软弱泥化夹层的存在和岩体中其他各种破裂结构面的分布及其组合关系，找出可能的滑移面和切割面及它们与工程作用力的关系，研究滑移面的工程地质习性，以作为进一步研究坝基抗滑稳定的基础。

但是，仅有地质学的方法不能完全满足工程地质评价的要求，因为它终究属于定性研究的范畴，并没有数量的概念。所以要深入研究某一工程地质问题时，还必须采用定量研究的方法。数学力学分析法、模型模拟试验法即属于定量研究的范畴。

（2）数学力学分析法

数学力学分析法是在自然历史分析的基础上开展的。即对某一工程地质问题或工程动力地质现象，在进行自然历史分析之后，根据所确定的边界条件和计算参数，运用理论公式或经验公式进行定量计算。例如，在斜坡稳定性计算中通常采用的刚体极限平衡理论法，就是在假定斜坡岩土体为刚体的前提下，将各种作用力以滑动力和抗滑力的形式集中作用在可能的滑移破坏面上，求出该面上的边坡稳定系数，作为定量评价的依据。为了弄清边界条件和合理地选用各项计算参数，就需要进行工程地质勘探、试验，有时则要耗费巨大的资金和人力。所以除大型或重要的建筑物外，一般建筑物往往采用经验数据类比进行计算。

由于自然地质条件比较复杂，因此在计算时常常需要把条件适当简化，并将空间问题简化为平面问题来处理。一般的情况是，先建立地质模型（物理模型），随后抽象为数学模型，代入各项计算参数进行计算。当前由于现代电子计算技术的发展，各种数学、力学计算模型越来越多地运用于工程地质领域中。基于弹性力学和弹塑性力学理论的有限单元法也日益广泛地应用于斜坡稳定性、坝基抗滑稳定性、地面沉降及水库诱发地震危险性等的分析计算。这种方法在计算空间问题，非均质、非线性的复杂课题时更显示出它的优越性。此外，模糊数学、数量化方法、灰色理论、逻辑信息法等的引入，为工程地质评价开辟了新的途径。

（3）模型模拟试验法

模型模拟试验法在工程地质研究中也常被采用，它可以帮助人们探索自然地质作用的规律，揭示某一工程动力地质作用或工程地质问题产生的力学机制，发生、发展演化的全过程，以便做出正确的工程地质评价。有些自然规律或建筑物与地质环境相互作用的关系可以用简单的数学表达式来表示，而有些数学表达式则十分复杂难解，甚至因不易发现其作用的规律而无法用数学表达式来表示，在这种情况下，采用模型模拟试验则更为有益。

进行模型模拟试验必须要有理论做指导，除了工程力学、岩体力学、土力学、水力学、地下水动力学等理论指导外，还必须有量纲原理和相似原理做指导。

模型试验与模拟试验的区别在于，试验所依据的基础规律是否与实际作用的基础规律一致。例如，用渗流槽进行坝基渗漏试验，是属于模型试验的方法，因为试验所依据的是达西定律，与实际控制坝基渗漏的基础规律相同。但若用电网络法进行这种试验，则属于模拟试验的方法，因为试验是以电学中的欧姆定律为依据的；欧姆定律与达西定律形式上虽然相似，但本质上并不相同。

在工程地质中，常见的模型试验有地表流水和地下水渗流作用，斜坡稳定、地基稳定、水工建筑物抗滑稳定及地下洞室围岩稳定等工程岩土体稳定性的试验。常用的模拟试验有光测弹性和光测塑性模拟试验，以及模拟地下水渗流的电网络模拟试验等。

（4）工程地质类比法

工程地质类比法在工程地质研究中也是一种常用的方法，可以用于定性评价，也可用于半定量评价。它是将已建建筑物工程地质问题的评价经验运用到自然地质条件与之大致相同的拟建的同类建筑物中去。很显然，这种方法的基础是相似性，即自然地质条件、建筑物的工作方式、所预测的工程地质问题性质都应大致相同或近似。它往往受研究者的经验所限制。由于自然地质条件等不可能完全相同，类比时又往往把条件加以简化，因此这种方法是较为粗略的，一般适用于小型工程或初步评价。目前在评价斜坡稳定性中常用的标准边坡数据法即属此法。

上述四种研究方法各有特点，应互为补充，综合应用。其中自然历史分析法是最重要和最根本的研究方法，是其他研究方法的基础。

2. 与其他学科的关系

由上述可知，工程地质学所涉及的知识范围是很广泛的，它必须有多个学科的知识作为理论基础。除了与地质学的各分支学科有密切关系外，还与其他许多学科相联系。

地质学的分支学科——动力地质学、矿物学、岩石学、构造地质学、地史学、第四纪地质学、地貌学和水文地质学等，都是工程地质学的地质基础学科。工程地质研究没有上述各学科的知识是无法进行的。在工程地质研究中，各地质学分支学科的理论和方法常为之应用。但是，工程地质学是为工程建设服务的，其研究目的性非常明确而实际，所以在研究的深度和方法上与地质学的其他分支学科有所不同。例如，动力地质作用都是动力地质学和工程地质学研究的对象，但前者主要是定性地研究其形态、分布、产生条件等方面的内容；而后者不但要进行定性的研究，而且还要更深入地研究其形成机制，定量地研究其发生、发展演化的规律，对工程建筑物的影响程度，以及有效的防治措施等。

为定量评价工程地质问题，工程地质学需要数学和力学学科知识作为基础。所以，高等数学、应用数学、工程力学、弹性力学、土力学和岩体力学等都与工程地质学有着十分密切的关系。工程地质学中的大量计算问题，实际上就是土力学和岩体力学中所研究的课题。因此，在广义的工程地质概念中，甚至将土力学和岩体力学也包含进去。土力学和岩体力学是从力学的观点研究土体和岩体的，它们是属于力学范畴的分支学科。

工程地质学也以其他的基础学科作为自己的基础，如物理学、普通化学、物理化学和胶体化学等。此外，工程地质学还与工程建筑学、环境学、生态学及其他应用技术学科有密切的联系。

0.3 工程地质学的历史与展望

工程地质学作为地质学的分支学科，独立成为一门科学有 80 多年的历史，因而它是一门颇为年轻的科学。

20 世纪 30 年代初，苏联开展了大规模国民经济建设，促使地质学与建筑工程科学相互渗透，工程地质学由此作为一门独立学科萌生了。1932 年在莫斯科地质勘探学院成立了由 Ф.П.萨瓦连斯基领导的工程地质教研室，负责培养工程地质专业人才，并奠定了工程地质学的理论基础。与此同时，在欧美国家中工程地质工作也有所开展，但它是附属于土木建筑工程中的，并未成为独立完整的科学体系，主要从事一般地质构造和地质作用与工程建设关系的研究。有关岩土工程地质性质和力学问题的研究是由土力学和岩体力学来进行的，称为岩土工程（geotechnical engineering）。工程地质学经过了 80 多年的发展，学科体系逐渐完善，已形成有多个分支学科的综合性学科。总之，工程地质学发展的前景广阔，它在发展的道路上将使自己的体系不断充实和成熟，为人类做出更大的贡献。

0.4 本书内容与学习要求

本课程是土木工程专业的专业基础课，主要研究与工程建设有关的工程地质条件和现象，以及常见工程的地质问题，包括它们的特征、形成机制、发生和发展演化规律、影响因素、可能产生的工程地质问题、分析评价和预测预报方法，以及防治措施等。全书除前言和绪论外共 9 章，第 1～3 章属于基础地质的内容，第 4～9 章属于土木工程地质的内容。

本课程对本科学生有以下要求：

1）掌握工程地质的基本理论和知识，能正确运用工程地质勘察资料进行土木工程的设计和施工。

2）了解不良地质现象的形成条件和机制，根据勘察数据和资料，能有效地进行防治设计。

3）了解土木工程的工程地质问题，能在工程设计、施工、运营中解决实际的工程地质问题。

4）了解地质勘察的内容、方法及勘察成果，能对中小型工程进行工程地质勘察工作。

思考与习题

1. 工程地质学的主要研究任务是什么？
2. 什么是工程地质条件？
3. 什么是工程地质问题？
4. 工程地质学的研究方法有哪些？

第1章 矿物和岩石

本章导读

所有与岩土有关的土木工程活动都是在特定的地质条件下进行的，而矿物和岩石是形成地质条件的物质基础。矿物是在地壳中天然形成的，是具有一定化学成分和物理性质的自然元素或化合物。岩石是矿物的天然集合体。构成岩石的矿物称为造岩矿物。本章着重讲述主要的造岩矿物和常见的三大类岩石，以及它们的主要类型和地质特征。

本章重点

（1）造岩矿物的概念及主要类型特征；

（2）岩浆岩的概念及主要类型特征；

（3）沉积岩的概念及主要类型特征；

（4）变质岩的概念及主要类型特征。

地球是一个不规则的椭球体。它绕太阳公转，并绕自转轴由西向东旋转。赤道半径略长，约为 6378km，极半径略短，约为 6356.8km，平均半径约为 6371km。地球总表面积约为 $5.1\times10^8km^2$，大陆面积约为 $1.5\times10^8km^2$，约占 29%；海洋面积约为 $3.6\times10^8km^2$，约占 71%。地球体积为 $1.083\times10^{12}km^3$，平均密度为 $5507.85kg/m^3$。地球是由不同状态、不同物质的圈层构成的，地球的内部由地壳、地幔和地核三个圈层组成（图 1-1）。

1. 地壳

地壳为地球表面固体的薄壳，平均厚度为 33km，洋壳较薄，为 2～11km，陆壳较厚，为 15～80km，平均密度为 $2.7\sim2.8g/cm^3$。人类的工程活动多在地壳的表层进行，一般不超过 2km 的深度，但石油、天然气井钻探深度可达 7km 以上。

2. 地幔

地幔是位于地壳与地核之间的中间构造层，主要为富含铁镁的硅酸盐物质，其下限距地面的平均深度约为 2891km。

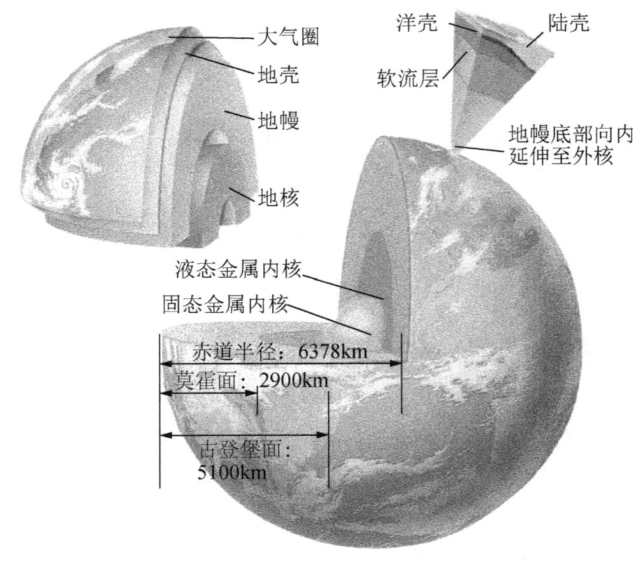

图 1-1　地球的内部构造

3. 地核

地核位于地幔以下，是地球的核心部分。其半径约为 3489km，靠近地幔的外核主要由液态铁组成，含约 10%的镍，15%的较轻的硫、硅、氧、氟、氢等元素；内核由在极高压（3.3×10^5～3.6×10^5MPa）下结晶的固体铁镍合金组成，其刚性很高。

地球表层温度较低、刚性较大的地壳和地幔顶部称为岩石圈。岩石圈厚度在全球各部分不一致：大洋部分岩石圈厚 6～100km，大陆部分岩石圈厚 100～400km。岩石由矿物组成，矿物由各种化合物或化学元素组成。在地壳中已发现 90 多种化学元素，它们的含量和分布不均衡，其中氧、硅、铝、铁、钙、钠、钾、镁、钛和氢十种元素含量较多，占元素总量的 99.66%（表 1-1），这些元素多以化合物出现，少数以单质元素存在。

表 1-1　地壳主要元素质量分数

元素	质量分数/%	元素	质量分数/%
氧（O）	46.95	钠（Na）	2.78
硅（Si）	27.88	钾（K）	2.28
铝（Al）	8.13	镁（Mg）	2.06
铁（Fe）	5.17	钛（Ti）	0.62
钙（Ca）	3.65	氢（H）	0.14

矿物是在地壳中天然形成的具有一定化学成分和物理性质的自然元素或化合物，通常是无机作用形成的均匀固体。例如，石英（SiO_2）、方解石（$CaCO_3$）、石膏（$CaSO_4\cdot2H_2O$）等是以自然化合物形态出现的；石墨（C）、金（Au）等矿物是以自然元素形态出现的。构成岩石的矿物称为造岩矿物。

岩石是矿物的天然集合体。多数岩石是一种或几种造岩矿物按一定方式结合而成的，部分为火山玻璃或生物遗骸。岩石按成因可分为岩浆岩、沉积岩和变质岩三大类。本章着重讲述主要的造岩矿物和常见的三大类岩石。

1.1　主要造岩矿物

目前人类已发现的矿物有 3000 多种，其中构成岩石主要成分、明显影响岩石性质、对鉴定岩石类型起重要作用的矿物称为造岩矿物。常见的主要造岩矿物有 30 余种。

1.1.1　矿物的物理性质

矿物的物理性质包括形态、颜色、条痕、光泽、透明度、硬度、解理、断口、密度等，都是肉眼鉴定矿物的依据。

1. 形态

绝大多数矿物呈固态，只有极个别的矿物呈液态，如自然汞（Hg）等。大多数固体矿物是结晶质，少数为非结晶质。结晶质矿物内部质点（原子、分子或离子）在三维空间有规律重复排列，形成空间格子构造，如食盐为立方晶格（图 1-2）。结晶质矿物只有在晶体生长速度较慢，周围有自由空间时，才能形成有规则的几何外形，这种晶体称为自形晶体，如石英、金刚石等都是自形晶体（图 1-3）。

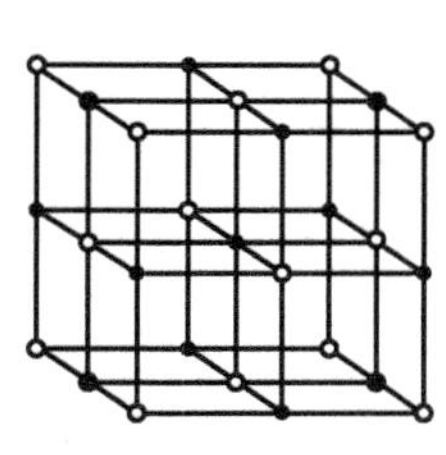

图 1-2　食盐晶格

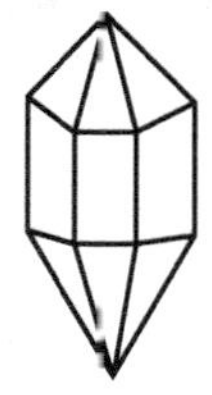

（a）石英晶体

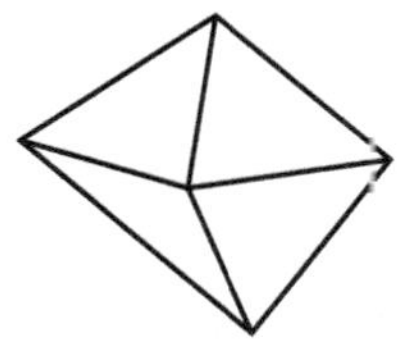

（b）金刚石晶体

图 1-3　矿物自形晶体

非结晶质矿物的内部质点排列无规律性，故没有规则的外形。常见的非结晶质矿物有玻璃矿物和胶体矿物两种，如火山玻璃由高温熔融状的火山物质经迅速冷却而成，蛋白石由硅胶凝聚而成。

结晶质矿物由于化学成分和生成条件不同，因此矿物单体的晶形千姿百态。常见的矿物单体形态如下：

片状、鳞片状：如云母、绿泥石等；

板状：如斜长石、板状石膏等；

柱状：如角闪石（长柱状）、辉石（短柱状）等；

立方体状：如岩盐、方铅矿、黄铁矿等；

菱面体状：如方解石、白云石等。

常见的结晶质和非结晶质矿物集合体形态如下：

粒状、块状、土状：矿物在三维空间接近等长的集合体。颗粒界限较明显的称为粒状（如橄榄石等），颗粒界限不明显的称为块状（如石英等），疏松的块状称为土状（如高岭石等）。

鲕状、豆状、肾状：矿物集合体形成近圆球形结核构造，如鱼卵大小的称为鲕状（如方解石、赤铁矿等），有时呈现豆状、肾状（如赤铁矿等）。

纤维状：如石棉、纤维石膏等。

钟乳状：如方解石、褐铁矿等。

2. 颜色

矿物的颜色是多种多样的，主要取决于矿物的化学成分和内部结构。按矿物成色原因可分为自色、他色和假色。矿物固有的比较稳定的颜色称为自色，如黄铁矿是铜黄色，橄榄石是橄榄绿色。矿物中混有杂质时形成的颜色称为他色。他色不固定，与矿物本身性质无关，对鉴定矿物意义不大，如纯石英晶体是无色透明的，而当石英含有不同杂质时，就可能出现乳白色、紫红色、绿色、烟黑色等多种颜色。由矿物内部裂隙或表面氧化膜对光的折射、散射形成的颜色称为假色，如方解石解理面上常出现的虹彩。

3. 条痕

矿物在白色无釉的瓷板上划擦时留下的粉末痕迹色称为条痕。条痕可消除假色，减弱他色，常用于矿物鉴定。例如，角闪石为黑绿色，条痕是淡绿色；辉石为黑色，条痕是浅绿色；黄铁矿为铜黄色，条痕是黑色等。

4. 光泽

光泽指矿物表面反射光线的能力。根据矿物平滑表面反射光的强弱，可分为以下几种。

（1）金属光泽

矿物平滑表面反射光强烈闪耀，如方铅矿、黄铁矿等。

（2）半金属光泽

矿物表面反射光较强，如磁铁矿等。

（3）非金属光泽

透明和半透明矿物表现的光泽为非金属光泽，其按反光程度和特征又可划分为以下几种。

1）金刚光泽：矿物平面反光较强，状若钻石，如金刚石。

2）玻璃光泽：状若玻璃板反光，如石英晶体表面。

3）油脂光泽：状若染上油脂后的反光，多出现在矿物凹凸不平的断口上，如石英断口。

4）珍珠光泽：状若珍珠或贝壳内面出现的乳白色彩光，如白云母薄片等。

5）丝绢光泽：出现在纤维状矿物集合体表面，状若丝绢，如石棉、绢云母等。

6）土状光泽：矿物表面反光暗淡如土，如高岭石和某些褐铁矿等。

5. 透明度

透明度是指矿物透过可见光的程度。根据矿物透明程度，将矿物划分为透明矿物、半透明矿物和不透明矿物。大部分金属、半金属光泽矿物都是不透明矿物（如方铅矿、黄铜矿、磁铁矿）；玻璃光泽矿物均为透明矿物（如石英晶体和方解石晶体）；介于二者之间的矿物为半透明矿物，很多浅色的造岩矿物都是半透明矿物（如石英、滑石）。用肉眼进行矿物鉴定时，应注意观察等厚条件下的矿物碎片边缘，用来确定矿物的透明度。

6. 硬度

矿物的硬度指矿物抵抗外力作用（如压入、研磨）的能力。由于矿物的化学成分和内部结构不同，其硬度也不相同，因此硬度是矿物鉴定的一个重要特征，目前常用十种已知矿物组成莫氏硬度计（参见表 1-2）作为标准。为了方便鉴定矿物的相对硬度，还可以用指甲（硬度为 2.5）、小钢刀（硬度为 5～5.5）、玻璃（硬度为 5.5）作为辅助标准，从而确定待鉴定矿物的相对硬度。

表 1-2　莫氏硬度表

硬度	矿物	硬度	矿物
1	滑石	6	正长石
2	石膏	7	石英
3	方解石	8	黄玉
4	萤石	9	刚玉
5	磷灰石	10	金刚石

7. 解理

矿物在外力敲打下沿一定结晶平面破裂的固有特性称为解理。开裂的平面称为解理面，由于矿物晶体内部质点间的结合力在不同方向上不均一，解理面方向和完全程度都有差异。如果某个矿物晶体内部几个方向上结合力都比较弱，那么这种矿物就具有多组解理（如方解石）。

根据矿物产生解理面的完全程度，可将解理分为四级：

1）极完全解理：极易裂开成薄片，解理面大而完整，平滑光亮（如云母）。

2）完全解理：沿解理面常裂开成块状、板状，解理面平坦光亮（如方解石）。

3）中等解理：常在两个方向上出现两组不连续、不平坦的解理面，第三个方向上为不规则断裂面，如长石、角闪石。

4）不完全解理：很难出现完整的解理面，如橄榄石、磷灰石等。

8. 断口

不具有解理的矿物，在锤击后沿任意方向产生不规则断裂，其断裂面称为断口。常见的断口形状有贝壳状断口（如石英）、平坦状断口（如蛇纹石）、参差粗糙状断口（如黄铁矿、磷灰石等）、锯齿状断口（如自然铜等）。

9. 密度

矿物的密度取决于组成元素的相对原子质量和晶体结构的紧密程度。石英的相对密度为 2.65，正长石的相对密度为 2.54，普通角闪石的相对密度为 3.1～3.3。矿物的相对密度一般可以实测。

矿物的物理性质还表现在其他很多方面，如磁性、压电性、发光性、弹性、挠性、脆性与延性等，都可以用来鉴定矿物。

1.1.2 主要造岩矿物及其鉴定特征

常见的主要造岩矿物有 30 余种。它们的共生组合规律及其含量不仅是鉴定岩石的依据，而且显著地影响岩石的物理力学性质。

1. 石英

石英（SiO_2）是岩石中常见的矿物之一。石英结晶常形成单晶或丛生为晶簇。纯净的石英晶体为无色透明的六方双锥，称为水晶。一般岩石中的石英多呈致密的块状或粒状集合体。一般为白色、乳白色，含杂质时呈紫红色、烟色、黑色、绿色等颜色；晶面为玻璃光泽，块状和粒状石英为油脂光泽；无解理；断口贝壳状；硬度为 7；相对密度为 2.65。

2. 长石

长石（$RAlSi_3O_8$）是一大族矿物，是地壳中分布最广泛的矿物。它在岩石分类和命名中占重要位置。长石按成分划分为三种基本类型：钾长石（$KAlSi_3O_8$）、钠长石（$NaAlSi_3O_8$）和钙长石（$CaAl_2Si_2O_8$）。以钾长石为主的长石矿物称为正长石，由钠长石和钙长石按各种比例混溶而成的一系列矿物称为斜长石。

（1）正长石

单晶为柱状或板状，在岩石中多为肉红色或淡玫瑰红色，玻璃光泽，硬度为 6，相对密度为 2.54～2.57，常和石英伴生于酸性花岗岩中。

（2）斜长石

晶体多为板状或柱状，晶面上有平行条纹，多为灰白、灰黄色，玻璃光泽，有两组近正交的解理，硬度为 6～6.5，相对密度为 2.61～2.75，常与角闪石和辉石共生于较深色的岩浆岩（如闪长岩、辉长岩）中。

3. 白云母

白云母［$KAl_2(AlSi_2O_{10})(OH)_2$］单晶体为板状、片状，横截面为六边形，有一组极完全解理，易剥成薄片，薄片无色透明，具有玻璃光泽；集合体常呈姜黄、淡绿色，具有珍珠光泽，薄片有弹性，硬度为 2～3，相对密度为 3.02～3.12。

4. 普通角闪石

普通角闪石｛$Ca_2 Na(Mg,Fe)_4(Al,Fe)[(Si,Al)_4O_{11}]_2(OH)_2$｝多以单晶出现，一般呈长柱状或近三向等长状，横截面为六边形。集合体为针状、粒状，多为深褐色至黑色，玻璃光泽，两组完全解理，交角为 56°（124°），平行柱面，硬度为 5.5～6，相对密度为 3.1～3.6。

5. 普通辉石

晶体常呈短柱状，横截面为近八角形。集合体为块状、粒状，暗绿黑色，有时带褐色，玻璃光泽，两组完全解理，交角为 87°（93°），硬度为 5.5～6.0，相对密度为 3.2～3.6。普通辉石是颜色较深的基性和超基性岩浆岩中很常见的矿物，多有斜长石伴生。

6. 橄榄石

晶体为短柱状，多不完整，常呈粒状集合体。颜色为橄榄绿、黄绿、绿黑色，含铁越多颜色越深。玻璃光泽，不完全解理，油脂光泽，硬度为 6.5～7，相对密度为 3.3～3.5，常见于基性和超基性岩浆岩中。

7. 方解石

晶体为菱形六面体，在岩石中常呈粒状，纯净方解石（$CaCO_3$）晶体无色透明，因含杂质故多呈灰白色，有时为浅黄、黄褐、浅红等色，三组完全解理，玻璃光泽，硬度为 3，相对密度为 2.6～2.8，遇冷稀盐酸剧烈起泡，是石灰岩和大理岩的主要矿物成分。

8. 白云石

晶体为菱形六面体，在岩石中多为粒状，白色，含杂质为浅黄、灰褐、灰黑等色，完全解理，玻璃光泽，硬度为 3.5～4，相对密度为 2.8～2.9，遇热稀盐酸有起泡反应，是白云岩的主要矿物成分。

9. 滑石

完整的六方菱形晶体很少见，多为板状或片状集合体，多为浅黄、浅褐或白色，半透明，有一组极完全解理，解理面上为珍珠光泽，薄片有挠性，手摸有滑感，硬度为 1，相对密度为 2.7～2.8。

10. 绿泥石

绿泥石是一族种类繁多的矿物，多呈鳞片状或片状集合体状态，颜色暗绿，珍珠光泽，有一组完全解理，薄片有挠性，硬度为 2～3，相对密度为 2.6～2.85，常见于温度不高的热液变质岩中，由绿泥石组成的岩石强度低，易风化。

11. 硬石膏

晶体为近正方形的厚板状或柱状，一般呈粒状，纯净晶体无色透明，一般为白色，玻璃光泽，有三组完全解理，硬度为 3～3.5，相对密度为 2.8～3.0。硬石膏在常温常压下遇水能生成石膏，体积膨胀近 30%，同时产生膨胀压力，可能引起建筑物基础及隧道衬砌等变形。

12. 石膏

晶体多为板状，一般为纤维状和细粒集合块状，颜色灰白，含杂质时有灰、黄、褐色，纯晶体无色透明，玻璃光泽，有一组极完全解理，能劈裂成薄片，薄片无弹性，有挠性，硬度为 2，相对密度为 2.3。在适当条件下脱水可变成硬石膏。

13. 黄铁矿

单晶体为立方体或五角十二面体，晶面上有条纹，在岩石中黄铁矿多为粒状或块状集合体，颜色为铜黄色，金属光泽，参差状断口，条痕为深绿黑色，硬度为 6～6.5，相对密度为 4.9～5.2。黄铁矿经风化易产生腐蚀性硫酸。

14. 高岭石

高岭石通常为疏松土状，是鳞片状、细粒状矿物的集合体，纯者白色，含杂质时为浅黄、浅灰等色，土状或蜡状光泽，硬度为 1～2，相对密度为 2.60～2.63。吸水性强，潮湿时可塑，有滑感。

15. 蒙脱石

蒙脱石通常为隐晶质土状，有时为鳞片状集合体，浅灰白、浅粉红色，有时带微绿色，土状光泽或蜡状光泽，鳞片状集合体有一组完全解理，硬度为 2～2.5，相对密度为 2～2.7，吸水性强，吸水后体积可膨胀几倍，具有很强的吸附能力和阳离子交换能力，具有高度的胶体性、可塑性和黏结力，是膨胀土的主要成分。

1.2 岩 浆 岩

1.2.1 岩浆岩的形成

岩浆岩是由岩浆冷凝固结而形成的岩石。岩浆是以硅酸盐为主要成分，富含挥发性物质（CO_2、CO、SO_2、HCl 及 H_2S 等），在上地幔和地壳深处形成的高温高压熔融体。

岩浆的温度为 1000～1200℃，岩浆的化学成分十分复杂，它囊括了地壳中的所有元素。岩浆根据其成分可以划分为两大类：一是基性岩浆，富含铁、镁氧化物，黏性较小，流动性较大；二是酸性岩浆，富含钾、钠和硅酸，黏性较大，流动性较小。

岩浆可以在上地幔或地壳深处运移或喷出地表。根据岩浆岩形成时的岩浆运动特征把岩浆岩分为两大类：一为侵入岩，当岩浆沿地壳中薄弱地带上升时逐渐冷凝，这种作用称为岩浆的侵入作用，侵入作用所形成的岩石称为侵入岩。侵入岩又可按成岩部位的深浅分成深成岩和浅成岩，深度大于 3km 的为深成岩，小于 3km 的为浅成岩；二为喷出岩，当岩浆沿构造裂隙上升溢出地表或通过火山通道喷出地表，称为岩浆的喷出作用，由岩浆喷出而形成的岩石称为喷出岩。喷出岩又可细分为两类：一类是溢出地表岩浆冷凝而成的岩石，称为熔岩；另一类是岩浆或它的碎屑物质被火山猛烈地喷发到空中，又从空中落到地面堆积形成的岩石，称为火山碎屑岩。

1.2.2 岩浆岩的产状

岩浆岩的产状是指岩浆体的形态、大小及其与围岩的关系。岩浆岩的产状与岩浆的成分、物理化学条件密切相关，还受冷凝地带的环境影响，因此它的产状是多种多样的。

1. 侵入岩的产状

（1）岩基

岩基是岩浆侵入地壳内凝结形成的岩体中最大的一种，分布面积一般大于 $60km^2$，常见岩基多是由酸性岩浆凝结而成的花岗岩类岩体。岩基内常含有围岩的崩落碎块，称为俘虏体。岩基埋藏深，范围大，岩浆冷凝速度慢，晶粒粗大，岩性均匀，是良好的建筑地基，如长江三峡坝址区就选在面积 200 多平方千米的花岗岩——闪长岩岩基的南端。

（2）岩株

岩株是分布面积较小，形态又不规则的侵入岩体，与围岩接触面较陡直，有的岩株是岩基的突出部分，常为岩性均一、稳定性良好的地基。

（3）岩盘（岩盖）

岩盘是中间厚度较大，呈伞形或透镜状的侵入体，多是酸性或中性岩浆沿层状岩层面侵入后，因黏性大，流动不远所致。

（4）岩床

黏性较小、流动性较大的基性岩浆沿层状岩层面侵入，充填在岩层中间，常常形成厚度不大、分布范围广的岩体，称为岩床。岩床多为基性浅成岩。

（5）岩墙和岩脉

岩墙和岩脉是沿围岩裂隙或断裂带侵入形成的狭长形的岩浆岩体，与围岩的层理和片理斜交。通常把岩体窄小的称为岩脉，把岩体较宽厚且近于直立的称为岩墙。岩墙和岩脉多在围岩构造裂隙发育的地方，由于它们岩体薄，与围岩接触面积大，冷凝速度快，岩体中形成很多收缩拉裂隙，因此岩墙、岩脉发育的岩体稳定性较差，地下水较活跃。

2. 喷出岩的产状

喷出岩的产状受岩浆的成分、黏性、通道特征、围岩的构造及地表形态影响。常见的喷出岩产状有熔岩流、火山锥（岩锥）及熔岩台地。

（1）熔岩流

岩浆多沿一定方向的裂隙喷发到地表。岩浆多是基性岩浆，黏度小、易流动，形成厚度不大、面积广大的熔岩流，如我国西南地区广泛分布有二叠纪玄武岩流。由于火山喷发具有间歇性，因此岩流在垂直方向上往往具有不喷发期的层状构造。在地表分布有一定厚度的熔岩流也称熔岩被。

（2）火山锥（岩锥）及熔岩台地

黏性较大的岩浆沿火山口喷出地表，流动性较小，常和火山碎屑物黏结在一起，形成以火山口为中心的锥状或钟状的山体，称为火山锥或岩锥，如我国长白山顶的天池就是熔岩和火山碎屑物质凝结而成的火山锥或岩锥。当黏性较小时，岩浆较缓慢地溢出地表，形成台状高地，称为熔岩台地，如黑龙江省的五大连池市一带就有玄武岩形成的熔岩台地，它把讷谟尔河截成几段，形成五个串珠状分布的堰塞湖，这就是有名的五大连池。

1.2.3 岩浆岩的结构

岩浆岩的结构是指岩石中矿物的结晶程度、晶粒的大小、形状及它们之间的相互关系。岩浆岩的结构特征与岩浆的化学成分、物理化学状态及成岩环境密切相关，与岩浆的温度、压力、黏度及成岩环境密切相关，岩浆的温度、压力、黏度及冷凝的速度等都影响岩浆岩的结构。例如，深成岩是缓慢冷凝的，晶体发育时间较充裕，能形成自形程度高、晶形较好、晶粒粗大的矿物；相反，喷出岩冷凝速度快，来不及结晶，多为非晶质或隐晶质。

1. 按结晶程度分类

按结晶程度，可把岩浆岩结构划分成三类。

1）全晶质结构：岩石全部由结晶矿物组成，岩浆冷凝速度慢，有充分的时间形成结晶矿物，多见于深成岩，如花岗岩。

2）半晶质结构：同时存在结晶质和玻璃质的一种岩石结构，常见于喷出岩，如流纹岩。

3）玻璃质结构：岩石全部由玻璃质组成，是岩浆迅速上升到地表，温度骤然下降至岩浆的凝结温度以下，来不及结晶形成的，是喷出岩特有的结构，如黑曜岩、浮岩等。

2. 按矿物颗粒绝对大小分类

按矿物颗粒的绝对大小，可把岩浆岩结构分成显晶质和隐晶质两类。

（1）显晶质结构

岩石的矿物结晶颗粒粗大，用肉眼或放大镜能够分辨。按颗粒的直径大小，可将显晶质结构分为粗粒结构（颗粒直径>5mm）、中粒结构（颗粒直径为 1～5 mm）、细粒结构（颗粒直径为 0.1～1mm）、微粒结构（颗粒直径<0.1mm）。

（2）隐晶质结构

矿物颗粒细微，肉眼和一般放大镜不能分辨，但在显微镜下可以观察矿物晶粒特征，是喷出岩和部分浅成岩的结构特点。

3. 按矿物晶粒相对大小分类

按矿物晶粒的相对大小，可将岩浆岩的结构划分为三类。

1）等粒结构：岩石中的矿物颗粒大小大致相等。

2）不等粒结构：岩石中的矿物颗粒大小不等，但粒径相差不很大。

3）斑状结构：岩石中两类矿物颗粒大小相差悬殊。大晶粒矿物分布在大量的细小颗粒中，大晶粒矿物称为斑晶，细小颗粒称为基质。基质为显晶质时，称为斑状结构；基质为隐晶质或玻璃质时，称为似斑状结构。似斑状结构是浅成岩和部分深成岩的结构，斑状结构是浅成岩和部分喷出岩的特有结构。

1.2.4 岩浆岩的构造

岩浆岩的构造是指岩石中矿物的空间排列和充填方式。常见的岩浆岩构造有四种。

1）块状构造：矿物在岩石中分布均匀，无定向排列，结构均一，是岩浆岩中常见的构造。

2）流纹状构造：岩浆在地表流动过程中，由于颜色不同的矿物、玻璃质和气孔等被拉长，熔岩流动方向上形成不同颜色条带相间排列的流纹状构造，常见于酸性喷出岩。

3）气孔状构造：岩浆岩喷出后，岩浆中的气体及挥发性物质呈气泡逸出，在喷出岩中常有圆形或被拉长的孔洞，称为气孔状构造。

4）杏仁状构造：具有气孔状构造的岩石，若气孔后期被方解石、石英等矿物充填，形如杏仁，则称为杏仁状构造。

1.2.5　岩浆岩的化学成分与矿物成分

1. 岩浆岩的化学成分

岩浆岩的主要化学成分有 SiO_2、Al_2O_3、Fe_2O_3、FeO、MgO、CaO、Na_2O、K_2O 和 H_2O 等。其中 SiO_2 含量最多，它的含量直接影响岩浆岩矿物成分的变化，并直接影响岩浆岩的性质。按 SiO_2 的含量可将岩浆岩划分为以下四类：酸性岩（SiO_2 含量>65%）、中性岩（SiO_2 含量为 52%～65%）、基性岩（SiO_2 含量为 45%～52%）和超基性岩（SiO_2 含量<45%）。

从酸性岩到超基性岩，SiO_2 含量逐渐减少，FeO、MgO 含量逐渐增加，K_2O、Na_2O 含量逐渐减少。

2. 岩浆岩的矿物成分

组成岩浆岩的主要矿物有 30 多种，但常见的矿物只有十几种。按矿物颜色深浅可划分为浅色矿物和深色矿物两类，其中浅色矿物富含硅、铝，有正长石、斜长石、石英、白云母等；深色矿物富含铁、镁物质，有黑云母、辉石、角闪石、橄榄石等。长石含量占岩浆岩成分的 60%以上，其次为石英，所以长石和石英是岩浆岩分类和鉴定的重要依据。

根据造岩矿物在岩石中的含量及其在岩石分类命名中所起的作用，可把岩浆岩的造岩矿物划分为主要矿物、次要矿物和副矿物三类。

（1）主要矿物

主要矿物是岩石中含量较多，对划分岩石大类、鉴定岩石名称有决定性作用的矿物，如显晶质钾长石和石英是花岗岩中的主要矿物，二者缺一不能定为花岗岩。

（2）次要矿物

次要矿物在岩石中含量相对较少，对划分岩石大类不起决定性作用，但在本大类岩石的定名中起重要作用。例如，花岗岩中含少量角闪石，可据此将岩石定名为角闪石花岗岩。

（3）副矿物

副矿物在岩石中含量很少，通常小于 1%，它们的有无不影响岩石的类型和定名，如花岗岩中含有的微量磁铁矿、萤石等。

1.2.6　岩浆岩的分类及主要岩浆岩的特征

1. 岩浆岩的分类

自然界中的岩浆岩种类繁多，相应的分类也很多。本节依据岩浆岩的化学成分、产状、构造、结构、矿物成分及其共生规律等特征，以岩石标本肉眼鉴定为基本前提，将岩浆岩进行分类，见表 1-3。

表 1-3　岩浆岩分类

<table>
<tr><td colspan="4">颜色</td><td colspan="6">浅⟷深</td></tr>
<tr><td colspan="4">岩浆岩类型</td><td colspan="2">酸性</td><td colspan="2">中性</td><td>基性</td><td>超基性</td></tr>
<tr><td colspan="4">SiO_2 含量/%</td><td colspan="2">>65</td><td colspan="2">52～65</td><td>45～52</td><td><45</td></tr>
<tr><td colspan="2" rowspan="2">成因类型</td><td colspan="2">主要矿物</td><td colspan="2">石英、正长石、斜长石</td><td colspan="2">正长石、斜长石</td><td>斜长石、辉石</td><td>橄榄石、辉石</td></tr>
<tr><td>产状</td><td>构造 / 次要矿物</td><td colspan="2">云母、角闪石</td><td colspan="2">角闪石、黑云母、辉石<5%</td><td>橄榄石、角闪石、黑云母</td><td>角闪石、斜长石、黑云母</td></tr>
<tr><td rowspan="2">喷出岩</td><td rowspan="2">岩钟、岩流</td><td rowspan="2">杏仁、气孔、流纹、块状</td><td>非晶质（玻璃质）</td><td colspan="5">火山玻璃：黑曜岩、浮岩等</td><td>少见</td></tr>
<tr><td>隐晶质斑状</td><td>流纹岩</td><td>粗面岩</td><td colspan="2">—</td><td>玄武岩</td><td>少见</td></tr>
<tr><td rowspan="2">侵入岩</td><td>浅成</td><td>岩墙、岩脉</td><td rowspan="2">块状</td><td>—</td><td>—</td><td colspan="2">—</td><td>辉绿岩</td><td>少见</td></tr>
<tr><td>深成</td><td>岩株、岩基</td><td>结晶斑状全晶中、粗粒</td><td>花岗岩</td><td>正长岩</td><td>闪长岩</td><td>辉长岩</td><td>橄榄岩、辉岩</td></tr>
</table>

注：选自《土木工程地质（第 2 版）》（高等教育出版社，胡厚田，白志勇）。

2. 主要岩浆岩的特征

（1）超基性岩

超基性岩 SiO_2 含量<45%，不含或含很少长石（斜长石），颜色深，大部分由铁镁等深色矿物组成，相对密度较大（3.27 以上），多见于侵入岩体的最深部。这类岩石抗风化能力差，风化后强度较低。典型岩石有橄榄岩和辉岩。

1）橄榄岩：主要矿物为橄榄石和少量辉石，岩石呈橄榄绿色，岩石中矿物全为橄榄石时称为纯橄榄岩。块状构造，全晶质，中、粗粒结构。橄榄岩中的橄榄石易风化转为蛇纹石和绿泥石，所以新鲜橄榄岩很少见。

2）辉岩：主要矿物为辉石，含少量橄榄石，颜色多为灰黑或黑绿色，块状构造，全晶质粒状结构。

（2）基性岩

基性岩 SiO_2 含量为 45%～52%，主要矿物为辉石和斜长石，其次含角闪石、黑云母和橄榄石，有时还含蛇纹石、绿泥石、滑石等次生矿物。基性岩是较常见的岩浆岩，特别是喷出岩中的玄武岩分布面积很广。典型的基性岩有辉长岩、辉绿岩和玄武岩。

1）辉长岩：主要矿物是辉石和斜长石，次要矿物为角闪石和橄榄石；颜色为灰黑至暗绿色；具有中粒全晶结构，块状构造；多为小型侵入体，常以岩盆、岩株、岩床等产出。

2）辉绿岩：主要矿物为辉石和斜长石，二者含量相近；具有典型的辉绿结构，其特征是粒状的微晶辉石等暗色矿物充填于由微晶斜长石组成的空隙中；颜色多为暗绿和绿黑色；为基性浅成岩，多以岩床、岩墙等小型侵入体产出。辉绿岩蚀变后易产生绿泥石等次生矿物，使岩石强度降低。

3）玄武岩：矿物成分同辉长岩，多为隐晶和斑状结构，斑晶为斜长石、辉石和橄榄石；颜色为灰绿、绿灰或暗紫色；常有气孔、杏仁状构造。玄武岩分布很广，如二叠系峨眉山玄武岩广泛分布在我国西南各省。

（3）中性岩

中性岩 SiO_2 含量为 52%～65%，与基性岩相比铁镁矿物相应减少，主要为角闪石，其次为辉石和黑云母。硅铝矿物增多，主要为中性斜长石，有时含少量钾长石和石英。颜色以灰色和浅灰色为主。

1）闪长岩：主要矿物为角闪石和斜长石，次要矿物有辉石、黑云母、正长石和石英；颜色多为灰或灰绿色；全晶质，中、细粒结构，块状构造；常以岩株、岩床等小型侵入体产出。

2）闪长斑岩：矿物成分同闪长岩，颜色为灰绿色至灰褐色；斑状结构，斑晶多为灰白色斜长石，少量为角闪石，基质为细粒至隐晶质，块状构造；多为岩脉，相当于闪长岩的浅成岩。

3）安山岩：主要矿物同闪长岩，颜色为灰、灰棕、灰绿等色；斑状结构，斑晶多为斜长石，基质为隐晶质或玻璃质；块状构造，有时含气孔、杏仁状构造。

4）正长岩：SiO_2 含量略高于闪长岩、安山岩，主要矿物为正长石、黑云母、辉石等；颜色为浅灰或肉红色；全晶质粒状结构，块状构造，多为小型侵入体。

5）正长斑岩：矿物成分同正长岩，多为浅灰或肉红色；斑状结构，斑晶多为正长石，有时为斜长石；基质为微晶或隐晶结构，块状构造。

6）粗面岩：矿物成分同正长岩，颜色为浅红或灰白；斑状结构或隐晶结构，块状构造；为正长岩的喷出岩，其断裂面粗糙不平，故名粗面岩。

（4）酸性岩

酸性岩 SiO_2 含量>65%，为硅酸盐过饱和岩类；主要矿物为石英、正长石和斜长石，次要矿物有黑云母、角闪石；分布广，酸性侵入岩多以岩基产出。

1）花岗岩：主要矿物为石英、正长石和钾长石，次要矿物为黑云母、角闪石等；颜色多为肉红、灰白色；全晶质粒状结构，块状构造，是酸性深成岩，产状多为岩基和岩株。花岗岩可作为良好的建筑地基及天然建筑材料。

2）花岗斑岩：矿物成分同花岗岩，颜色灰红或浅红；似斑状结构，斑晶和基质均由钾长石、石英组成；花岗斑岩是酸性浅成岩，产状多为小型岩体或大岩体边缘。

3）流纹岩：酸性喷出岩类，矿物成分与花岗岩相近；颜色常为灰白、粉红、浅紫色；斑状结构或隐晶结构，斑晶为钾长石、石英，基质为隐晶质或玻璃质；块状构造，具有明显的流纹和气孔状构造。

（5）脉岩类

脉岩类为呈脉状或岩墙产出的浅成岩，经常以脉状充填于岩体裂隙中。由于裂隙窄小又接近地表，其结构多为细粒、微晶或斑状结构。根据矿物成分和结构特征可分为伟晶岩、细晶岩和煌斑岩。

1）伟晶岩：常见有伟晶花岗岩，矿物成分与花岗岩相似，但深色矿物含量较少。

矿物晶体粗大，多在 2cm 以上，个别可达几米以上；具有伟晶结构，常以脉体和透镜体产于母岩及其围岩中，常形成长石、石英、云母、宝石及稀有元素矿床。

2）细晶岩：主要矿物为正长石、斜长石和石英等浅色矿物，含量达 90%以上，少量深色矿物有黑云母、角闪石和辉石；为均匀的细晶结构，块状构造。

3）煌斑岩：SiO_2 含量约 40%，主要矿物为黑云母、角闪石、辉石等，间有长石；常为黑色或黑褐色；多为全晶质，具有斑状结构，当斑晶大部分由自形程度较高的暗色矿物组成时，称为煌斑结构，是煌斑岩的特有结构。

（6）火山碎屑岩

火山碎屑岩是由火山喷发的火山碎屑物质胶结或熔结而成的岩石，常见的有凝灰岩和火山角砾岩。

1）凝灰岩：分布最广的火山碎屑岩，粒径小于 2mm 的火山碎屑占 90%以上；颜色多为灰白、灰绿、灰紫、褐黑色。凝灰岩的碎屑呈角砾状，一般胶熔不紧，宏观上有不规则的层状构造；易风化成蒙脱石黏土。

2）火山角砾岩：碎屑粒径多在 2～100mm，呈角砾状，经压密胶结成岩石。火山角砾岩分布较少，只见于火山锥。

1.3 沉 积 岩

沉积岩是在地壳表层常温常压条件下，由先期岩石的风化产物、有机质和其他物质，经搬运、沉积和成岩等一系列地质作用而形成的岩石。沉积岩在体积上占地壳的 7.9%，覆盖陆地表面的 75%，绝大部分洋底也被沉积岩覆盖，它是地表最常见的岩石类型。

1.3.1 沉积岩的形成

沉积岩的形成，大体上可分为沉积物的生成、搬运、沉积和成岩作用四个过程。

1. 沉积物的生成

沉积物的来源主要是先期岩石的风化产物，其次是生物堆积。然而，单纯的生物堆积很少，仅在特殊环境中才能堆积形成岩石，如贝壳石灰岩等。

先期岩石的风化产物主要包括碎屑物质和非碎屑物质两部分。

碎屑物质是先期岩石机械破碎的产物，如花岗岩、辉长岩等岩石碎屑和石英、长石、白云母等矿物碎屑。碎屑物质是形成碎屑岩的主要物质。

非碎屑物质包括真溶液和胶凝体两部分，是形成化学岩和黏土岩的主要成分。

2. 沉积物的搬运

先期岩石的风化产物除小部分残留在原地，形成富含铝、铁的残留物之外，大部分风化产物在空气、水、冰和重力作用下，被搬运到其他地方。搬运方式有机械搬运和化学搬运两种。

流体是搬运碎屑物质的主要动力，搬运过程中碎屑物相互摩擦，碎屑颗粒变小，并形成浑圆状的颗粒。化学搬运将溶液和胶凝物质带到湖海等低洼地方。

风化产物受自身重力的作用，由高处向低处运动，是重力搬运。由于搬运距离短，被搬运的碎屑物形成无分选性的棱角状堆积。

3. 沉积物的沉积

当搬运介质速度降低或物理化学环境改变时，被搬运的物质就会沉积下来。通常可分为机械沉积、化学沉积和生物沉积。机械沉积受搬运能力和重力控制，由于碎屑物的大小、形状、密度的不同，碎屑物按一定顺序沉积下来，通常是按大小顺序不同先后沉积下来，这就是碎屑沉积的分选性，如河流沉积，从上游到下游沉积物的颗粒逐渐变小；化学沉积包括真溶液和胶体沉积两种，如碳酸盐和硅酸盐沉积；生物沉积主要是由生物活动引起的沉积或生物遗体的沉积。

4. 沉积物的成岩作用

由松散的沉积物转变为坚硬的沉积岩，所经历的地质作用称为成岩作用。硬结成岩作用比较复杂，主要包括固结脱水、胶结、重结晶和形成新矿物四个作用。

（1）固结脱水作用

下部沉积物在上部沉积物重力的作用下发生排水固结现象，称为固结脱水作用。该作用使沉积物空隙减少，颗粒紧密接触并产生压溶现象等化学变化，如砂岩中石英颗粒间的锯齿状接触，就是在压密作用下形成的。

（2）胶结作用

胶结作用是碎屑岩成岩作用的重要环节，把松散的碎屑颗粒连接起来，固结成岩石。最常见的胶结物有硅质（SiO_2）、钙质（$CaCO_3$）、铁质（Fe_2O_3）、黏土质等。

（3）重结晶作用

在压力和温度逐渐增大的条件下，沉积物发生溶解及固体扩散作用，导致物质质点重新排列，使非晶质变成结晶物质，这种作用称为重结晶作用，是各类化学岩和生物化学岩的重要组成部分。

（4）形成新矿物作用

在沉积岩的成岩过程中，由于环境变化还会生成与新环境相适应的稳定产物，如常见的石英、方解石、白云石、石膏、黄铁矿等。

1.3.2　沉积岩的构造

沉积岩构造是指沉积岩的各个组成部分的空间分布和排列方式。沉积岩的构造特征主要表现在层理、层面、结核及生物构造等方面。

1. 层理构造

沉积岩在产状上的成层构造是与岩浆岩显著不同的特征。在特征上与相邻层不同的沉积层称为岩层。岩层可以是一个单层，也可以是一组层。层理是指岩层中物质的成分、颗粒大小、形状和颜色在垂直方向发生变化时产生的纹理，每一个单元层理构造代表一个沉积动态的改变。

分隔不同性质岩层的界面称为层面。层面的形成标志着沉积作用的短暂停顿或间断，层面上往往分布有少量的黏土矿物或白云母等碎片，因而岩体容易沿层面劈开，构成了岩体在强度上的弱面。

上下两个层面之间的一个层，是组成地层的基本单元。它是在一定的范围内，生成条件基本一致的情况下形成的。它可以帮助人们确定沉积岩的沉积环境、划分地层层序、进行不同地层的层位对比。研究地层和层理构造具有重要意义。上下层面间的距离为层的厚度。根据单层厚度通常把层厚划分为四种：巨厚层（层厚>1.0m）、厚层（0.5m<层厚≤1.0m）、中厚层（0.1m<层厚≤0.5m）、薄层（层厚≤0.1m）。夹在厚层中间的薄层称为夹层。若岩层一侧逐渐变薄而消失，称为层的尖灭。若岩层两侧都尖灭则称为透镜体，见图 1-4。由于沉积环境和条件不同，层理构造有下列不同的形态和特征。

（1）水平层理

水平层理是在稳定的或流速很小的流体波动条件下沉积形成的，层理面平直，且与层面平行，见图 1-5。

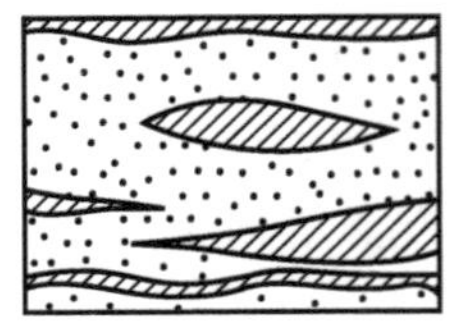

图 1-4　透镜体尖灭层

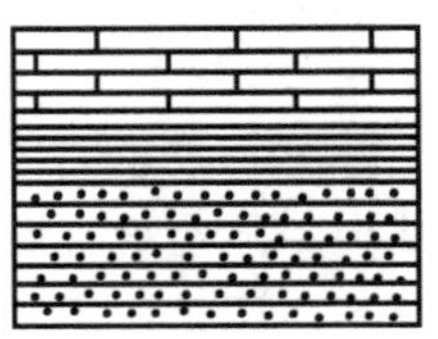

图 1-5　水平层理

（2）波状层理

波状层理是在流体波动条件下沉积形成的，层理的波状起伏大致与层面平行，见图 1-6。

（3）单斜层理

单斜层理是由单向流体形成的一系列与层面斜交的细层构造。细层构造向同一方向倾斜，并且彼此平行［图 1-7（a）］，多见于河床和滨海三角洲沉积物中。

（4）交错层理

交错层理是由于流体运动方向频繁变化沉积而成的，多组不同方向斜层理相互交错重叠，见图 1-7（b）。

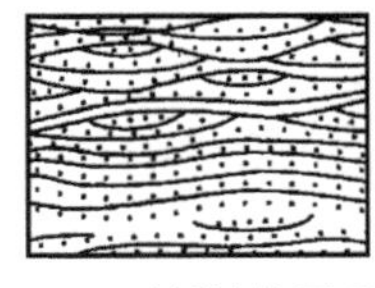

（a）平行波状层理

（b）斜交波状层理

图 1-6　波状层理

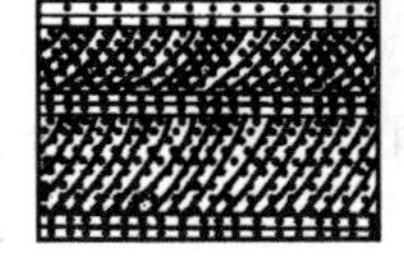

（a）单斜层理

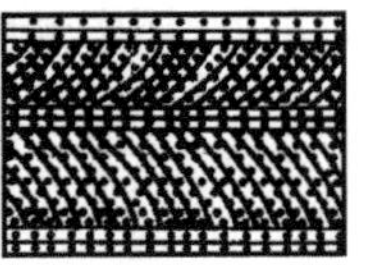

（b）交错层理

图 1-7　斜交层理

2. 层面构造

层面构造是指在沉积岩层面上保留有沉积时水流、风、雨、生物活动等作用留下的痕迹，如波痕、泥裂、雨痕等。波痕是在沉积物未固结时，由水、风和波浪作用在沉积物表面形成的波状起伏的痕迹。泥裂是沉积物未固结时露出地表，由于气候干燥、日晒，沉积物表面干裂，形成张开的多边形网状裂缝，裂缝断面呈 V 字形，并为后期泥沙等物所充填，经后期成岩保存下来的。雨痕是沉积物表面受雨点打击留下的痕迹，后期被覆盖得以保留，并固化成岩形成的。

3. 结核构造

结核是指岩体中成分、结构、构造和颜色等不同于周围岩石的某些矿物集合体的团块。团块形状多为不规则形体，有时也有规则的圆球体。一般是在地下水活动及交代作用下形成的。常见的结核有硅质、钙质、石膏质等。结核在沉积岩层中有时呈不连续的带状分布，形成结核层构造。

4. 生物构造

在沉积物沉积过程中，生物遗体、生物活动痕迹和生态特征埋藏于沉积物中，经固结成岩作用保留在沉积岩中，形成生物构造，如生物礁体、虫迹、虫孔等。保留在沉积岩中的生物遗体和遗迹石化后称为化石。化石是沉积岩中特有的生物构造，对确定岩石形成环境和地质年代有重要意义。

1.3.3　沉积岩的结构

沉积岩的结构是指组成岩石成分的颗粒形态、大小和连接形式。它是划分沉积岩类型的重要标志。常见的沉积岩结构有三种。

1. 碎屑结构

碎屑结构的特征主要反映在颗粒大小和磨圆度，以及胶结物和胶结方式上。

（1）颗粒大小和磨圆度

按颗粒大小可将碎屑结构划分为砾状结构和砂状结构两类。

1）砾状结构：碎屑颗粒大于 2mm。组成砾石磨圆度好的称为圆砾状结构，磨圆度差的称为角砾状结构。

2）砂状结构：砂粒粒径为 0.005～2mm。0.005～0.075mm 为粉砂结构，0.075～0.25mm 为细砂结构，0.25～0.5mm 为中砂结构，0.5～2mm 为粗砂结构。

（2）胶结物和胶结方式

碎屑岩的物理力学性质主要取决于胶结物的性质和胶结类型。胶结物是沉积物沉积后滞留在孔隙中的溶液经化学作用沉淀而成的。胶结物主要有硅质、铁质、钙质和黏土质四种。胶结方式指的是胶结物与碎屑颗粒含量及其相互之间的关系，常见的有以下三种。

1）基底胶结：胶结物含量大，碎屑颗粒散布在胶结物之中，是最牢固的胶结方式，通常是碎屑颗粒和胶结物同时沉积的。

2）孔隙胶结：碎屑颗粒紧密接触，胶结物充填在孔隙中间。这种胶结方式较坚固，胶结物是孔隙中的化学沉积物。

3）接触胶结：碎屑颗粒相互接触，胶结物很少，只存在于颗粒接触处，是最不牢固的胶结方式。

2. 泥状结构

泥状结构的沉积岩绝大多数由小于 0.005mm 的黏土颗粒组成，典型岩石是黏土岩，其特点是手摸有滑感，断口为贝壳状。

3. 化学结构和生物化学结构

化学结构主要是由化学作用从溶液中沉淀的物质经结晶和重结晶形成的结构，如石灰岩、白云岩和硅质岩等。生物化学结构绝大多数是由生物遗体所组成，如生物碎屑结构、贝壳状结构和珊瑚状结构等。

1.3.4 沉积岩的分类及主要沉积岩的特征

1. 沉积岩的分类

根据沉积岩的矿物成分、结构、构造等将沉积岩划分为碎屑岩、黏土岩和化学岩及生物化学岩三大类，见表 1-4。

表 1-4 沉积岩分类

<table>
<tr><th>分类</th><th>岩石名称</th><th colspan="2">结构</th><th>构造</th><th colspan="2">矿物成分</th></tr>
<tr><td rowspan="6">碎屑岩类</td><td>角砾岩</td><td rowspan="2">砾状结构（>2mm）</td><td>角砾状结构（>2mm）</td><td rowspan="6">层理或块状</td><td rowspan="2">砾石成分为原岩碎屑成分砂</td><td rowspan="6">胶结物成分可为硅质、钙质、铁质、泥质、碳质等</td></tr>
<tr><td>砾岩</td><td>砾状结构（>2mm）</td></tr>
<tr><td>粗砂岩</td><td rowspan="4">砂状结构（0.005～2mm）</td><td>粗砂状结构（0.5～2mm）</td><td rowspan="4">砂粒成分：
① 石英砂岩：石英占 95%以上；
② 长石砂岩：长石占 25%以上；
③ 杂质岩：含石英、长石及大量暗色矿物</td></tr>
<tr><td>中砂岩</td><td>中砂状结构（0.25～0.5mm）</td></tr>
<tr><td>细砂岩</td><td>细砂状结构（0.075～0.25mm）</td></tr>
<tr><td>粉砂岩</td><td>粉砂状结构（0.005～0.075mm）</td></tr>
<tr><td rowspan="2">黏土岩类</td><td>页岩</td><td colspan="2" rowspan="2">泥状结构（<0.005mm）</td><td>页理</td><td colspan="2" rowspan="2">颗粒成分为黏土矿物，并含其他硅质、钙质、铁质、碳质等成分</td></tr>
<tr><td>泥岩</td><td>块状</td></tr>
<tr><td rowspan="7">化学岩及生物化学岩类</td><td>石灰岩</td><td colspan="2" rowspan="7">化学结构及生物化学结构</td><td rowspan="7">层理或块状或生物状</td><td colspan="2">方解石为主</td></tr>
<tr><td>白云岩</td><td colspan="2">白云石为主</td></tr>
<tr><td>泥灰岩</td><td colspan="2">方解石、黏土矿物</td></tr>
<tr><td>硅质岩</td><td colspan="2">燧石、蛋白石</td></tr>
<tr><td>石膏岩</td><td colspan="2">石膏</td></tr>
<tr><td>盐岩</td><td colspan="2">NaCl、KCl 等</td></tr>
<tr><td>有机岩</td><td colspan="2">煤、油页岩等含碳、碳氢化合物的成分</td></tr>
</table>

注：选自《土木工程地质》（西南交通大学出版社，李隽蓬，谢强）。

2. 主要沉积岩的特征

（1）碎屑岩类

碎屑岩类具有碎屑结构，由碎屑和胶结物组成。

1）砾岩和角砾岩：粒径大于 2mm 的碎屑含量占 50%以上，经压密胶结形成岩石。

若多数砾石磨圆度好，则称为砾岩；若多数砾石呈棱角状，则称为角砾岩。砾岩和角砾岩多为厚层，其层理不发育。

2）砂岩：从表 1-4 可知，砂岩按砂状结构的粒径大小，可以分为粗砂岩、中砂岩、细砂岩和粉砂岩四种。可根据胶结物和矿物成分的不同给各种砂岩定名，如硅质细砂岩、铁质中砂岩、长石砂岩、石英砂岩、硅质石英砂岩等。

（2）黏土岩类

黏土岩类为泥状结构，由粒径小于 0.005mm 的黏土颗粒构成。黏土岩类分布广，数量大，约占沉积岩的 60%。常见黏土岩有两类，其中具有页理的黏土岩称为页岩，页岩单层厚度小于 1cm；呈块状的黏土岩称为泥岩。黏土岩易风化，吸水及脱水后变形显著，常给工程建筑造成事故。

（3）化学岩及生物化学岩类

化学岩及生物化学岩类是先期岩石分解后溶于溶液中的物质被搬运到盆地后，再经化学或生物化学作用沉淀而成的岩石；也有部分岩石是由生物骨骼或甲壳沉积形成的。常见的化学岩及生物化学岩类有以下四种：

1）石灰岩：方解石矿物占 90%～100%，有时含少量白云石、粉砂粒、黏土等。纯石灰岩为浅灰白色，含有杂质时颜色有灰红、灰褐、灰黑等色。性脆，遇稀盐酸时起泡剧烈。在形成过程中，由于风浪振动，有时形成特殊结构，如鲕状、竹叶状、团块状等结构。还有由生物碎屑组成的生物碎屑灰岩等。

2）白云岩：主要矿物为白云石，含少量方解石和其他矿物。颜色多为灰白色，遇稀盐酸不易起泡，滴镁试剂由紫变蓝，岩石露头表面常具刀砍状溶蚀沟纹。

3）泥灰岩：石灰岩中常含少量细粒岩屑和黏土矿物，当黏土含量达到 25%～50%时，则称为泥灰岩，颜色有灰、黄、褐、浅红色。加酸后侵蚀面上常留下泥质条带和泥膜。

4）燧石岩：硅质岩中常见的一种，岩石致密，坚硬性脆，颜色多为灰黑色，主要成分是蛋白石、玉髓和石英。隐晶结构，多以结核层存在于碳酸盐岩石和黏土岩层中。

1.4 变 质 岩

1.4.1 变质作用因素及类型

1. 变质岩的概况

组成地壳的岩石（包括前述的岩浆岩和沉积岩）都有自己的结构、构造、矿物成分。在地球内外力作用下，地壳处于不断地演化过程中，因此岩石所处的地质环境也在不断地变化。为了适应新的地质环境和物理化学条件，先期的结构、构造和矿物成分将产生一系列的改变，这种引起岩石结构、构造和矿物成分改变的地质作用称为变质作用，在变质作用下形成的岩石称为变质岩。变质作用基本上是在原岩保持固体状态下在原位进行的，因此变质岩的产状与原岩产状基本一致，即残余产状。由岩浆岩形成的变质岩称为正变质岩，保留了岩浆岩的产状；由沉积岩形成的变质岩称为副变质岩，保留了沉积岩的产状。

变质岩的分布面积约占大陆面积的 1/5，地史年代中较古老的岩石大部分是变质岩。例如，地壳形成历史的 7/8 的时间是前寒武纪，而前寒武纪岩石大部分是变质岩。

变质岩的结构、构造和矿物成分较复杂，地质构造发育，所以变质岩分布区往往工程地质条件较差。例如，宝成铁路的几处大型崩塌和滑坡都发生在变质岩的分布区。

2. 变质作用的因素

变质作用的主要因素有高温、压力和化学活泼性流体。

（1）高温

高温是变质作用最主要的因素。大多数变质作用是在高温条件下进行的。高温可以使矿物重新结晶，增强元素的活力，促进矿物之间的反应，产生新矿物，加大结晶程度，从而改变原来岩石的矿物成分和结构，如隐晶结构的石灰岩经高温变质转变为显晶质的大理岩。高温热源有：①岩浆侵入带来的热源；②地下深处的热源；③放射性元素蜕变的热源。

（2）压力

作用在地壳岩体上的压力可划分为静压力和动压力两种。

1）静压力：由上部岩体质量引起的，它随深度的增加而增大。地壳深处的巨大压力能压缩岩体，使岩石变得密实坚硬，改变矿物结晶格架，使体积缩小，密度增大，形成新矿物，如钠长石在高压下能形成硬玉和石英。

2）动压力：一种定向压力，是由地质构造运动产生的横向力，它的大小与区域地质构造作用强度有关。在动压力作用下，岩石和矿物可能发生变形和破裂，形成各种破裂构造。在最大压力方向上，矿物被压熔，伴随静压力和温度的升高，在垂直最大压力方向上，有利于针状和片状矿物定向排列和定向生长，并形成变质岩特有的构造，称为片理构造。

（3）化学活泼性流体

在变质作用过程中，化学活泼性流体是岩浆分化后期的产物。流体成分包括水蒸气、O_2、CO_2，含活泼性 B、S 等元素的气体和液体。它们与周围岩石接触，使矿物发生化学成分交替、分解，使原矿物被新形成的矿物取代，这个过程称为交代作用，如方解石与含硫酸的水发生化学作用可形成石膏。

3. 变质作用的类型

变质岩变质作用主要有四种类型。

1）接触变质作用：主要是高温使岩石变质，又称为热力变质作用，通常是岩浆侵入，高温使围岩产生接触变质。

2）交代变质作用：岩石与化学活泼性流体接触而产生交代作用，产生新矿物，取代原矿物。例如，酸性花岗岩浆与石灰岩接触，由于气化热液的接触交代作用，可以产生含 Ca、Fe、Al 的硅卡岩。

3）动力变质作用：由于地质构造运动产生巨大的定向压力，而温度不很高，岩石遭受破坏使原岩的结构、构造发生变化，甚至产生片理构造。

4）区域变质作用：在地壳地质构造和岩浆活动都很强烈的地区，由于高温、高压和化学活泼性流体的共同作用，在大范围深埋地下的岩石受到变质作用，称为区域变质作用，其范围可达数千甚至数万平方千米。大部分变质岩属于此类。

1.4.2　变质岩的矿物成分、结构和构造

1. 变质岩的矿物成分

岩石在变质的过程中，原岩中的部分矿物保留下来，同时生成一些变质岩特有的新矿物。这两部分矿物组成了变质岩的矿物。正变质岩中常保留有石英、长石、角闪石等矿物，副变质岩中保留有石英、方解石、白云石等。新生的矿物主要有红柱石、硅灰石、石榴子石、滑石、十字石、阳起石、蛇纹石、石墨等，它们是变质岩特有的矿物，又称特征性变质矿物。

2. 变质岩的结构

变质岩的结构主要是结晶结构，主要有三种。

（1）变余结构

在变质过程中，原岩的部分结构被保留下来称为变余结构。这是由于变质程度较轻造成的，如变余花岗结构、变余砾状结构等。

（2）变晶结构

变晶结构是变质岩的特征性结构，大多数变质岩有深浅程度不同的变晶结构，它是岩石在固体状态下经重结晶作用形成的结构。变质岩和岩浆岩的结构相似，为了区别，在变质岩结构名词前常加“变晶”二字，如等粒变晶结构和斑状变晶结构等。

（3）压碎结构

压碎结构主要指在动力变质作用下，岩石变形、破碎、变质而成的结构。原岩碎裂成块状称为碎裂结构，若岩石被碾成微粒状，并有一定的定向排列，则称为糜棱状结构。

3. 变质岩的构造

（1）板状构造

泥质岩和砂质岩在定向压力作用下，产生一组平坦的破碎面，岩石易沿此裂面剥成薄板，称为板状构造。剥离面上常出现重结晶的片状显微矿物。板状构造是变质最浅的一种构造。

（2）千枚状构造

岩石主要由重结晶矿物组成，片理清楚，片理面上有许多定向排列的绢云母，呈明显的丝绢光泽，是区域变质较浅的构造。

（3）片状构造

重结晶作用明显，片状、针状矿物沿片理面富集，平行排列。这是由矿物变形、挠曲、转动及压熔结晶而成的，是变质较深的构造。

（4）片麻状构造

显晶质变晶结构，颗粒粗大，深色的片状矿物及柱状矿物数量少，呈不连续的条带状，中间被浅色粒状矿物隔开，是变质最深的构造。

（5）块状构造

岩石由粒状矿物组成，矿物均匀分布，元素定向排列，如大理岩、石英岩都是块状构造。

前四种构造统称片理构造，块状构造称为非片理构造。

1.4.3 变质岩的分类及主要变质岩的特征

1. 变质岩的分类

根据变质岩的构造、结构、主要矿物成分和变质类型将常见变质岩分为三类，见表 1-5。

表 1-5 常见变质岩分类

岩类	岩石名称	构造	结构	主要矿物成分	变质类型
片理状岩类	板岩	板状	变余结构、部分变晶结构	黏土、云母、绿泥石、石英、长石等	区域变质（由板岩至片麻岩变质程度递增）
	千枚岩	千枚状	显微鳞片状变晶结构	绢云母、石英、长石、绿泥石、方解石等	
	片岩	片状	显晶质鳞片状变晶结构	云母、角闪石、绿泥石、石墨、滑石、石榴子石等	
	片麻岩	片麻状	粒状变晶结构	石英、长石、云母、角闪石、辉石等	
块状岩类	大理岩	块状	粒状变晶结构	方解石、白云石	接触变质或区域变质
	石英岩		粒状变晶结构	石英	
	硅卡岩		不等粒变晶结构	石榴子石、辉石、硅灰石（钙质硅卡岩）	接触变质
	蛇纹岩		隐晶质结构	蛇纹石	交代变质
	云英岩		粒状变晶结构、花岗变晶结构	白云母、石英	
构造破碎岩类	断层角砾岩		角砾状碎裂结构	岩石碎屑、矿物碎屑	动力变质
	糜棱岩		糜棱结构	长石、石英、绢云母、绿泥石	

注：选自《土木工程地质（第 2 版）》（高等教育出版社，胡厚田，白志勇）。

2. 主要变质岩的特征

（1）板岩

多为变余结构或部分变晶结构，板状构造，颜色多为深灰、黑色、土黄色等，主要矿物为黏土、云母、绿泥石等，为浅变质岩。

（2）千枚岩

变余结构及显微鳞片状变晶结构，千枚状构造，通常为灰色、绿色、棕红色及黑色等，主要矿物有绢云母、石英、绿泥石、方解石等，为浅变质岩。

（3）片岩

显晶质鳞片状变晶结构，片状构造。颜色比较杂，取决于主要矿物的组合。矿物成分有云母、滑石、绿泥石、石墨、角闪石等，属变质较深的变质岩，如云母片岩、角闪石片岩、绿泥石片岩等。

（4）片麻岩

中、粗粒粒状变晶结构，片麻状构造，颜色较复杂，浅色矿物多为粒状的石英、长石，深色矿物多为片状、针状的黑云母、角闪石等。深色、浅色矿物各自形成条带状相间排列，属深变质岩，岩石定名取决于矿物成分，如花岗片麻岩、闪长片麻岩等。

（5）混合岩

多为晶粒粗大的变晶结构，多条带状眼球状构造，混合岩是地下深处重熔高温带的岩石，经大量热液、熔浆及其携带物质的高温重熔、交代、混合等复杂的混合岩化作用后形成的，是一种特殊类型的变质岩。矿物成分与花岗片麻岩接近。

（6）大理岩

粒状变晶结构，块状构造，由石灰岩、白云岩经区域变质重结晶而形成的碳酸盐矿物占 50%以上，主要为方解石或白云石。纯大理岩为白色，称为汉白玉，是常用装饰和雕刻石料。

（7）石英岩

粒状变晶结构，块状构造。纯石英为白色，含杂质的石英有灰白色、褐色等。矿物成分中石英含量大于 85%。石英岩硬度高，有油脂光泽，由石英砂岩或其他硅质岩经重结晶作用而成。

（8）蛇纹岩

隐晶质结构，块状构造，颜色多为暗绿色或黑绿色，风化面为黄绿色或灰白色，主要矿物为蛇纹石，含少量石棉、滑石、磁铁矿等矿物，由富含基质的超基性岩经接触交代变质作用而成。

（9）断层角砾岩

角砾状碎裂结构，块状构造，是断层错动带中的岩石在动力变质中被挤碾成角砾状碎块，经胶结而成的岩石。胶结物是细粒岩屑或溶液中的沉积物。

（10）糜棱岩

粉末状岩屑胶结而成的糜棱结构，块状构造，矿物成分与原岩相同，含新生的变质矿物，如绢云母、绿泥石、长石等。糜棱岩是高动压力断层错动带中的产物。

思考与习题

1. 简述矿物和岩石的关系。
2. 矿物的性质包括哪几个方面？简述主要造岩矿物的鉴定特征。
3. 简述岩浆岩的分类及其产状特征。
4. 简述沉积岩的形成过程及其构造特征。
5. 变质作用可分为哪几种类型？其主要因素有哪些？
6. 三大岩类的结构有何异同？

第2章　地层、地貌与地质构造

本章导读

任何岩石的形成都经过了地壳运动和地质作用，因此本章将首先介绍该内容。我们该如何去认识地球上的岩石呢？首先应认识岩石的年龄，即地层年代，而后根据岩层的空间位置即产状进行描述。地质构造主要表现在岩层在地壳运动中发生的变形和破坏，即褶皱和断裂，本章将对此进行详细的介绍。然后通过识别各种地质图为我们的生产实践服务。

本章重点

（1）地层年代表的掌握；

（2）岩层产状的表示和测量方法；

（3）褶皱和断裂的识别；

（4）地质图的阅读与绘制。

2.1　地壳运动及地质作用

2.1.1　地壳运动

1. 地壳运动的基本形式

地球作为一个天体，自形成以来就一直不停地运动着。地壳作为地球外层的薄壳（主要指岩石圈），自形成以来也一直不停地运动着。地壳运动又称构造运动，指主要由地球内力引起岩石圈产生的机械运动。它是使地壳产生褶皱、断裂等各种地质构造，引起海、陆分布变化，地壳隆起和凹陷，以及形成山脉、海沟，产生火山、地震等的基本原因。按时间顺序，将晚第三纪以前的构造运动称为古构造运动，晚第三纪以后的构造运动称为新构造运动，人类历史时期发生的构造运动称为现代构造运动。

地壳运动有水平运动和垂直运动两种基本形式。

（1）水平运动

水平运动指地壳沿地表切线方向产生的运动，主要表现为岩石圈的水平挤压或拉伸引起岩层的褶皱和断裂，可形成巨大的褶皱山系、裂谷和大陆漂移等。例如，印度洋板块挤压欧亚板块并插入欧亚板块之下，使 5000 万年前还是一片汪洋的喜马拉雅山地区逐渐抬升成现在的世界屋脊。

（2）垂直运动

垂直运动指地壳沿地表法线方向产生的运动，主要表现为岩石圈的垂直上升或下降，引起地壳大面积的隆起和凹陷，形成海侵和海退等。例如，中国台湾高雄附近的珊瑚灰岩，原在海中，更新世以来，已被抬升到海面以上 350m 高处；现在的江汉平原，从晚第三纪以来，下降了 10000 多米，形成巨厚的沉积层。

水平运动和垂直运动是紧密联系的，在时间和空间上往往交替发生。

一般情况下，地壳运动是十分缓慢的，人们一般难以察觉，如喜马拉雅山脉从海底上升到海平面以上 8000 多米的高山，每年平均才上升 2.4cm，但其长期的积累却是惊人的。有时，地壳运动可以以十分剧烈的方式表现出来，如地震、火山喷发等。1976 年 7 月 28 日，震惊中外的唐山大地震造成极震区 70%～80%的建筑物倒塌或严重破坏，死亡 20 余万人。

2. 地壳运动成因的主要理论

地壳运动的成因理论主要是解释地壳运动的力学机制，包括对流说、均衡说、地球自转说和板块构造说等。

（1）对流说

对流说认为地幔物质已成塑性状态，并且上部温度低，下部温度高，在温差的作用下形成缓慢对流，从而导致上覆地壳运动，见图 2-1。

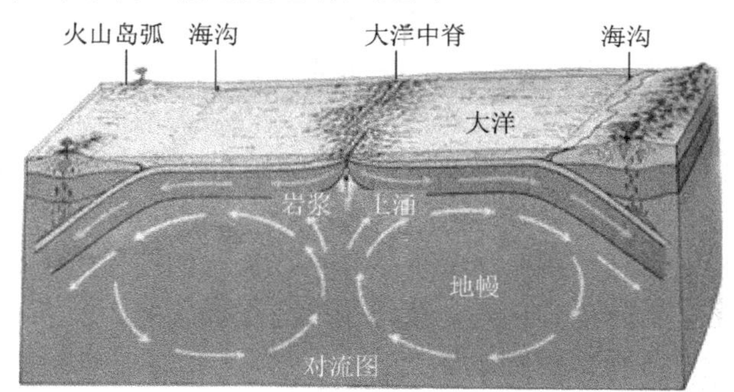

图 2-1　地幔对流拉动岩石圈板块移动（海底扩张）

（2）均衡说

均衡说认为地幔内存在一个重力均衡面，均衡面以上的物质重力均等，但因密度不同而表现为厚薄不一。当地表出现剥蚀或沉积时，使重力发生变化，为维持均衡面上重力均等，均衡面上的地幔物质将产生移动，以弥补地表的重力损失，从而导致上覆地壳运动。

（3）地球自转说

地球自转说认为地球自转速度产生的快慢变化导致了地壳运动。当地球自转速度加快时，一方面惯性离心力增加，导致地壳物质向赤道方向运行；另一方面切向加速度增加，导致地壳物质由西向东运动，当基底黏着力不同时，引起地壳各部位运动速度不同，从而产生挤压、拉张、抬升、下降等变形、变位。当地球自转速度减慢时，惯性离心力和切向加速度均减小，地壳又产生相反方向的恢复运动，同样因基底黏着力不同，引起地壳变形、变位，故在地壳形成一系列纬向和经向的山系、裂谷、隆起和凹陷。

（4）板块构造说

板块构造说是在大陆漂移说和海底扩张说的基础上提出来的，认为地球在形成过程中，表层冷凝成地壳，以后地球内部热量在局部聚集成高热点，并将地壳胀裂成六大板块，见图 2-1。各大板块之间由大洋中脊和海沟分开。地球内部高热点热能通过大洋中脊的裂谷得以释放。热流上升到大洋中脊的裂谷时，一部分热流通过海水冷却，在裂谷处形成新的洋壳，另一部分热流则沿洋壳底部向两侧流动，从而带动板块漂移。因此在大洋中脊不断组成新的洋壳，而在海沟处地壳相互挤压、碰撞，有的抬升成高大的山系，有的插入地幔内溶解。在挤碰撞带，因板块间的强烈摩擦，形成局部高温并积累了大量的应变能，常构成火山带和地震带。各大板块中还可划分出若干次级板块，各板块在漂移中因基底黏着力不同，运动速度不一，同样可引起地壳变形、变位。

2.1.2 地质作用

地质作用是指由自然动力引起地球（主要是地幔和岩石圈）的物质组成、内部结构和地表形态发生变化的作用，主要表现为对地球的矿物、岩石、地质构造和地表形态等进行的破坏和建造作用。见图 2-1，为地幔对流拉动岩石圈板块的移动。

引起地质作用的能量来自地球本身和地球以外，故分为内能和外能。内能指来自地球内部的能量，主要包括旋转能、重力能、热能；外能指来自地球外部的能量，主要包括太阳辐射能、日月引力能和生物能，其中太阳辐射能主要引起大气环流和水的循环。

按照能源和作用部位的不同，地质作用又分为内动力地质作用和外动力地质作用。由内能引起的地质作用称为内动力地质作用，主要包括构造运动、岩浆活动和变质作用，在地表主要形成山系、裂谷、隆起、凹陷、火山等现象；由外能引起的地质作用称为外动力地质作用，主要有风化作用、风的地质作用、流水的地质作用、冰川的地质作用、湖海的地质作用、重力的地质作用等，在地表主要形成戈壁、沙漠、黄土塬、深切谷、冲积平原等地形并形成各种沉积物。

2.2 地　　层

地史学中，将各个地质历史时期形成的岩石称为该时代的地层。各地层的新、老关系在判别褶曲、断层等地层构造形态中有着非常重要的作用。确定地层新、老关系的方法有两种，即绝对年代法和相对年代法。

2.2.1 绝对年代法

绝对年代法是指通过确定地层形成的准确时间，依次排列出各地层新、老关系的方法。地层形成的准确时间，主要是通过测定地层中的放射性同位素年龄来确定。放射性同位素（母同位素）是一种不稳定元素，在天然条件下发生蜕变，自动放射出某些射线（α、β、γ 射线）而蜕变成另一种稳定元素（子同位素）。放射性同位素的蜕变速度是恒定的，不受温度、压力、电场、磁场等因素的影响，即以一定的蜕变常数进行蜕变，主要用于测定地质年代的放射性同位素及其蜕变常数，见表 2-1。

表 2-1　常用同位素及其蜕变常数

母同位素	子同位素	半衰期	蜕变常数
铀（U^{238}）	铅（Pb^{206}）	4.5×10^{9} a	1.54×10^{-10} a^{-1}
铀（U^{235}）	铅（Pb^{207}）	7.1×10^{8} a	9.72×10^{-10} a^{-1}
钍（Th^{282}）	铅（Pb^{208}）	1.4×10^{10} a	0.49×10^{-10} a^{-1}
铷（Rb^{87}）	锶（Sr^{87}）	5.0×10^{10} a	0.14×10^{-10} a^{-1}
钾（K^{40}）	氩（Ar^{40}）	1.5×10^{9} a	4.72×10^{-10} a^{-1}
碳（C^{14}）	氮（N^{14}）	5.7×10^{3} a	

当测定岩石中所含放射性同位素的质量 m_1 及其蜕变产物质量 m_2 后，就可利用蜕变常数 λ，按下式计算其形成年龄：

$$t=\frac{1}{\lambda}\ln\left(1+\frac{m_2}{m_1}\right)$$

目前世界各地地表出露的古老岩石都已进行了同位素年龄测定，如南美洲圭亚那的角闪岩为 4130Ma±170Ma，我国冀东络云母石英岩为 3650～3770Ma。

2.2.2　相对年代法

相对年代法是通过比较各地层的沉积顺序、古生物特征和地层接触关系来确定其形成先后顺序的一种方法。因无需精密仪器，故被广泛采用。

1. 地层层序法

沉积岩能清楚地反映岩层的叠置关系。一般情况下，先沉积的老岩层在下，后沉积的新岩层在上［图 2-2（a)］。只要把一个地区所有地层按由下向上的顺序衔接起来，就可确定其新老关系。当地层挤压使地层倒转时，新老关系相反，见图 2-2（b)。在地层排序时应弄清楚。

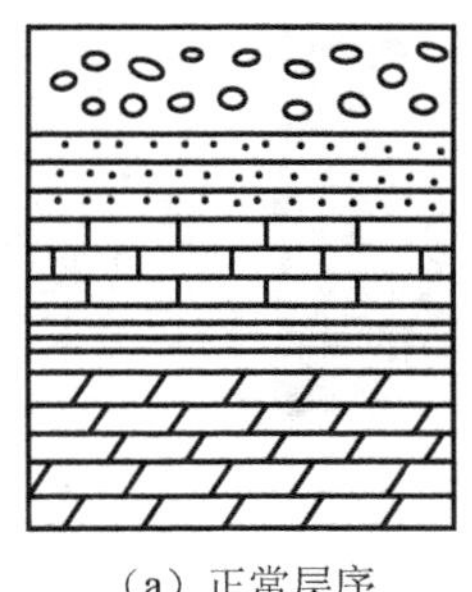

（a）正常层序　　（b）倒转层序

图 2-2　地层层序法

一个地区在地质历史上不可能永远处在沉积状态，常常是一个时期下降沉积，另一个时期抬升发生剥蚀。因此，现今任何地区保存的地质剖面中都会缺失某些时代的地层，造成地质记录不完整。故需对各地地层层序剖面进行综合研究，把各个时期出露的地层拼接起来，建立较大区域乃至全球的地层顺序系统，称为标准地层剖面。通过标准地层剖面的地层顺序，对照某地区的地层情况，也可排列出该地区地层的新老关系。

沉积岩的层面构造也可作为鉴定其新老关系的依据，如泥裂开口所指的方向、虫迹开口所指的方向、波痕的波峰所指的方向均为岩层顶面，即新岩层方向，并可据此判定岩层的正常与倒转，见图 2-3。

（a）泥裂

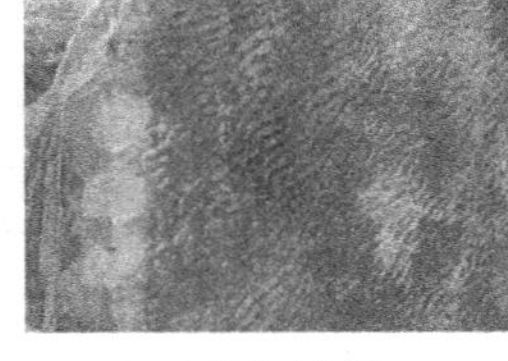

（b）波痕

图 2-3　层面沉积特征

2. 古生物法

在地质历史上，地球表面的自然环境总是不停地出现阶段性变化。地球上的生物为适应地球环境的改变，也不得不逐渐改变自身的结构，称为生物演化，即地球上的环境改变后，一些不能适应新环境的生物大量灭亡，甚至绝种，而另一些生物则通过改变自身的结构，形成新的物种，以适应新环境，并在新环境下大量繁衍。这种演化遵循由简单到复杂、由低级到高级的原则，即地质时期越古老，生物结构越简单；地质时期越新，生物结构越复杂。因此，埋藏在岩石中的生物化石结构也反映了这一过程。化石结构越简单，地层时代越老；化石结构越复杂，地层时代越新。可依据岩石中的化石种属来确定岩石的新老关系。标志化石是在某一环境阶段，能大量繁衍、广泛分布，从发生、发展到灭绝的时间短的生物化石，在每一地质历史时期都有其代表性的标志化石，如寒武纪的三叶虫、奥陶纪的珠角石、志留纪的笔石、泥盆纪的石燕、二叠纪的大羽羊齿、侏罗纪的恐龙等，见图 2-4。

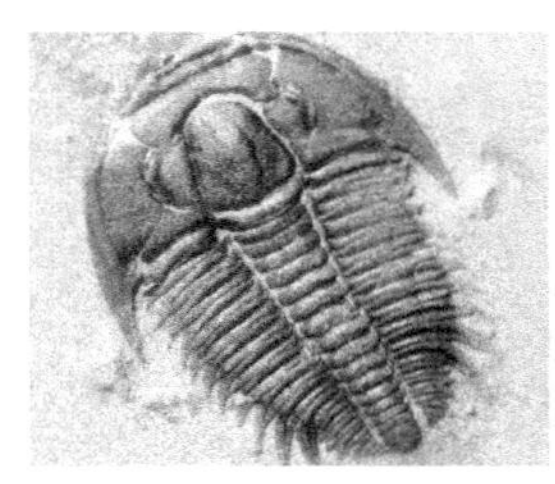

（a）三叶虫（C）

（b）珠角石（O）

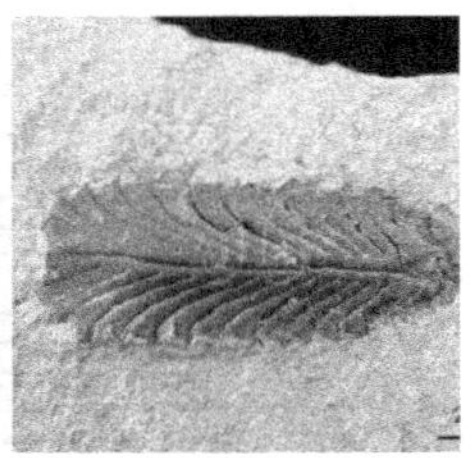

（c）笔石（S）

图 2-4　几种标准化石图版

（d）石燕（D）

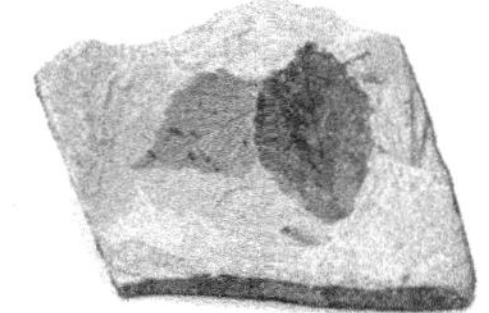
（e）大羽羊去（P）

（f）恐龙（J）

图 2-4　（续）

3. 地层接触关系法

地层间的接触关系，是构造运动、岩浆活动和地质发展历史的记录。沉积岩、岩浆岩及其相互间均有不同的接触类型，据此可判别地层间的新老关系。

（1）沉积岩间的接触关系

沉积岩间的接触，基本上可分为整合接触与不整合接触两大类型。

1）整合接触。一个地区在持续稳定的沉积环境下，地层依次沉积，各地层之间彼此平行，地层间的这种连续、平行的接触关系称为整合接触。其特点是沉积时间连续，上、下岩层产状基本一致，见图 2-5（a）。

2）不整合接触。当沉积岩地层之间有明显的沉积间断时，即沉积时间明显不连续，有一段时期没有沉积，称为不整合接触，其又可分为平行不整合接触和角度不整合接触两类。

① 平行不整合接触：又称假整合接触，指上、下两套地层间有沉积间断，但岩层产状仍彼此平行的接触关系。它反映了地壳先下降接受稳定沉积，然后抬升到侵蚀基准面以上接受风化剥蚀，之后地壳又均匀下降接受稳定沉积的历史过程，见图 2-5（b）。

② 角度不整合接触：指上、下两套地层间，既有沉积间断，岩层产状又彼此成角度相交的接触关系。它反映了地壳先下降沉积，然后挤压变形和上升剥蚀，再下降沉积的历史过程，见图 2-5（c）。角度不整合接触关系容易与断层混淆，二者的区别标志是：角度不整合接触界面处有风化剥蚀形成的底砾岩；而断层界面处则无底砾岩，一般为构造岩，或没有构造岩。

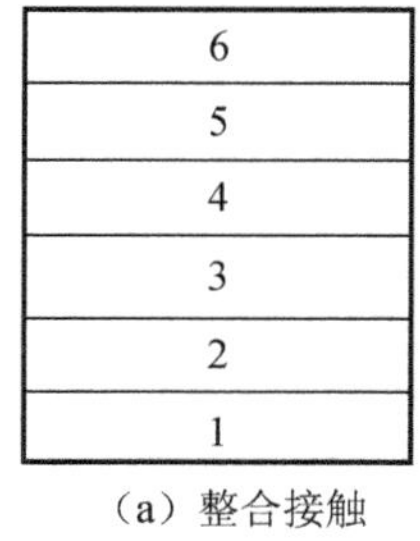

（a）整合接触

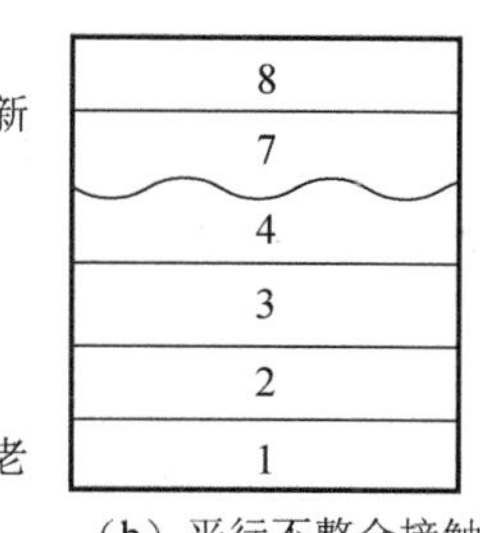

（b）平行不整合接触

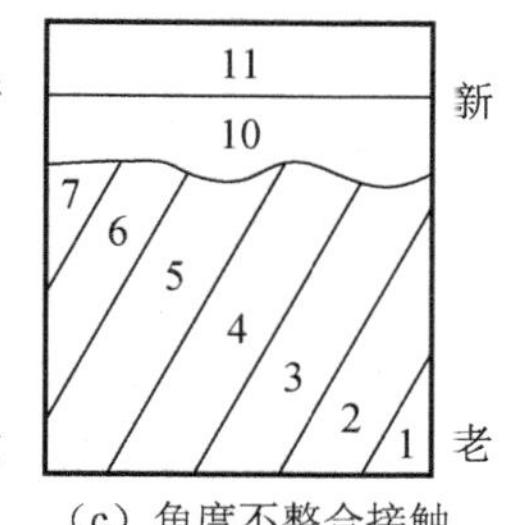

（c）角度不整合接触

图 2-5　沉积岩的接触关系

（2）岩浆岩间的接触关系

岩浆岩间的接触关系主要表现为岩浆岩间的穿插接触关系。后期生成的岩浆岩常插入早期生成的岩浆岩中，将早期岩脉或岩体切隔开（图 2-6）。

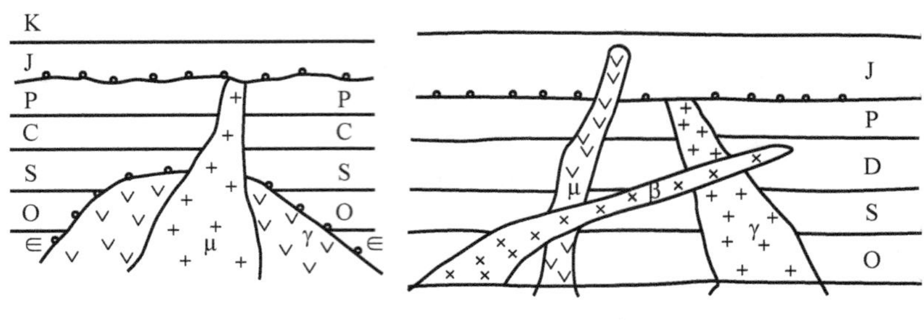

图 2-6　岩浆岩的穿插关系

(3) 沉积岩与岩浆岩之间的接触关系

沉积岩与岩浆岩之间的接触关系可分为侵入接触和沉积接触两类。

1）侵入接触：指后期岩浆岩侵入早期沉积岩的一种接触关系。早期沉积岩受后期岩浆熔蚀、挤压和烘烤并进行化学反应，在沉积岩与岩浆岩交界带附近形成一层接触变质带，称为变质晕，见图 2-7（a）。

2）沉积接触：指后期沉积岩覆盖在早期岩浆岩上的沉积接触关系。早期岩浆岩表层风化剥蚀，在后期沉积岩底部常形成一层含岩浆岩砾石的底砾岩，见图 2-7（b）。

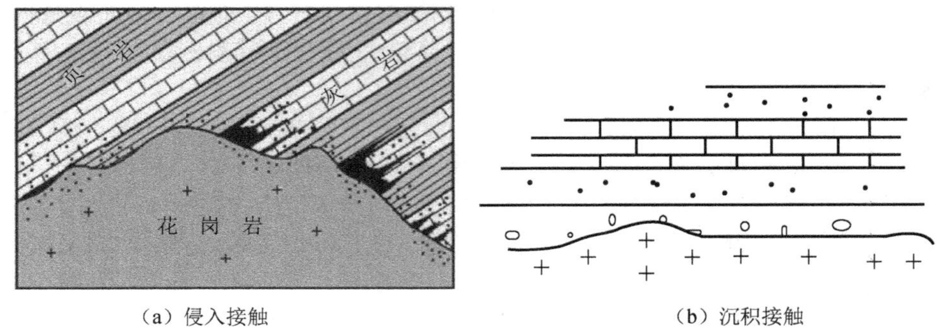

（a）侵入接触　　（b）沉积接触

图 2-7　沉积岩与岩浆岩之间的接触关系

2.2.3　地质年代表

应用上述方法，根据地层形成顺序、生物演化阶段、构造运动、古地理特征及同位素年龄测定，对全球性地层进行划分和对比，综合得出地质年代表，见表 2-2。表中将地质历史（时代）划分为太古宙、元古宙和显生宙三大阶段，宙再细分为代，代再细分为纪，纪再细分为世，世再细分为期，期再细分为时。每个地质时期形成的地层，又赋予相应的地层单位，即宇、界、系、统、阶、带，分别与地质历史宙、代、纪、世、期、时相对应。它们经国际地层委员会通过并在世界通用。在此基础上，各国结合自己的实际情况，都建立了自己的地层年代表。

我国在区域地质调查中常采用多重地层划分原则，即除上述地层单位外，主要使用岩石地层单位。

岩石地层单位是以岩石学特征及其相对应的地层位置为基础的地层单位。没有严格的时限，往往呈现有规则的穿时现象。岩石地层最大单位为群，群再细分为组，组再细分为段，段再细分为层。

群：包括两个以上的组。群以重大沉积间断或不整合界面划分。

组：以同一岩相，或某一岩相为主，夹有其他岩相，或不同岩相交互构成。其中，岩相是指岩石形成环境，如海相、陆相、潟湖相、河流相等。

段：段为组的组成部分，由同一岩性特征构成。组不一定都划分出段。

层：指段中具有显著特征，可区别于相邻岩层的单层或复层。

表 2-2　地质年代表

<table>
<tr><th colspan="5">地质时代（地层系统代号）</th><th rowspan="2">同位素年龄值/Ma</th><th colspan="3">生物界</th><th colspan="2" rowspan="2">构造阶段（构造运动）</th></tr>
<tr><th>宙（宇）</th><th>代（界）</th><th colspan="2">纪（系）</th><th>世（统）</th><th>植物</th><th colspan="2">动物</th></tr>
<tr><td rowspan="32">显生宙（宇）</td><td rowspan="7">新生代（界K_z）</td><td colspan="2" rowspan="2">第四纪系（Q）</td><td>全新世（统Q_h）</td><td rowspan="2">2</td><td rowspan="7">被子植物繁盛</td><td rowspan="2">出现人类</td><td rowspan="7">无脊椎动物继续演化发展</td><td colspan="2" rowspan="7">新阿尔卑斯构造阶段（喜马拉雅构造阶段）</td></tr>
<tr><td>更新世（统Q_p）</td></tr>
<tr><td rowspan="5">第三纪（系R）</td><td rowspan="2">晚第三纪（系N）</td><td>上新世（统N_2）</td><td rowspan="2">26</td><td rowspan="5">哺乳动物与鸟类繁盛</td></tr>
<tr><td>中新世（统N_1）</td></tr>
<tr><td rowspan="3">早第三纪（系E）</td><td>渐新世（统E_3）</td><td rowspan="3">65</td></tr>
<tr><td>始新世（统E_2）</td></tr>
<tr><td>古新世（统E_1）</td></tr>
<tr><td rowspan="8">中生代（界M_z）</td><td colspan="2" rowspan="2">白垩纪（系K）</td><td>晚白垩世（统K_2）</td><td rowspan="2">137</td><td rowspan="9">裸子植物繁盛</td><td rowspan="8">爬行动物与鸟类繁盛</td><td rowspan="16"></td><td rowspan="8">老阿尔卑斯构造阶段</td><td rowspan="5">燕山构造阶段</td></tr>
<tr><td>早白垩世（统K_1）</td></tr>
<tr><td colspan="2" rowspan="3">侏罗纪（系J）</td><td>晚侏罗世（统J_3）</td><td rowspan="3">195</td></tr>
<tr><td>中侏罗世（统J_2）</td></tr>
<tr><td>早侏罗世（统J_1）</td></tr>
<tr><td colspan="2" rowspan="3">三叠纪（系T）</td><td>晚三叠世（统T_3）</td><td rowspan="3">230</td><td rowspan="3">印支构造阶段</td></tr>
<tr><td>中三叠世（统T_2）</td></tr>
<tr><td>早三叠世（统T_1）</td></tr>
<tr><td rowspan="17">古生代（界P_z）</td><td colspan="2" rowspan="2">二叠纪（系P）</td><td>晚二叠世（统P_2）</td><td rowspan="2">285</td><td rowspan="5">两栖动物繁盛</td><td colspan="2" rowspan="8">（海西）华力西构造阶段</td></tr>
<tr><td>早二叠世（统P_1）</td><td rowspan="5">蕨类及原始裸子植物繁盛</td></tr>
<tr><td colspan="2" rowspan="3">石炭纪（系C）</td><td>晚石炭世（统C_3）</td><td rowspan="3">350</td></tr>
<tr><td>中石炭世（统C_2）</td></tr>
<tr><td>早石炭世（统C_1）</td></tr>
<tr><td colspan="2" rowspan="3">泥盆纪（系D）</td><td>晚泥盆世（统D_3）</td><td rowspan="3">400</td><td rowspan="3">鱼类繁盛</td></tr>
<tr><td>中泥盆纪（统D_2）</td><td rowspan="3">裸蕨植物繁盛</td></tr>
<tr><td>早泥盆世（统D_1）</td></tr>
<tr><td colspan="2" rowspan="3">志留纪（系S）</td><td>晚志留世（统S_3）</td><td rowspan="3">435</td><td colspan="2" rowspan="9">海生无脊椎动物繁盛</td><td colspan="2" rowspan="9">加里东构造阶段</td></tr>
<tr><td>中志留世（统S_2）</td><td rowspan="8">藻类及菌类植物繁盛</td></tr>
<tr><td>早志留世（统S_1）</td></tr>
<tr><td colspan="2" rowspan="3">奥陶纪（系O）</td><td>晚奥陶世（统O_3）</td><td rowspan="3">500</td></tr>
<tr><td>中奥陶世（统O_2）</td></tr>
<tr><td>早奥陶世（统O_1）</td></tr>
<tr><td colspan="2" rowspan="3">寒武纪（系∈）</td><td>晚寒武世（统$\in_3$）</td><td rowspan="3">570</td></tr>
<tr><td>中寒武世（统$\in_2$）</td></tr>
<tr><td>早寒武世（统$\in_1$）</td></tr>
</table>

续表

地质时代（地层系统代号）				同位素年龄值/Ma	生物界		构造阶段（构造运动）
宙（宇）	代（界）	纪（系）	世（统）		植物	动物	
元古宙（宇 P_t）	晚元古代（界 Pt_3）	震旦纪（系 Z）	晚震旦世（统 Z_2）	800		裸露无脊椎动物出现	晋宁运动、吕梁运动、五台运动、阜平运动
			早震旦世（统 Z_1）				
	中元古代（界 Pt_2）			1000			
	早元古代（界 Pt_1）			1900			
太古宙（宇 Ar）	太古代			2500			地球形成

2.3 地貌单元类型与特征

2.3.1 地貌的概念

地貌是地壳表面各种不同成因、不同类型、不同规模的起伏形态。地貌形态由地貌基本要素构成，地貌基本要素包括地形面、地形线和地形点，它们是地貌地形的最简单的几何组分，决定了地貌形态的几何特性。

1. 地形面

地形面可能是平面、曲面或波状面，如山坡面、阶地面、山顶面和平原面等。

2. 地形线

两个地形面相交组成地形线（或一个地带），或者是直线，或者是弯曲起伏线，如分水线、谷底线、破折线等。

3. 地形点

地形点是两条（或几条）地形线的交点，孤立的微地形体也属于地形点。因此地形点实际上是大小不同的一个区域，如山脊线相交构成山峰点或山鞍点、山坡转折点和河谷裂点等。

不同地貌有着不同的成因，但概括地讲，地貌是由两种原因造成的，一是地球的内力作用，二是外力作用。地貌是内外营力共同作用的结果，内营力作用造就地表的起伏，外营力作用使地表原有的起伏不断平缓，因此地貌形成过程中的内外营力是一对矛盾。地貌的形成不仅取决于内外营力作用类型的差异，而且还取决于内外营力作用过程的对比。

2.3.2 地貌单元分类

地貌单元主要包括剥蚀地貌、山麓斜坡堆积地貌、河流地貌、湖积地貌、海岸地貌、冰川地貌和风成地貌等。

1. 剥蚀地貌

剥蚀地貌包括山地、丘陵、剥蚀残山和剥蚀平原。各地貌单元的主要地质作用和地貌特征见表 2-3。

表 2-3 剥蚀地貌特征

成因	地貌单元		主要地质作用	地貌特征
剥蚀地貌	山地	高山	构造作用为主，强烈的冰山刨蚀作用	山地地貌的特点是具有山顶、山坡、山脚等明显的形态要素
		中山	构造作用为主，强烈的剥蚀切割作用和部分冰山刨蚀作用	
		低山	构造作用为主，长期强烈的剥蚀切割作用	
	丘陵		中等强度的构造作用，长期剥蚀切割作用	丘陵是经过长期剥蚀切割，外貌呈低矮而平缓的起伏地形
	剥蚀残山		构造作用微弱，长期剥蚀切割作用	低山在长期的剥蚀过程中，极大部分的山地被夷平成准平原，但在个别地段形成了比较坚硬的残丘，称为剥蚀残山。一般常成几个孤零屹立的小丘，有时残山与河谷交错分布
	剥蚀平原		构造作用微弱，长期剥蚀和堆积作用	剥蚀平原是在地壳上升微弱、地表岩层高差不大的条件下，经外力的长期剥蚀夷平所形成。其特点是地形面与岩层面不一致，上覆堆积物很薄，基岩常裸露于地表，在低洼地段有时覆盖有厚度稍大的残积物、坡积物和洪积物等

2. 山麓斜坡堆积地貌

山麓斜坡堆积地貌包括洪积扇、坡积裙、山前平原和山间凹地。其地貌单元的主要地质作用和地貌特征见表 2-4。

表 2-4 山麓斜坡堆积地貌特征

成因	地貌单元	主要地质作用	地貌特征
山麓斜坡堆积地貌	洪积扇	山谷洪流洪积作用	山区河流自山谷流入平原后，流速减低，形成分散的漫流，流水携带的碎屑物质开始堆积，形成由顶端（山谷出口处）向边缘缓慢倾斜的扇形地貌
	坡积裙	山坡面流坡积作用	坡积裙是由山坡上的水流将风化碎屑物质携带到山坡下，并围绕坡脚堆积，形成的裙状地貌
	山前平原	山谷洪流洪积作用为主，夹有山坡面流坡积作用	山前平原由多个大小不一的洪（冲）积扇互相连接而成，因而呈高低起伏的波状地形
	山间凹地	周围的山谷洪流洪积作用和山坡面流坡积作用	被环绕的山地所包围而形成的堆积盆地，称为山间凹地。山间凹地由周围的山前平原继续扩大所组成，凹地边缘颗粒粗大，一般呈三角形，凹地中心颗粒逐渐变细，地下水位浅，有时形成大片沼泽洼地

3. 河流地貌

河流所流经的槽状地形称为河谷，它是在流域地质构造的基础上，经河流的长期侵蚀、搬运和堆积作用逐渐形成和发展起来的一种地貌，凡由河流作用形成的地貌，称为河流地貌。河流地貌包括河床、河漫滩和阶地。河谷各要素见图 2-8。

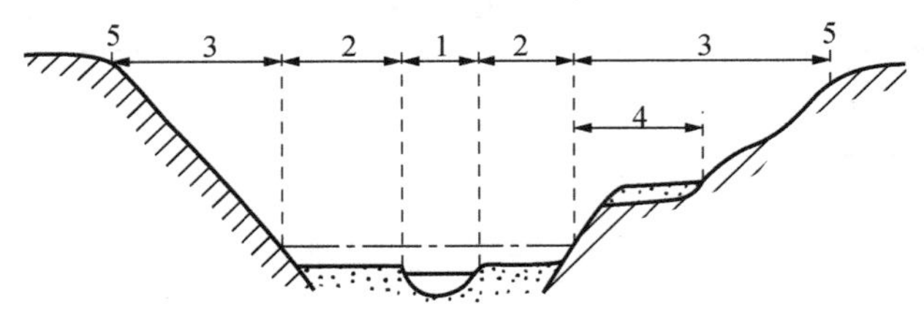

图 2-8　河谷各要素

1. 河床；2. 河漫滩；3. 谷坡；4. 阶地；5. 谷肩

—— 枯水位；— - —洪水位

（1）河流的地质作用

河水在流动时，对河床进行冲刷破坏，并将所侵蚀的物质带到适当的地方沉积下来，故河流的地质作用可分为侵蚀作用、搬运作用和沉积作用。

河流水流有破坏地表并掀起地表物质的作用。水流破坏地表有三种方式，即冲蚀作用、磨蚀作用和溶蚀作用，总称为河流的侵蚀作用。

河流在其自身流动过程中，将地面流水及其他地质营力破坏所产生的大量碎屑物质和化学溶解物质不停地输送到洼地、湖泊和海洋的作用称为河流的搬运作用。河流的搬运作用按其搬运方式可分为机械搬运和化学搬运两类。

河流的沉积作用是指当河流的水动力状态改变时，河水的搬运能力下降，致使搬运物堆积下来的过程。河流的沉积作用一般以机械沉积作用为主。

（2）河床

河谷中枯水期水流所占据的谷地部分称为河床。河床横剖面呈一低凹的槽型。从源头到河口的河床最低点连线称为河床纵剖面，它呈一不规则的曲线。山区河床较狭窄，两岸常有许多山嘴凸出，使河床岸线犬牙交错，纵剖面较陡，浅滩和深槽彼此交替，且多跌水和瀑布。平原地区河床较宽、浅，纵剖面坡度较缓，有微微起伏。

河床发展过程中，由于不同因素的影响，在河床中形成各种地貌，如河床中的浅滩与深槽、沙波，山地基岩河床中的壶穴和岩槛等。

（3）河漫滩

河流洪水期淹没河床以外的谷底部分，称为河漫滩。平原河流河漫滩发育宽广，常在河床两侧分布，或只分布在河流的凸岸。山地河谷比较狭窄，洪水期水位较高，河漫滩的宽度较小，相对高度比平原河流的河漫滩要高。

（4）阶地

阶地是在地壳的构造运动与河流侵蚀、堆积的综合作用下形成的。由于构造运动和河流地质过程的复杂性，阶地的类型是多种多样的，一般可分为三种主要类型：侵蚀阶地、堆积阶地和基座阶地，其详情见图 2-9。

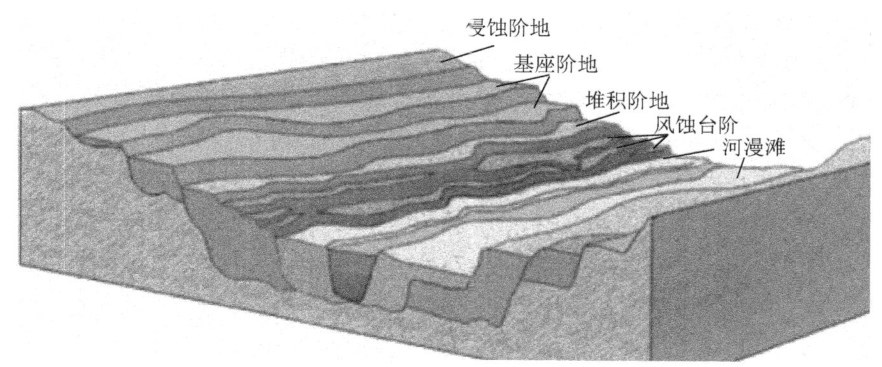

图 2-9　阶地类型剖面图

4. 湖积地貌

湖积地貌包括湖积平原和沼泽地。其地貌单元的主要地质作用和地貌特征见表 2-5。

表 2-5　湖积地貌特征

成因	地貌单元	主要地质作用	地貌特征
湖积地貌	湖积平原	湖泊堆积作用	地表水流将大量的风化碎屑物带到湖泊洼地，使湖岸堆积和湖心堆积不断地扩大和发展，形成了大片向湖心倾斜的平原，称为湖积平原
	沼泽地	沼泽堆积作用	湖泊洼地中水草茂盛，大量有机物在洼地中积聚，久而久之产生了湖泊的沼泽化。当喜水植物渐渐长满了整个湖泊洼地时，便形成了沼泽地。在平原上河流弯曲的地段，容易产生沼泽地，大多曾是河漫滩湖泊或牛轭湖的地方。另外，当河流流经沼泽地时，由于沼泽地的土质松软，侧向侵蚀强烈，河道往往迂回曲折，有时形成许多小的牛轭湖

5. 海岸地貌

海岸是具有一定宽度的陆地与海洋相互作用的地带，其上界是风暴浪作用的最高位置，下界为波浪作用开始扰动海底泥沙处。现代海岸带由陆地向海洋可划分为滨海陆地、海滩和水下岸坡三部分。海岸地貌包括海岸侵蚀地貌和堆积地貌。海岸地貌特征见表 2-6。

表 2-6　海岸地貌特征

成因	地貌单元	主要地质作用	地貌特征
海岸地貌	海岸侵蚀地貌	海水冲蚀作用	海岸侵蚀地貌主要包括海蚀崖、海蚀穴、海蚀洞、海蚀窗、海蚀拱桥、海蚀柱、海蚀平台
	海岸堆积地貌	海水堆积作用	根据外海波浪向岸作用方向与岸线走向之间的角度关系，泥沙横向移动过程可形成各种堆积地貌：水下堆积阶地、水下沙坝、离岸堤、潟湖和海滩等。岸线走向变化使波浪作用方向与岸线夹角增大或减小，以致泥沙流过饱和而发生堆积，形成各种堆积地貌，如凹形海岸堆积地貌、凸形海岸堆积地貌和岸外岛屿等

6. 冰川地貌

在高山和高纬地区，气候严寒，年平均温度在0℃以下，常年积雪，当降雪的积累大于消融时，地表积雪逐年增厚，经一系列物理过程，积雪就逐渐变成淡蓝色的透明冰川冰。冰川冰是多晶固体，具有塑性，受自身重力作用或冰层压力作用沿斜坡缓慢运动，就形成冰川。冰川进退或积消引起海面升降和地壳均衡运动，从而使海陆轮廓发生较大的变化。此外，冰川对地表塑造是很强烈的，仅次于河流的作用，所以冰川也是塑造地形的强大外营力之一。因此，凡是经冰川作用过的地区，都能形成一系列冰川地貌。

冰川地貌包括冰蚀地貌、冰碛地貌和冰水堆积地貌三部分。冰川地貌特征见表2-7。

表2-7 冰川地貌特征

成因	地貌单元	主要地质作用	地貌特征
冰川地貌	冰蚀地貌	冰川刨蚀作用	冰蚀地形是由冰川的侵蚀作用所塑造的地形，如围谷、角峰、刀脊、冰斗、冰窖、冰川槽谷和悬谷
	冰碛地貌	冰川堆积作用	冰川融化使冰川携带的碎屑物质堆积下来，形成冰碛物。往往是巨砾、角砾、砾石、砂、粉砂和黏土的混合堆积，粒度相差悬殊，明显缺乏分选性。冰碛地貌主要有冰碛丘陵、冰碛平原、终碛堤和侧碛堤
	冰水堆积地貌	冰水堆积侵蚀作用	冰川附近的冰融水具有一定的侵蚀搬运能力，能将冰川的冰碛物再经冰融水搬运堆积，形成冰水堆积物。在冰川边缘由冰水堆积物组成的各种地貌，称为冰水堆积地貌，如冰水扇和外冲平原、冰水湖、冰砾埠阶地、冰砾埠、锅穴和蛇行丘等

7. 风成地貌

风成地貌是指由风力作用而形成的地貌。在风力作用地区，在同一时间内，一个地区是风蚀区，另一个地区则是风积区，其间的过渡性地段为风蚀-风积区，各地区将相应发育不同数量的风蚀地貌和风积地貌。风成地貌特征见表2-8。

表2-8 风成地貌特征

成因	地貌单元	主要地质作用	地貌特征
风成地貌	风蚀地貌	风的吹蚀和堆积作用	风蚀地貌形态主要见于风蚀区，有时沙漠中也有一定数量存在，如风蚀石窝、风蚀蘑菇、风蚀柱、雅丹地貌和风蚀盆地等
	风积地貌	风的堆积作用	风积地貌形态主要包括沙地、沙丘和沙城

2.3.3 不同地貌地区工程建设时应注意的问题

1. 剥蚀地貌地区工程建设时应注意的问题

1）在山地地区进行大型水电站、大型构筑物和隧道工程施工时，需要注意高边坡稳定性、地质构造稳定性及地质灾害（崩塌、滑坡和泥石流等）评价。在海拔较高的山上进行施工时，要注意工程的抗冻性和岩土中水的膨胀性。

2）在丘陵地带建设时，工程选址可行性论证阶段应避开地质灾害高发地段和地质构造不稳定地段。在工程施工时，要密切注意恶劣气象条件带来的地质灾害，同时注意保护丘陵的原生态环境，做到人与自然和谐相处。

3）剥蚀残山和剥蚀平原由于剥蚀程度的不同和原始地形的不同，岩土体残积的厚度也不同，岩土体的性状也不同。因此，在工程建设时必须进行详细的二程地质勘察。

2. 山麓斜坡堆积地貌地区工程建设时应注意的问题

1）在洪积扇堆积的多是分选性较差的洪积土，多为碎石土。一般上游堆积的颗粒较大，呈角砾状；下游堆积的颗粒相对较细，呈圆砾状，一般工程性较好；但其间也有可能夹有黏性土或淤质土，造成软夹层。所以工程建设时必须注意地层的均匀性。

2）坡积裙和山前堆积平原堆积较多的是分选性很差的坡积土、残积土和冲积土，颗粒大小不一，一般孔隙大，厚度受地形影响，所以在工程建设时应注意堆积斜坡的稳定性、堆积颗粒的密实度及地下水的冲刷性。

3）山前堆积平原其颗粒多为砾石、砂、粉土或黏性土，而且堆积的厚度不一致，工程建设时必须注意沉降的均匀性，必须进行详细的工程地质勘察。

3. 河流地貌地区工程建设时应注意的问题

1）在工程选址论证阶段，必须注意该地河流的最高洪水位、河流的冲刷规律、河岸的稳定性和地基发生管涌的可能性。一般不得在谷地、谷边及河岸冲刷岸建筑。

2）在河流阶地建筑时，必须详细了解阶地的稳定性和地层情况，以及上游发生滑坡、泥石流等地质灾害的可能性，以确保工程安全。

3）河流阶地的冲积土层往往具有不均匀性和丰富的储水性，要注意建筑物的不均匀沉降。

4）古代河流和现代河流的流向往往不一致，所以在建设时要注意了解古河道的走向，以减少建筑物的差异沉降。

4. 湖积与海岸地貌地区工程建设时应注意的问题

1）湖积地貌往往堆积的是湖积土，海岸地貌往往堆积的是海积土，这两类土统称淤积土，其工程性状往往较差，一般是压缩层。

2）湖积土和海积土在其他条件一定时，一般堆积年代越早，固结程度越好，工程性状要好一些；堆积年代越晚，固结程度越差，工程性状相对也差一些。

3）湖积土、海积土在同一地区堆积的厚度不一样，均匀性也不一样，所以工程建设时必须考虑建筑物沉降的稳定性和均匀性。

5. 冰川地貌地区工程建设时应注意的问题

1）冰川地貌形成的冰水堆积物是冰积岩土，在常年冻土地区建设时应注意冰积岩土的分选性、稳定性和发生冰川雪崩地质灾害的可能性。

2）季节性冻土地区要注意冰积岩土的冻胀性和冻融性。

3）冻土及寒冷地区施工混凝土要注意热胀冷缩问题。

6. 风成地貌地区工程建设时应注意的问题

1）工程建设中要注意风成地貌的干缩性和浸水后的湿陷性。

2）风沙地区选址时要注意沙尘暴的地质灾害和风成地貌的滑坡崩塌的地质灾害。

3）风沙地区选址和建设中要了解地下水的分布规律和水土保持工作。

2.4 地 质 构 造

构造运动引起地壳岩石圈变形和变位，这种变形、变位被保留下来的形态称为地质构造。地质构造有三种主要类型：岩层、褶皱和断裂。

2.4.1 岩层及岩层产状

1. 岩层

岩层的空间分布状态称为岩层产状。岩层按其产状可分为水平岩层、倾斜岩层和直立岩层。

（1）水平岩层

水平岩层指岩层倾角为 0° 的岩层。绝对水平的岩层很少见，习惯上将倾角小于 5° 的岩层都称为水平岩层，又称水平构造。岩层沉积之初顶面总是保持水平的，所以水平岩层一般出现在构造运动轻微的地区或大范围内均匀抬升、下降的地区，一般分布在平原、高原或盆地中部。水平岩层中新岩层总是位于老岩层之上，当岩层受切割时，老岩层出露于河谷低洼区，新岩层出露于高岗上。在同一高程的不同地点，出露的是同一岩层，见图 2-10（a）。

（2）倾斜岩层

倾斜岩层指岩层面与水平面有一定夹角的岩层。自然界绝大多数岩层是倾斜岩层，倾斜岩层是构造挤压或大区域内不均匀抬升、下降，使岩层向某个方向倾斜而成的，见图 2-10（b）。一般情况下，倾斜岩层仍然保持顶面在上、底面在下，新岩层在上、老岩层在下的产出状态，称为正常倾斜岩层。当构造运动强烈，使岩层发生倒转，出现底面在上、顶面在下，老岩层在上、新岩层在下的产出状态时，称为倒转倾斜岩层，见图 2-11（a）。

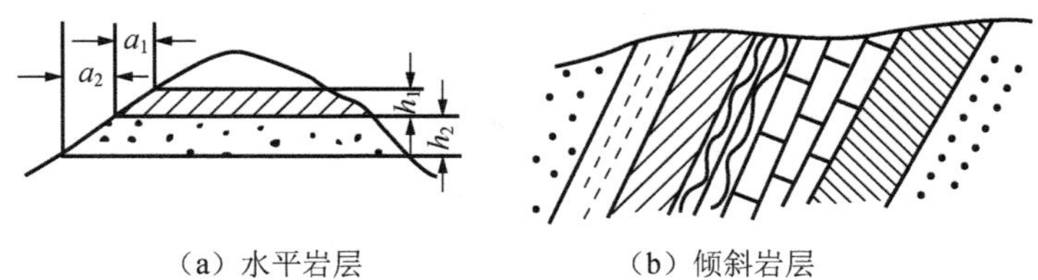

（a）水平岩层　　（b）倾斜岩层

图 2-10　水平岩层与倾斜岩层

a_i. 露头宽度；h_i. 岩层厚度

岩层的正常与倒转主要依据化石确定，也可依据岩层层面构造特征（如岩层面上的泥裂、波痕、虫迹、雨痕等）或标准地质剖面来确定。

倾斜岩层按倾角 α 的大小又可分为缓倾岩层（$\alpha < 30°$）、陡倾岩层（$30° \leqslant \alpha < 60°$）和陡立岩层（$\alpha \geqslant 60°$）。

（3）直立岩层

直立岩层指岩层倾角等于 90° 的岩层。绝对直立的岩层也较少见，习惯上将岩层倾角大于 85° 的岩层都称为直立岩层，见图 2-11（b）。直立岩层一般出现在构造强烈、紧密挤压的地区。

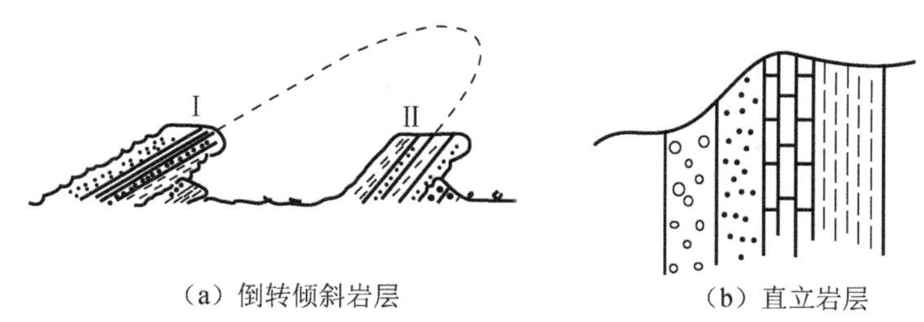

（a）倒转倾斜岩层　　（b）直立岩层

图 2-11　倒转倾斜岩层与直立岩层

Ⅰ. 正常层序，波峰朝上；Ⅱ. 倒转层序，波峰朝下

2. 岩层产状

（1）产状要素

岩层在空间分布状态的要素称为岩层产状要素。一般用岩层面在空间的水平延伸方向、倾斜方向和倾斜程度进行描述，分别称为岩层的走向、倾向和倾角，见图 2-12。

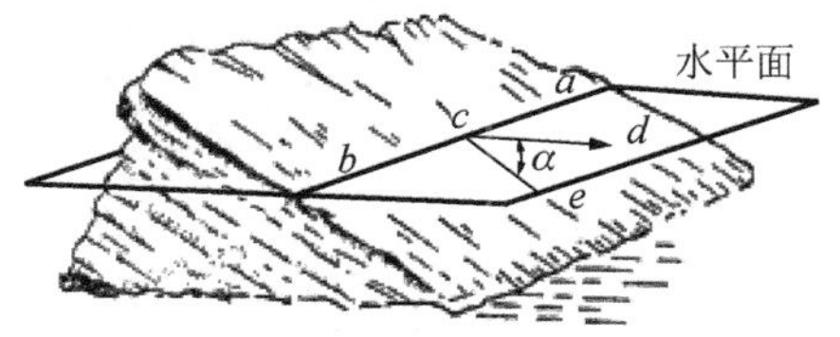

图 2-12　岩层产状要素

ab. 走向线；*ce*. 倾斜线；*cd*. 倾向线；*α*. 倾角

1）走向。走向指岩层面与水平面的交线所指的方向（*cb* 和 *ca*），该交线是一条直线，称为走向线，它有两个方向，相差 180°。

2）倾向。倾向指岩层面上最大倾斜线在水平面上投影所指的方向（*cd*）。该投影线是一条射线，称为倾向线，只有一个方向。倾向线与走向线互为垂直关系。

3）倾角。倾角指岩层面与水平面的交角，一般指最大倾斜线与倾向线之间的夹角，又称真倾角，如图 2-12 中的 α。

当观察剖面与岩层走向斜交时，岩层与该剖面的交线称为视倾斜线。视倾斜线在水平面的投影线称为视倾向线。视倾斜线与视倾向线之间的夹角称为视倾角。视倾角小于

真倾角。视倾角与真倾角的关系为

$$\tan\beta = \tan\alpha \cdot \sin\theta \qquad (2\text{-}1)$$

式中，θ——视倾向线（观察剖面线）与岩层走向线之间的夹角。

（2）产状要素的测量、记录和图示

1）产状要素的测量。岩层各产状要素的具体数值，一般在野外用地质罗盘仪在岩层面上直接测量和读取，见图 2-13。

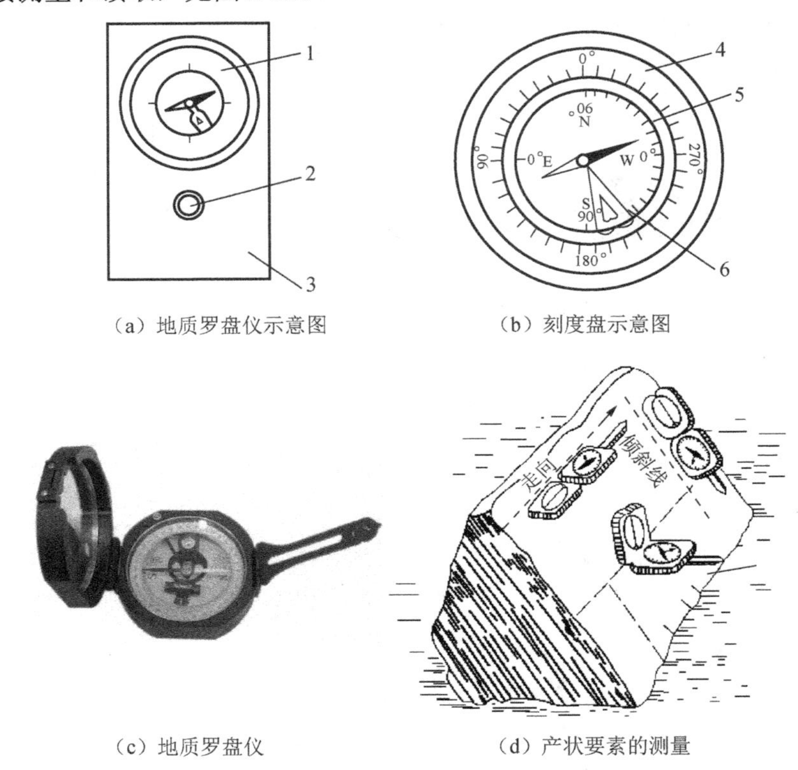

（a）地质罗盘仪示意图　（b）刻度盘示意图

（c）地质罗盘仪　（d）产状要素的测量

图 2-13　地质罗盘仪构造与产状要素的测量

1. 刻度盘及指针；2. 水准泡；3. 托盘；4. 上刻度盘；5. 下刻度盘；6. 倾角指示针

2）产状要素的记录。由地质罗盘仪测得的数据，一般有两种记录方法，即象限角法和方位角法，见图 2-14。

① 象限角法。以东、南、西、北为标志，将水平面划分为四个象限，以正北或正南方向为 0°，正东或正西方向为 90°，再将岩层产状投影在该水平面上，将走向线和倾向线所在的象限，以及它们与正北或正南方向所夹的锐角记录下来。一般按走向、倾角、倾向的顺序记录。例如：

N45°E∠30°SE

表示该岩层产状走向 N45°E，倾角 30°，倾向 SE，见图 2-14（a）。

② 方位角法。将水平面按顺时针方向划分为 360°，以正北方向为 0°，再将岩层产

状投影到该水平面上，将倾向线与正北方向所夹角度记录下来，一般按倾向、倾角的顺序记录。例如：

$$135^\circ \angle 30^\circ$$

表示该岩层产状为倾向距正北方向 135°，倾角 30°，见图 2-14（b）。

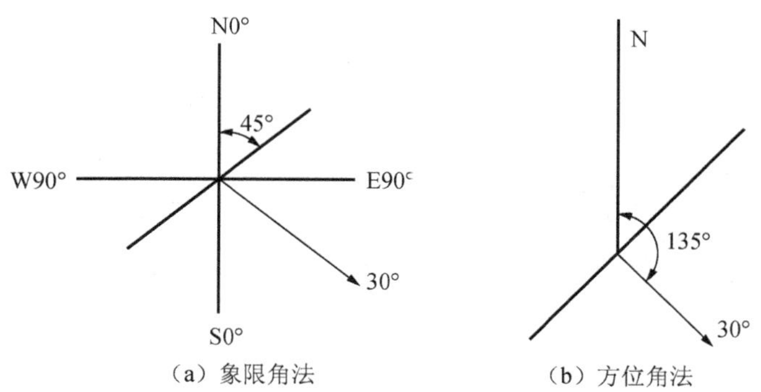

（a）象限角法　　（b）方位角法

图 2-14　象限角法和方位角法

3）产状要素的图示（表 2-9）。在地质图上，产状要素用符号表示。岩层产状符号应把走向线与倾向线交点画在测点位置。

表 2-9　产状要素的图示

图示	说明
30°	线代表走向，短线代表倾向，数字是倾角（长短线交点须画在测点上）
	层水平（0°～5°）
	层直立（箭头指向较新岩层）
30°	层倒转（箭头指向倒转后的倾向，即指向老岩层，数字是倾角）

2.4.2　褶皱构造

在构造运动作用下岩层产生的连续弯曲变形形态称为褶皱构造。褶皱构造的规模差异很大，大型褶皱构造延伸几十千米，小型褶皱构造在标本上也可见到。

1. 褶曲构造

褶皱构造中任何一个单独的弯曲都称为褶曲，褶曲是组成褶皱的基本单元。褶曲有背斜和向斜两种基本形态，见图 2-15。

（1）背斜

岩层弯曲向上凸出，核部地层时代老，两翼地层时代新。正常情况下，两翼地层相背倾斜。

（2）向斜

岩层弯曲向下凹陷，核部地层时代新，两翼地层时代老。正常情况下，两翼地层相向倾斜。

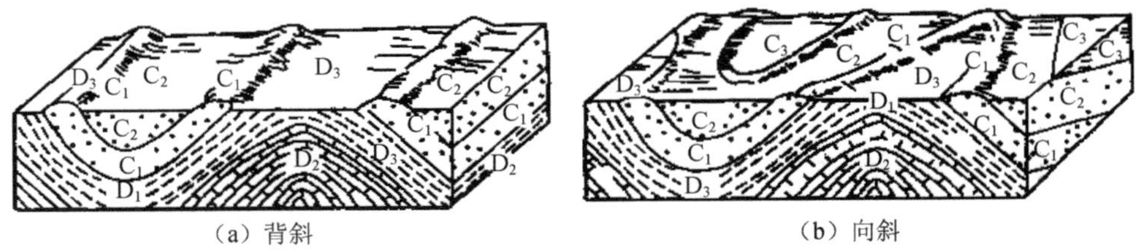

（a）背斜　　（b）向斜

图 2-15　褶曲基本形态

2. 褶曲要素

为了描述和表示褶曲在空间的形态特征，对褶曲各个组成部分给予一定的名称，称为褶曲要素，见图 2-16。褶曲要素如下：

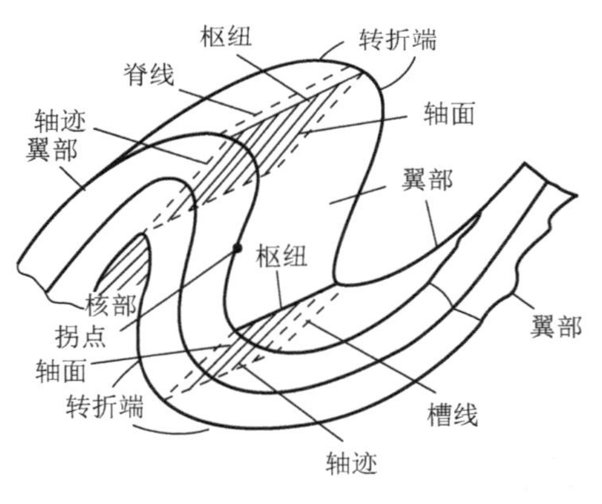

图 2-16　褶曲要素

1）核部：褶曲中心部位的岩层。

2）翼部：褶曲两侧部位的岩层。

3）轴面：通过核部大致平分褶曲两翼的假想平面。根据褶曲的形态，轴面可以是一个平面，也可以是一个曲面；可以是直立的面，也可以是一个倾斜、平卧或卷曲的面。

4）轴线：轴面与水平面或垂直面的交线，代表褶曲在水平面或垂直面上的延伸方向。根据轴面的情况，轴线可以是直线，也可以是曲线。

5）枢纽：褶曲中同一岩层面上最大弯曲点的连线。根据褶曲的起伏形态，枢纽可以是直线，也可以是曲线；可以是水平线，也可以是倾斜线。

6）脊线：背斜横剖面上弯曲的最高点称为顶，背斜中同一岩层面上最高点的连线称为脊线。

7）槽线：向斜横剖面上弯曲的最低点称为槽，向斜中同一岩层面上最低点的连线称为槽线。

3. 褶曲分类

褶曲的形态多种多样，不同形态的褶曲反映了褶曲形成时不同的力学条件及成因。为了更好地描述褶曲在空间的分布，研究其成因，常以褶曲的形态为基础，对褶曲进行分类。下面介绍两种形态分类。

（1）褶曲按横剖面形态分类

褶曲按横剖面形态分类即按横剖面上轴面和两翼岩层产状分类，见图 2-17。

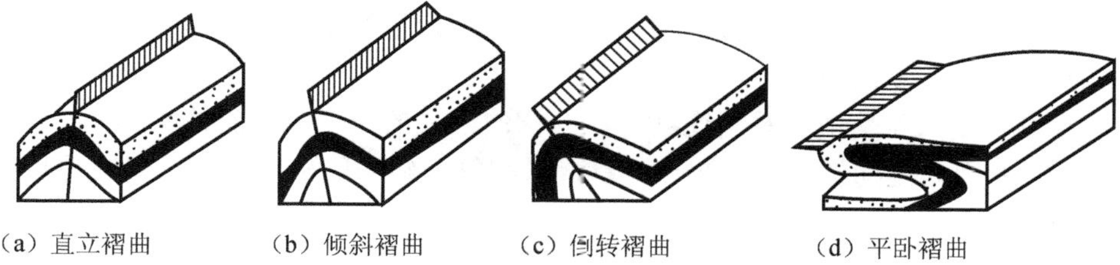

（a）直立褶曲　（b）倾斜褶曲　（c）倒转褶曲　（d）平卧褶曲

图 2-17　褶曲按横剖面形态分类

1）直立褶曲：轴面直立，两翼岩层产状倾向相反，倾角大致相等。

2）倾斜褶曲：轴面倾斜，两翼岩层产状倾向相反，倾角不相等。

3）倒转褶曲：轴面倾斜，两翼岩层产状倾向相同，其中一翼为倒转岩层。

4）平卧褶曲：轴面近水平，两翼岩层产状近水平，其中一翼为倒转岩层。

（2）褶曲按纵剖面形态分类

褶曲按纵剖面形态分类即按枢纽产状分类，见图 2-18。

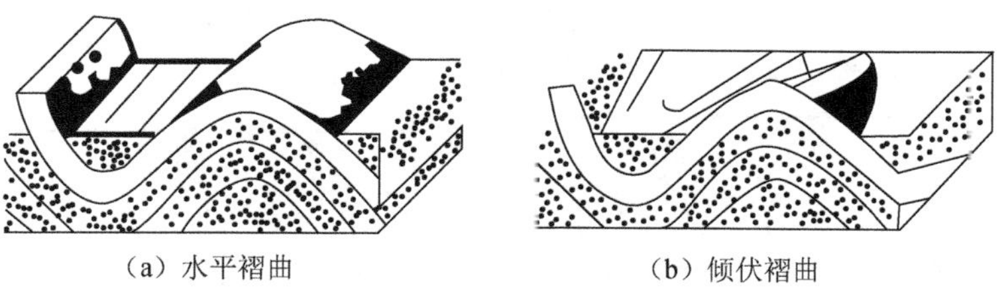

（a）水平褶曲　（b）倾伏褶曲

图 2-18　褶曲按纵剖面形态分类

1）水平褶曲：枢纽近于水平，呈直线状延伸较远，两翼岩层界线基本平行，见图 2-18（a）。若褶曲长宽比大于 10∶1，在平面上呈长条状，则称为线状褶曲。

2）倾伏褶曲：枢纽向一端倾伏，另一端昂起，两翼岩层界线不平行。在倾伏端交汇成封闭弯曲线，见图 2-18（b）。若枢纽两端同时倾伏，则岩层界线呈环状封闭，其长宽比在（3∶1）～（10∶1）时，称为短轴褶曲；其长宽比小于 3∶1 时，背斜称为穹窿构造，向斜称为构造盆地。

4. 褶曲的岩层分布判别

岩层受力挤压弯曲后，形成向上隆起的背斜和向下凹陷的向斜，但经地表营力的长期改造，或地壳运动的重新作用，原有的隆起和凹陷在地表面有时可能看不出来。为对褶曲形态做出正确鉴定，此时应主要根据地表面出露岩层的分布特征进行判别。一般来讲，当地表岩层出现对称重复时，则有褶曲存在。如核部岩层老，两翼岩层新，则为背斜；如核部岩层新，两翼岩层老，则为向斜。然后，根据两翼岩层产状和地层界线的分布情况，则可具体判别其横、纵剖面上褶曲形态的具体名称。

5. 褶曲构造的类型

有时，褶曲构造在空间不是呈单个背斜或单个向斜出现，而是以多个连续的背斜和向斜的组合形态出现。其按组合形态的不同可分为以下类型。

（1）复背斜和复向斜

复背斜和复向斜是由一系列连续弯曲的褶曲组成的一个大背斜或大向斜，前者称为复背斜，后者称为复向斜，见图 2-19。复背斜和复向斜一般出现在构造运动作用强烈的地区。

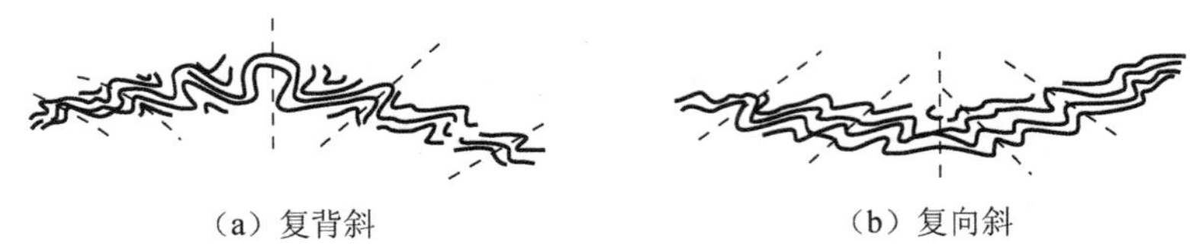

（a）复背斜　　（b）复向斜

图 2-19　复背斜和复向斜

（2）隔挡式和隔槽式

隔挡式和隔槽式褶皱由一系列轴线在平面上平行延伸的连续弯曲的褶曲组成。当背斜狭窄，向斜宽缓时，称为隔挡式；当背斜宽缓，向斜狭窄时，称为隔槽式，见图 2-20。这两种褶皱多出现在构造运动相对缓和的地区。

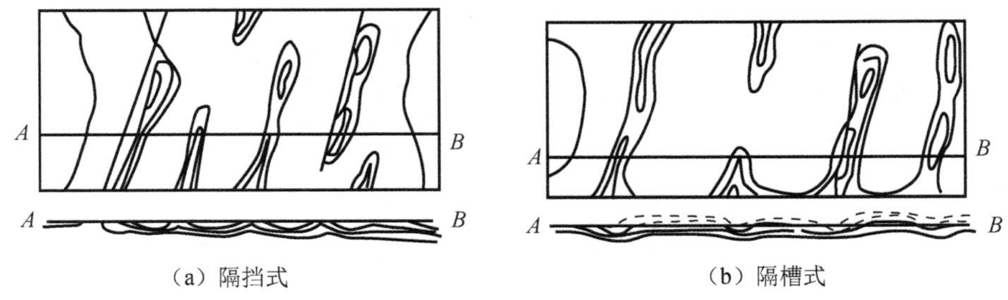

（a）隔挡式　　（b）隔槽式

图 2-20　隔挡式和隔槽式

2.4.3　断裂构造

岩层受构造运动作用，当所受的构造应力超过岩石强度时，岩石的连续完整性遭到破坏，产生断裂，称为断裂构造。按照断裂后两侧岩层沿断裂面有无明显的相对位移，又分节理和断层两种类型。断裂构造在岩体中又称结构面。

1. 节理

节理是指岩层受力断开后，断裂面两侧岩层沿断裂面没有明显的相对位移时的断裂构造。节理的断裂面称为节理面。节理分布普遍，绝大多数岩层中有节理发育。节理的延伸范围变化较大，由几厘米到几十米不等。节理面在空间的状态称为节理产状，其定义和测量方法与岩层面产状类似。节理常把岩层分割成形状不同、大小不等的岩块，小块岩石的强度与包含节理的岩石的强度明显不同。岩石边坡失稳和隧道洞顶坍塌往往与节理有关。

（1）节理分类

节理可按成因、力学性质、与岩层产状的关系和张开程度等分类。

1）按成因分类。

节理按成因可分为原生节理、构造节理和表生节理；也有人分为原生节理和次生节理，次生节理再分为构造节理和非构造节理。

① 原生节理：岩石形成过程中形成的节理，如玄武岩在冷却凝固时体积收缩形成的柱状节理。

② 构造节理：由构造运动产生的构造应力形成的节理。构造节理常常成组出现，可将其中一个方向的一组平行破裂面称为一组节理。同一期构造应力形成的各组节理有成因上的联系，并按一定规律组合，见图 2-21。不同时期的节理对应错开，见图 2-22。

图 2-21　共轭剪节理

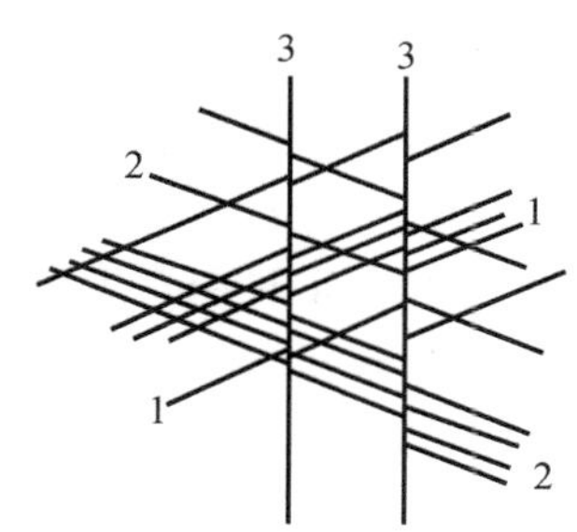

图 2-22　不同时期的节理对应错开

1,2,3. 节理时期

③ 表生节理：由卸荷、风化、爆破等作用形成的节理，分别称为卸荷节理、风化节理、爆破节理等。常称这种节理为裂隙，为非构造次生节理。表生节理一般分布在地表浅层，大多无一定方向性。

2）按力学性质分类。

① 剪节理：一般为构造节理，由构造应力形成的剪切破裂面组成。一般与主应力成（$45°-\phi/2$）角度相交，其中ϕ为岩石内摩擦角。剪节理一般成对出现，相互交切为 X 形，见图 2-23。剪节理面多平直，常呈密闭状态，或张开度很小，在砾岩中可以切穿砾石。

② 张节理：张节理可以是构造节理，也可以是表生节理、原生节理等，由张应力作用形成。张节理张开度较大，透水性好，节理面粗糙不平，在砾岩中常绕开砾石，见图 2-23。

3）按与岩层产状的关系分类。

① 走向节理：节理走向与岩层走向平行。

② 倾向节理：节理走向与岩层走向垂直。

③ 斜交节理：节理走向与岩层走向斜交。

上述分类见图 2-24。

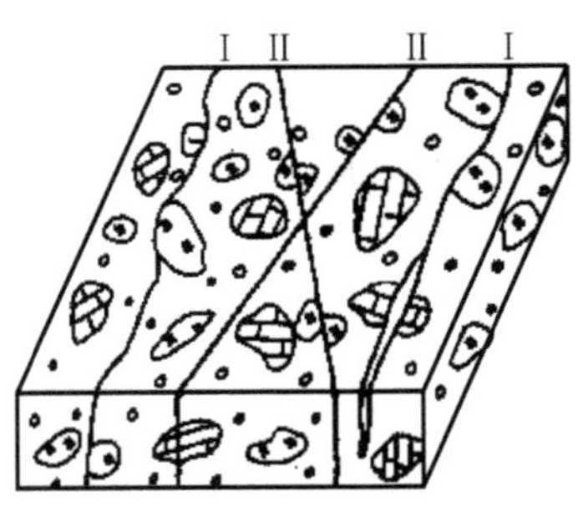

图 2-23　砾岩中的张节理和剪节理

Ⅰ. 张节理；Ⅱ. 剪节理

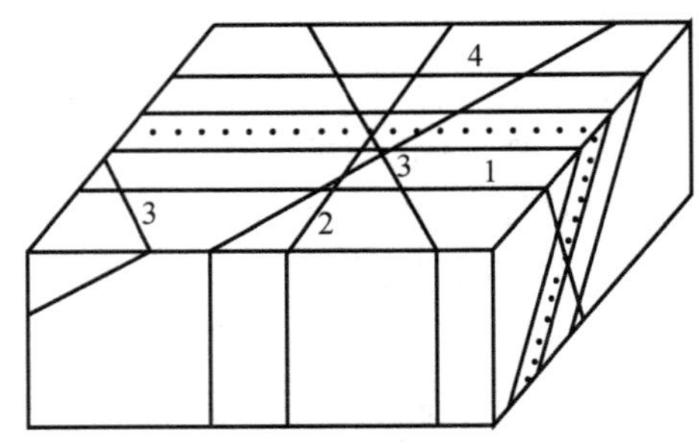

图 2-24　节理按与岩层产状的关系分类

1. 走向节理；2. 倾向节理；3. 斜交节理；4. 岩层走向

4）按张开程度分类。

① 宽张节理：节理缝宽度大于 5mm。

② 张开节理：节理缝宽度为 3～5mm。

③ 微张节理：节理缝宽度为 1～3mm。

④ 闭合节理：节理缝宽度小于 1mm。

（2）节理发育程度分级

按节理的组数、密度、长度、张开度及充填情况，将节理发育程度分级，见表 2-10。

表 2-10　节理发育程度分级

发育程度等级	基本特征
节理不发育	节理 1～2 组，规则，为构造，间距在 1m 以上，多为闭合节理，岩体切割成大块状
节理较发育	节理 2～3 组，呈 X 形，较规则，以构造型为主，多数间距大于 0.4m，多为闭合节理，部分为微张节理，少有充填物。岩体切割成块石状
节理发育	节理 3 组以上，不规则，呈 X 形或“米”字形，以构造型或风化型为主，多数间距小于 0.4m，大部分为张开节理，部分有充填物。岩体切割成块石状
节理很发育	节理 3 组以上，杂乱，以风化型和构造型为主，多数间距小于 0.2m，以张开节理为主，有个别宽张节理，一般均有充填物。岩体切割成碎裂状

（3）节理的调查内容

节理是广泛发育的一种地质构造，工程地质勘察应对其进行调查，包括以下内容：

1）节理的成因类型、力学性质。

2）节理的组数、密度和产状。节理的密度一般采用线密度或体积节理数表示。线密度以“条/m”为单位计算。体积节理数（J_v）用单位体积内的节理数表示。

3）节理的张开度、长度和节理面的粗糙度。

4）节理的充填物质及厚度、含水情况。

5）节理发育程度分级。

此外，对节理十分发育的岩层，在野外许多岩体露头上，可以观察到数十条以至数百条节理。它们的产状多变，为了确定它们的主导方向，必须对每个露头上的节理产状逐条进行测量统计，编制该地区节理玫瑰花图、极点图或等密度图，由图确定节理的密集程度及主导方向。一般在 $1m^2$ 露头上进行测量统计。

2. 断层

断层是指岩层受力断开后，断裂面两侧岩层沿断裂面有明显相对位移时的断裂构造。断层广泛发育，规模相差很大。大的断层延伸数百千米甚至上千千米，小的断层在手标本上就能见到。有的断层切穿了地壳岩石圈，有的则发育在地表浅层。断层是一种重要的地质构造，对工程建筑的稳定性起着重要作用。地震与活动性断层有关，滑坡、隧道中大多数的坍方、涌水均与断层有关。

（1）断层要素

为阐明断层的空间分布状态和断层两侧岩层的运动特征，给断层各组成部分赋予一定名称，称为断层要素，见图 2-25。

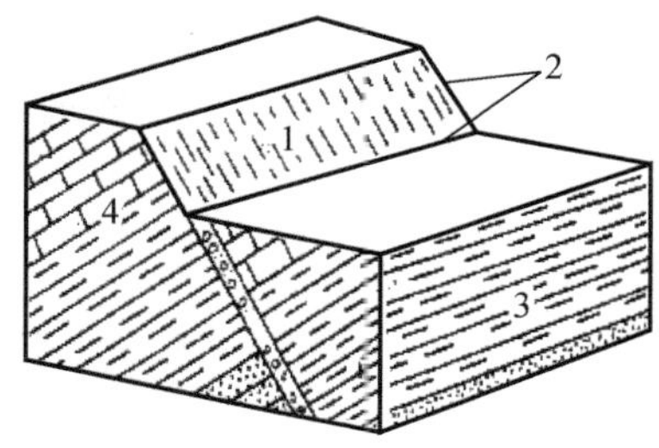

图 2-25　断层要素

1. 断层面；2. 断层线；3. 上盘；4. 下盘

1）断层面：断层中两侧岩层沿其运动的破裂面。它可以是一个平面，也可以是一个曲面。断层面的产状用走向、倾向和倾角表示，其测量方法同岩层产状。有的断层面由一定宽度的破碎带组成，称为断层破碎带。

2）断层线：断层面与地平面成垂直面的交线，代表断层面在地面或垂直面上的延伸方向。它可以是直线，也可以是曲线。

3）断盘：断层两侧相对位移的岩层称为断盘。当断层面倾斜时，位于断层面上方的称为上盘，位于断层面下方的称为下盘。

4）断距：岩层中同一点被断层断开后的位移量。其沿断层面移动的直线距离称为总断距，其水平分量称为水平断距，其垂直分量称为垂直断距。

（2）断层常见分类

1）按断层上、下两盘相对运动方向分类。这种分类是主要的分类方法。

① 正断层：上盘相对向下滑动，下盘相对向上滑动的断层，见图 2-26。正断层一般受地壳水平拉张力作用或重力作用而形成，断层面多陡直，倾角大多在 45° 以上。正断层可以单独出露，也可以多个连续组合形式出现，形成地堑、地垒和阶梯状断层，见图 2-27。走向大致平行的多个正断层，当中间地层为共同的下降盘时，称为地堑；当中间地层为共同的上升盘时，称为地垒。组成地堑或地垒两侧的正断层，可以单条产出，也可以由多条产状近似的正断层组成，形成依次向下断落的阶梯状断层。

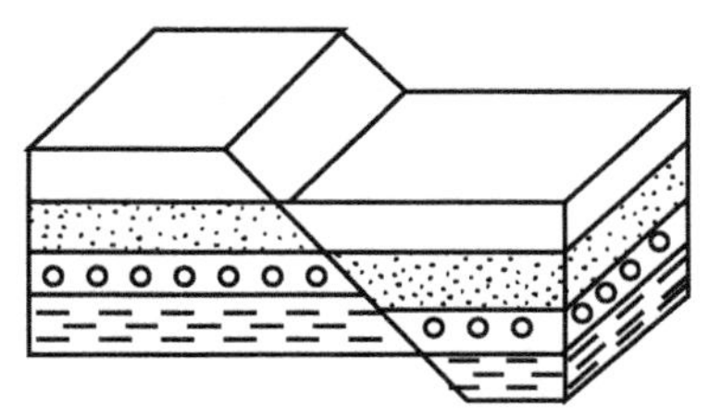

图 2-26　正断层

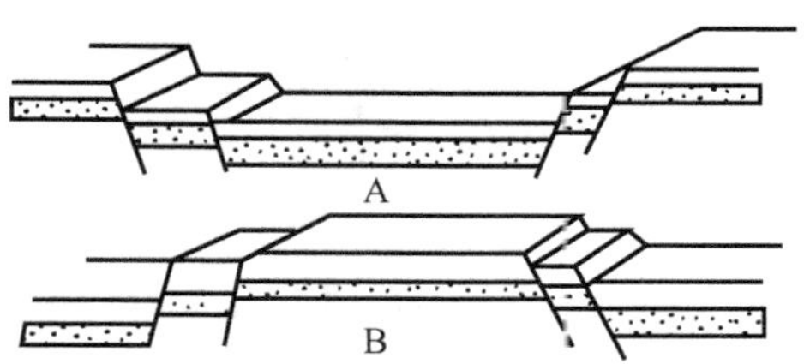

图 2-27　地堑（A）和地垒（B）

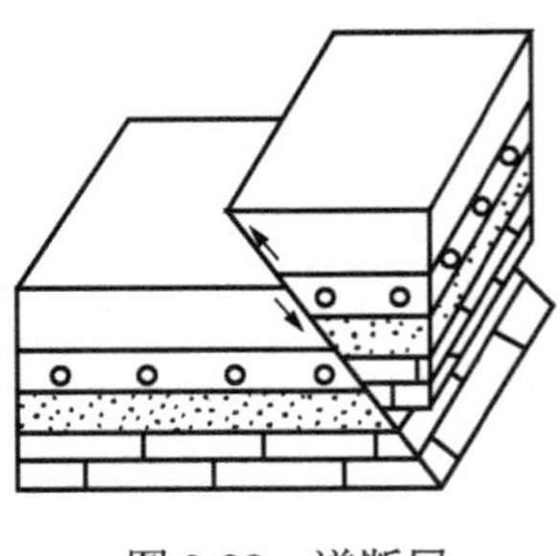
图 2-28　逆断层

② 逆断层：上盘相对向上滑动，下盘相对向下滑动的断层，见图 2-28。逆断层主要受地壳水平挤压应力形成，常与褶皱伴生。按断层面倾角可将逆断层划分为逆冲断层、逆掩断层和辗掩断层。

a. 逆冲断层：断层面倾角大于 45° 的逆断层。

b. 逆掩断层：断层面倾角在 25°～45° 的逆断层，常由倒转褶曲进一步发展而成。

c. 辗掩断层：断层面倾角小于 25° 的逆断层。一般规模巨大，常有时代老的地层被推覆到时代新的地层之上，形成推覆构造，见图 2-29。

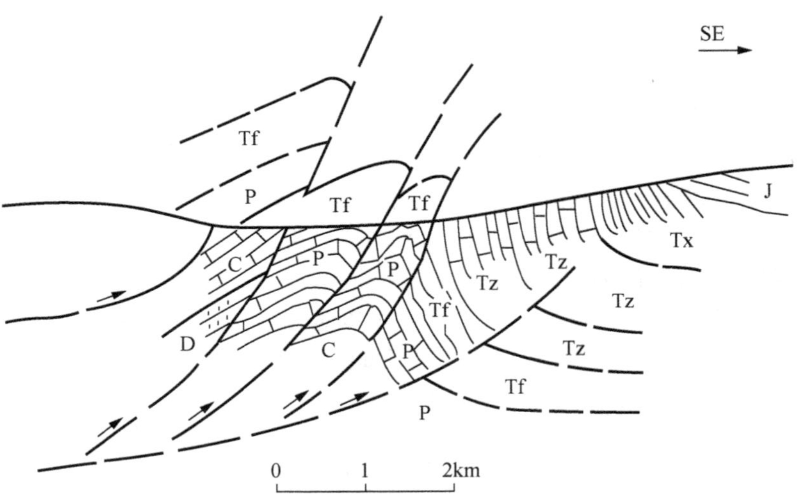

图 2-29　龙门山北段（马角坝）叠瓦状推覆构造综合剖面图

当一系列逆断层大致平行排列，在横剖面上看，各断层的上盘依次上冲时，其组合形式称为叠瓦式逆断层，见图 2-30。

③ 平移断层：断层两盘主要在水平方向上相对错动的断层，见图 2-31。平移断层主要由地壳水平剪切作用形成，断层面常陡立，断层面上可见水平的擦痕。

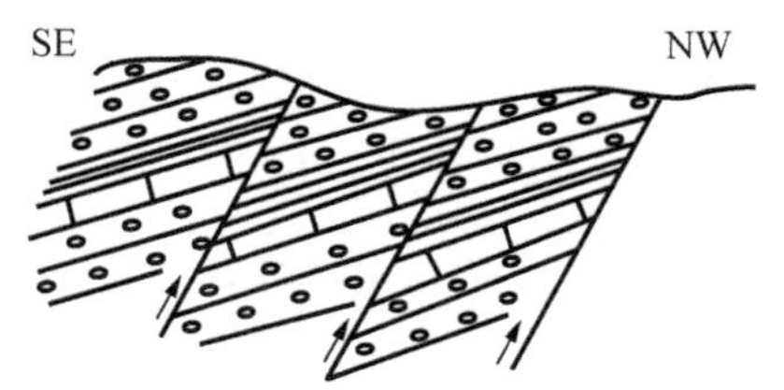

图 2-30　叠瓦式逆断层

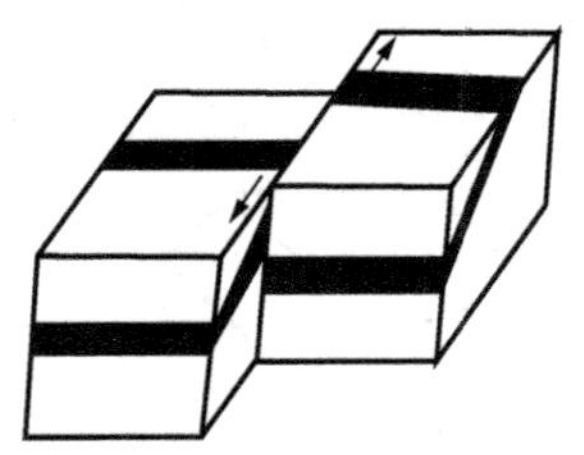
图 2-31　平移断层

2）按断层面产状与岩层产状的关系分类。

① 走向断层：断层走向与岩层走向一致的断层，见图 2-32 中的 F_1 断层。

② 倾向断层：断层走向与岩层倾向一致的断层，见图 2-32 中的 F_2 断层。

③ 斜向断层：断层走向与岩层走向斜交的断层，见图 2-32 中的 F_3 断层。

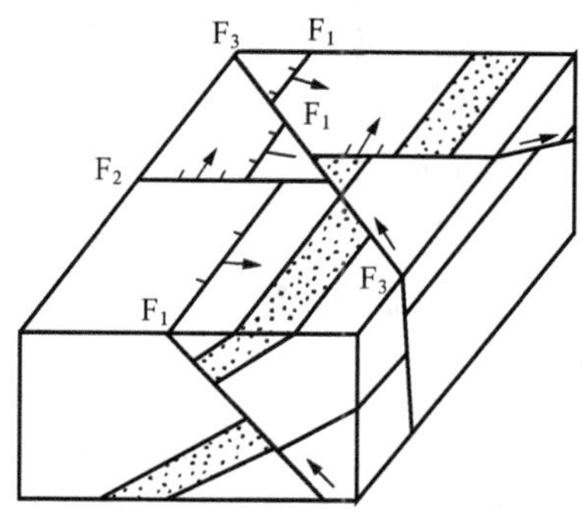

图 2-32　断层引起的构造不连续

F_1. 走向断层；F_2. 倾向断层；F_3. 斜向断层

3）按断层面走向与褶曲轴走向的关系分类。

① 纵断层：断层走向与褶曲轴走向平行的断层。

② 横断层：断层走向与褶曲轴走向垂直的断层。

③ 斜断层：断层走向与褶曲轴走向斜交的断层。

当断层面切割褶曲轴时，在断层上、下盘同一地层出露界线的宽窄常发生变化，背斜上升盘核部地层变宽，向斜上升盘核部地层变窄，见图 2-33。

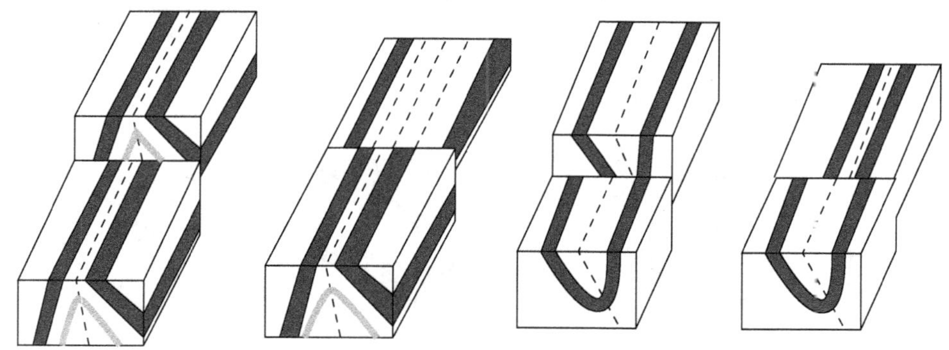

图 2-33　褶曲被横断层错断引起的效应

4）按断层力学性质分类。

① 压性断层：由压应力作用形成，其走向垂直于主压应力方向，多呈逆断层形式，断面为舒缓波状，断裂带宽大，常有断层角砾岩。

② 张性断层：在张应力作用下形成，其走向垂直于张应力方向，常为正断层形式，断层面粗糙，多呈锯齿状。

③ 扭性断层：在切应力作用下形成，与主压应力方向交角小于45°，常成对出现。断层面平直光滑，常有大量擦痕。

（3）断层存在的判别

1）构造线标志。同一岩层分界线、不整合接触界面、侵入岩体与围岩的接触带、岩脉、褶曲轴线、早期断层线等，在平面或剖面上出现了不连续，即突然中断或错开，则有断层存在。

2）岩层分布标志。一套顺序排列的岩层，由于走向断层的影响，常造成部分地层的重复或缺失现象，即断层使岩层发生错动，经剥蚀夷平作用使两盘地层处于同一水平面时，会使原来顺序排列的地层出现部分重复或缺失。通常有六种情况造成的地层重复和缺失，见表2-11和图2-34。

表2-11　走向断层造成的地层重复和缺失

断层性质	断层倾斜与地层倾斜的关系		
	二者倾向相反	二者倾向相同	
		断层倾角大于岩层倾角	断层倾角小于岩层倾角
正断层	重复［图2-34（a）］	重复［图2-34（b）］	重复［图2-34（c）］
逆断层	缺失［图2-34（d）］	缺失［图2-34（e）］	缺失［图2-34（f）］
断层两盘相对动向	下降盘出现新地层	下降盘出现新地层	上升盘出现新地层

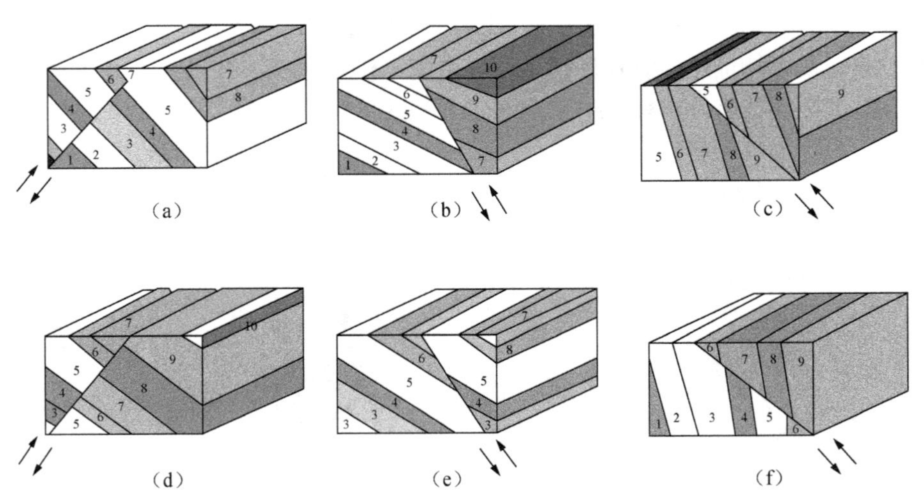

图2-34　走向断层造成的地层重复和缺失

3）断层的伴生现象。当断层通过时，在断层面（带）及其附近常形成一些构造伴生现象，也可作为断层存在的标志。

① 擦痕、阶步和摩擦镜面。断层上、下盘沿断层面做相对运动时，因摩擦作用，在断层面上形成一些刻痕、小阶梯或磨光的平面，分别称为擦痕、阶步和摩擦镜面，见图2-35。

② 构造岩（断层岩）。因地应力沿断层面集中释放，常造成断层面处岩体十分破碎，形成一个破碎带，称为断层破碎带。破碎带宽几十厘米至几百米不等，破碎带内碎裂的岩、土体经胶结后称为构造岩。构造岩中碎块颗粒直径大于 2mm 时称为断层角砾岩；当碎块颗粒直径为 0.01～2mm 时称为碎裂岩；当碎块颗粒直径更小时称为糜棱岩；当颗粒均研磨成泥状时称为断层泥。

③ 牵引现象。断层运动时，断层面附近的岩层受断层面上摩擦阻力的影响，在断层面附近形成弯曲现象，称为断层牵引现象，其弯曲方向一般为本盘运动方向，见图 2-36。

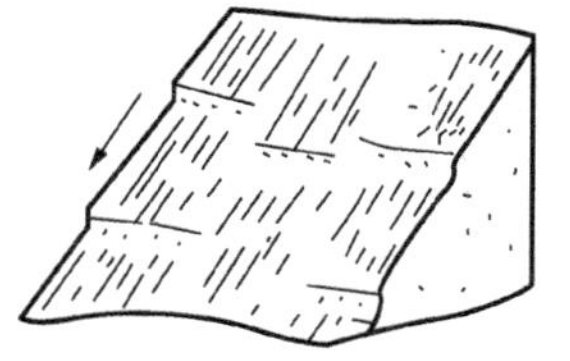
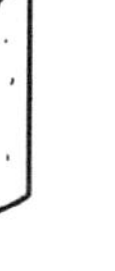

图 2-35　擦痕与阶步

图 2-36　断层牵引现象

4）地貌标志。在断层通过地区，沿断层线常形成一些特殊地貌现象。

① 断层崖和断层三角面。在断层两盘的相对运动中，上升盘常常形成陡崖，称为断层崖，如峨眉山金顶舍身崖、昆明滇池西山龙门陡崖。当断层崖受到与崖面垂直方向的地表流水侵蚀切割，使原崖面形成一排三角形陡壁时，称为断层三角面。

② 断层湖、断层泉。沿断层带常形成一些串珠状分布的断陷盆地、洼地、湖泊、泉水等，可指示断层延伸方向。

③ 错断的山脊、急转的河流。正常延伸的山脊突然被错断，或山脊突然断陷成盆地、平原，正常流经的河流突然产生急转弯，一些顺直深切的河谷，均可指示断层延伸的方向。

判断一条断层是否存在，主要依据地层的重复、缺失和构造不连续这两个标志。其他标志只能作为辅证，不能依其下定论。

（4）断层运动方向的判别

判别断层性质，首先要确定断层面的产状，从而确定出断层的上、下盘，再确定上、下盘的运动方向，进而确定断层的性质。断层上、下盘运动方向可由以下几点判别：

1）地层时代。在断层线两侧，通常上升盘出露地层较老，下降盘出露地层较新。地层倒转时相反。

2）地层界线。当断层横截褶曲时，背斜上升盘核部地层变宽，向斜上升盘核部地层变窄。

3）断层伴生现象。刻蚀的擦痕凹槽较浅的一端、阶步陡坎方向，均指示对盘运动方向。牵引现象弯曲指示本盘运动方向。

4）符号识别。在地质图上，断层一般用粗红线（图 2-37 中的粗实线）醒目地标示出来，断层性质用相应符号表示，见图 2-37。正断层和逆断层符号中，箭头所指为断层面倾向，角度为断层面的倾角，短齿所指方向为上盘运动方向。平移断层符号中箭头所指方向为本盘运动方向。

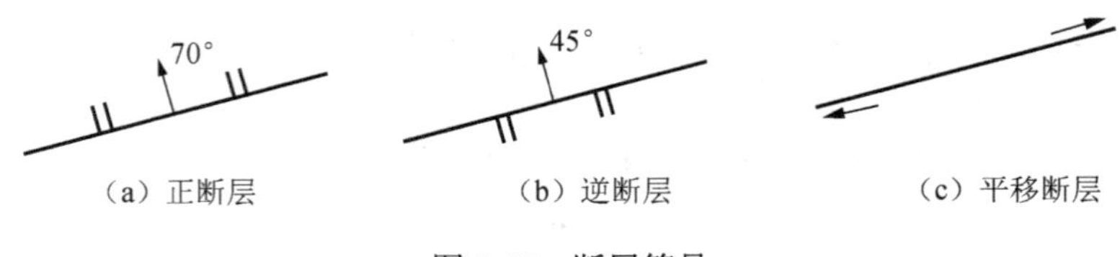

（a）正断层　（b）逆断层　（c）平移断层

图 2-37　断层符号

2.4.4　地质构造对工程建筑物稳定性的影响

地质构造对工程建筑物的稳定性有很大的影响，由于工程位置选择不当，误将工程建筑物设置在地质构造不利的部位，引起建筑物失稳破坏的事例时有发生，对此必须有充分认识。下面分别就边坡、隧道和桥基三种建筑物与地质构造的关系做简要说明。

1. 边坡与地质构造的关系

岩层产状与岩石路堑边坡坡向间的关系控制着边坡的稳定性。当岩层倾向与边坡坡向一致，岩层倾角等于或大于边坡坡角时，边坡一般是稳定的。若坡角大于岩层倾角，则岩层因失去支撑而有滑动的趋势产生；此时如果岩层层间结合较弱或有软弱夹层，易发生滑动，如铁西滑坡就是因坡脚采石，引起沿黑色页岩软化夹层滑动的。当岩层倾向与边坡坡向相反时，若岩层完整、层间结合好，边坡是稳定的；若岩层内有倾向坡外的节理，层间结合差，岩层倾角又很陡，岩层多成细高柱状，容易发生倾倒破坏。开挖在水平岩层或直立岩层中的路堑边坡，一般是稳定的，见图 2-38。

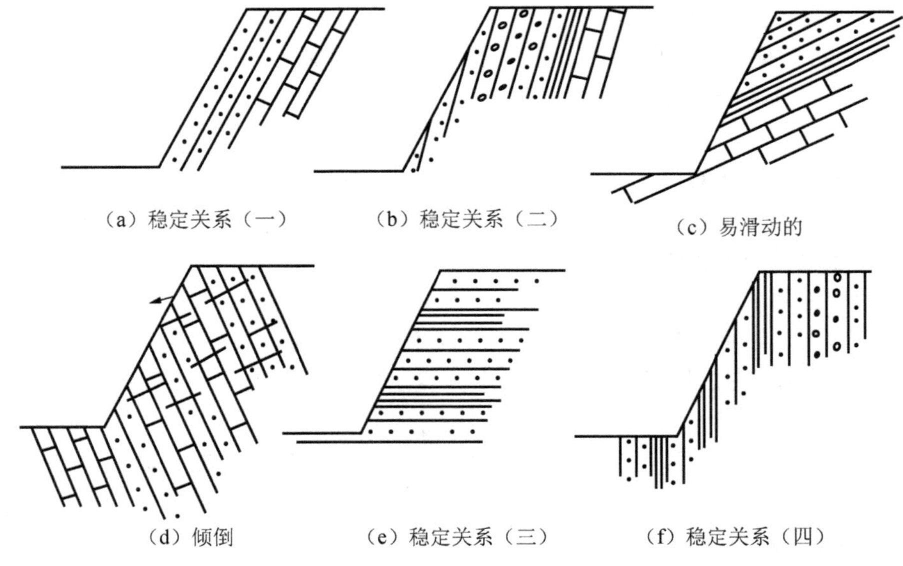
（a）稳定关系（一）　（b）稳定关系（二）　（c）易滑动的

（d）倾倒　（e）稳定关系（三）　（f）稳定关系（四）

图 2-38　岩层产状与边坡稳定性关系

2. 隧道与地质构造的关系

隧道位置与地质构造的关系密切，穿越水平岩层的隧道，应选择在岩性坚硬、厚层完整的岩层中，如石灰岩或砂岩。在软、硬相间的情况下，隧道拱部应当尽量设置在硬岩中，设置在软岩中有可能发生坍塌。当隧道垂直穿越岩层时，在软、硬岩相间的不同岩层中，由于软岩层间结合差，在软岩部位，隧道拱顶常发生顺层塌方。当隧道轴线顺岩层走向通过时，倾向洞内的一侧岩层易发生顺层坍滑，边墙承受偏压，见图 2-39。

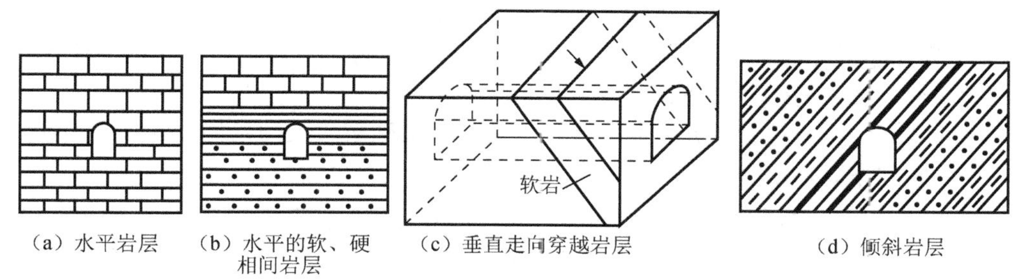

（a）水平岩层　（b）水平的软、硬相间岩层　（c）垂直走向穿越岩层　（d）倾斜岩层

图 2-39　隧道位置与岩层产状关系

图 2-39（a）为水平岩层，隧道位于同一岩层中；图 2-39（b）为水平的软、硬相间岩层，隧道拱顶位于软岩中，易塌方；图 2-39（c）为垂直走向穿越岩层，隧道穿过软岩时易发生顺层塌方；图 2-39（d）为倾斜岩层，隧道顶部右上方岩层倾向洞内侧，岩层易顺层滑动，且受到偏压。

一般情况下，应当避免将隧道设置在褶曲的轴部，该处岩层弯曲，节理发育，地下水常常由此渗入地下，容易诱发塌方，见图 2-40。向斜轴部常为聚水构造，开挖隧洞常遇涌水。通常尽量将隧道位置选在褶曲翼部或横穿褶曲轴。垂直穿越背斜的隧道，其两端的拱顶压力大，中部岩层压力小；隧道横穿向斜时，情况则相反，见图 2-41。

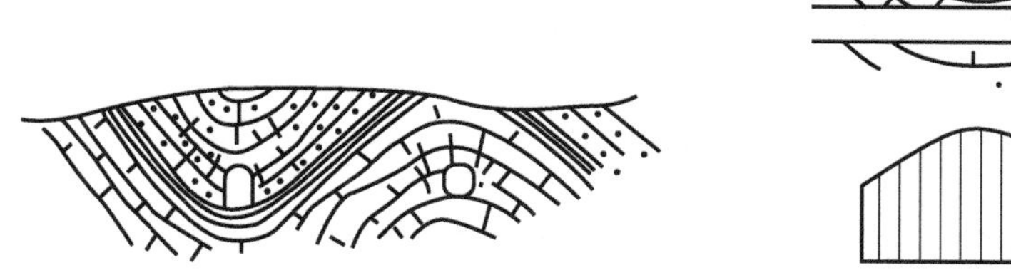

图 2-40　隧道沿褶曲轴通过

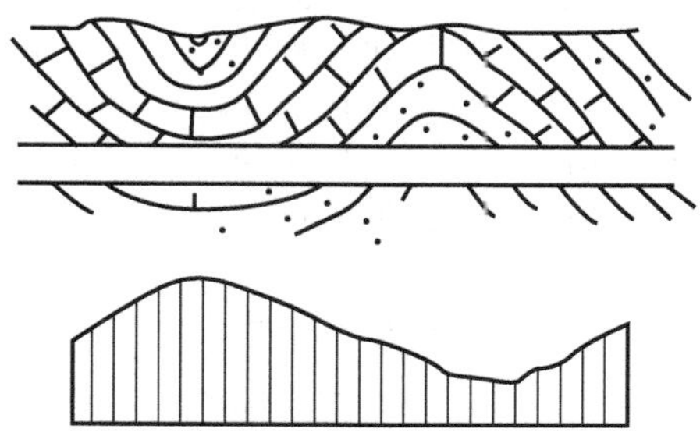

图 2-41　隧道横穿褶曲时岩层压力分布情况

3. 桥基与地质构造的关系

断层带岩层破碎，常夹有许多断层泥，应尽量避免将工程建筑直接放在断层上或断层破碎带附近。例如，京原线 10 号大桥位于几条断层交叉点，桥位选择极困难，多次改变设计方案，桥跨由 16m 改为 23m，又改为 43m，最后以 33.7m 跨越断层带，见图 2-42。

对于不活动的断层，墩台必须设在断层上时，应根据具体情况采用相应的处理措施：

1）桥高在 30m 以下，断层破碎带通过桥基中部，宽度在 0.2m 以上，又有断层泥等充填物，应沿断层带挖除充填物，灌筑混凝土或嵌补钢筋网，以增加基础强度及稳定性。

2）断层带宽度不足 0.2m，两盘均为坚硬岩石时，一般可以不做处理。

3）断层带分布于基础一角时，应将基础扩大加深，再以钢筋混凝土补角加强，增加其整体性。

4）当基底大部分为断层破碎带，仅局部为坚硬岩层，构成软、硬不均地基时，在墩台位置无法调整的情况下，可炸除坚硬岩层，加深并换填与破碎带强度相当的土层，扩大基础，使应力均衡，以防止因不均匀沉降而使墩台倾斜破坏。

5）桥高超过 30m，且基底断层破碎带的范围较大时，一般采用钻孔桩或挖孔桩嵌入下盘，使基底应力传递到下盘坚硬岩层上。

铁路选线时，应尽量避开大断裂带，线路不应沿断裂带走向延伸，在条件不允许，必须穿过断裂带时，应大角度或垂直穿过断裂带。

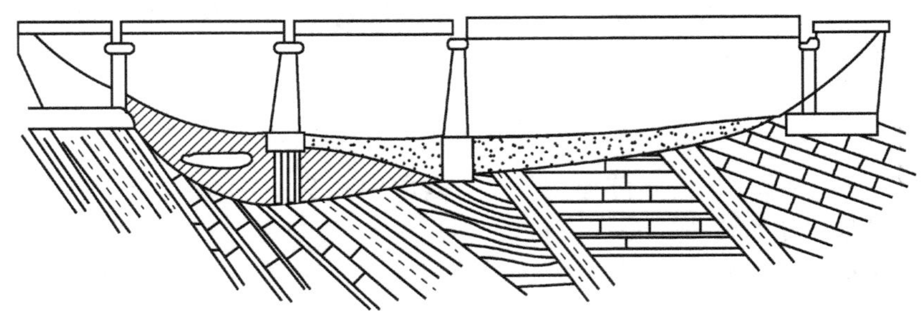

图 2-42 桥梁墩台避开断层破碎带

2.5 地 质 图

地质图是把一个地区的各种地质现象，如地层、地质构造等，按一定比例缩小，用规定的符号、颜色和各种花纹、线条表示在地形图上的一种图件。一幅完整的地质图，包括平面图、剖面图和地层综合柱状图，并标明图名、比例、图例和水系等。平面图反映地表相应位置分布的地质现象，剖面图反映某地表以下的地质特征，地层综合柱状图反映测区内所有出露地层的顺序、厚度、岩性和接触关系等。

2.5.1 地质图的种类

由于工作目的不同，绘制的地质图也不同，常见的地质图有以下几种。

1. 普通地质图

主要表示地区地层分布、岩性和地质构造等基本地质内容的图件称为普通地质图。一幅完整的普通地质图包括地质平面图、地质剖面图和地层综合柱状图。

2. 构造地质图

用线条和符号，专门反映褶曲、断层等地质构造的图件称为构造地质图。

3. 第四纪地质图

只反映第四纪松散沉积物的成因、年代、成分和分布情况的图件称为第四纪地质图。

4. 基岩地质图

假想把第四纪松散沉积物“剥掉”，只反映第四纪以前基岩的时代、岩性和分布的图件称为基岩地质图。

5. 水文地质图

反映地区水文地质资料的图件称为水文地质图，其可分为岩层含水性图、地下水化学成分图、潜水等水位线图、综合水文地质图等类型。

6. 工程地质图

工程地质图为各种工程建筑专用的地质图，如房屋建筑工程地质图、水库坝址工程地质图、矿山工程地质图、铁路工程地质图、公路工程地质图、港口工程地质图、机场工程地质图等；还可根据具体工程项目细分，如铁路工程地质图还可分为线路工程地质图、工点工程地质图。工点工程地质图又可分为桥梁工程地质图、隧道工程地质图、站场工程地质图等。各工程地质图有自己的平面图、纵剖面图和横剖面图等。例如，某桥梁的工程地质图见图 2-43。

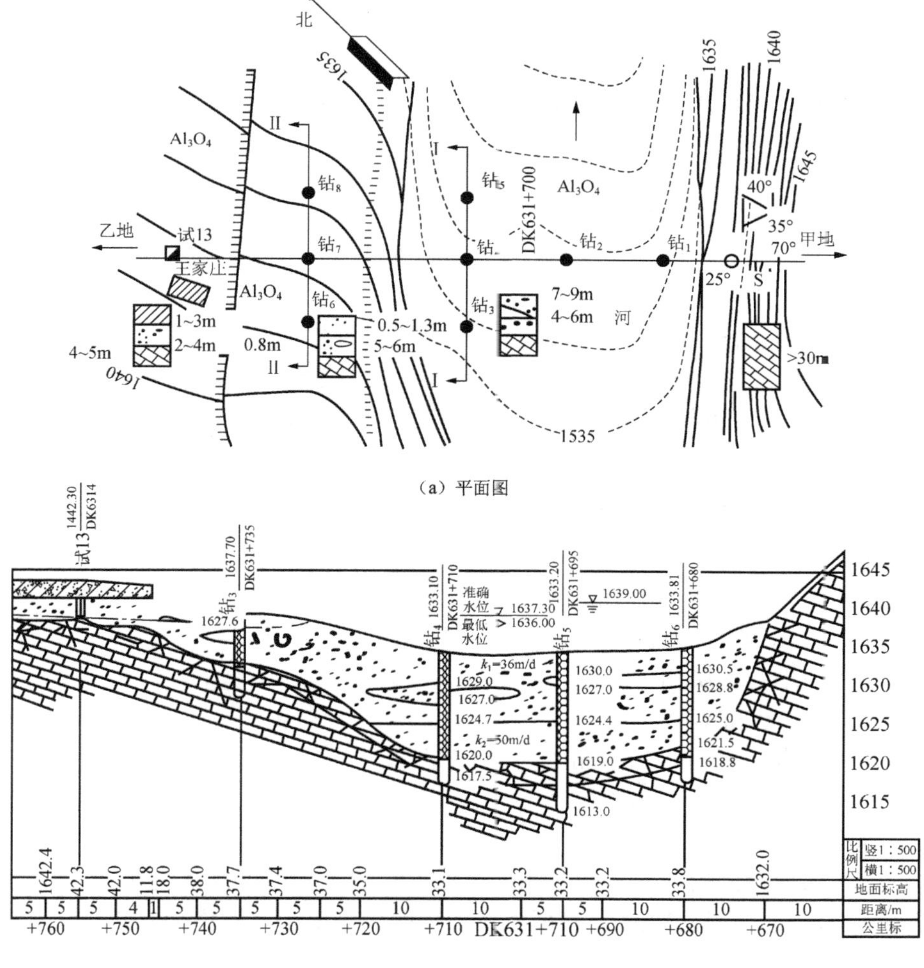

(a) 平面图

(b) 纵剖面图

图 2-43　某桥梁的工程地质图

工程地质图一般是在普通地质图的基础上，增加各种与工程建筑有关的工程地质内容而成。例如，在隧道工程地质纵剖面图上，标出围岩类别、地下水位和水量、岩石风化界线、节理产状、影响隧道稳定性的各项地质因素等；在线路工程地质平面图上，绘出滑坡、泥石流、崩塌落石等不良地质现象的分布情况等。

2.5.2 地质图的阅读步骤

1. 阅读步骤及阅读内容

地质图上内容多，线条、符号复杂，阅读时应遵循由浅入深、循序渐进的原则。一般步骤及内容如下。

（1）图名、比例尺、方位

了解图幅的地理位置、图幅类别、制图精度。图上方位一般用箭头指北表示，或用经纬线表示。若图上无方位标志，则以图正上方为正北方。

（2）地形、水系

通过图上地形等高线、河流径流线，了解地区地形起伏情况，建立地貌轮廓。地形起伏常与岩性、构造有关。

（3）图例

图例是地质图中采用的各种符号、代号、花纹、线条及颜色等的说明。通过图例，可对地质图中的地层、岩性、地质构造建立起初步概念。

（4）地质内容

可按如下步骤进行：

1）地层岩性。了解各年代地层岩性的分布位置和接触关系。

2）地质构造。了解褶曲及断层的产出位置、组成地层、产状、形态类型、规模和相互关系等。

3）地质历史。根据地层、岩性、地质构造的特征，分析该地区地质发展历史。

2. 读图实例

阅读资治地区地质图，见图2-44。

（1）图名、比例尺、方位

图名：资治地区地质图。

比例尺：1∶10000。

图幅实际范围：1.8km×2.05km。

方位：图幅正上方为正北方。

（2）地形、水系

本区有三条南北向山脉，其中东例山脉被支沟截断。相对高差350m左右，最高点在图幅东南侧山峰，海拔350m。最低点在图幅西北侧山沟，海拔±0m以下。本区有两条流向东北的山沟，其中东侧山沟上游有一条支沟及其分支沟，从北西方向汇入主沟。西侧山沟沿断层发育。

（3）图例

由图例可见，本区出口的沉积岩由新到老依次为二叠系（P）红色砂岩、上石炭系（C_3）石英砂岩、中石炭系（C_2）黑色页岩夹煤层、中奥陶系（O_2）厚层石灰岩、下奥陶系（O_1）薄层石灰岩、上寒武系紫色页岩、中寒武系鲕状石灰岩。岩浆岩有前寒武系（γ_2）花岗岩。地质构造方面有断层通过本区。

（4）地质内容

1）地层分布与接触关系。前寒武系花岗岩岩性较好，分布在本区东南侧山头一带；年代较新、岩性坚硬的上石炭系石英砂岩分布在中部南北向山梁顶部和东北角高处；年代较老、岩性较弱的上寒武系紫色页岩则分布在山沟底部；其余地层均位于山坡上。

从接触关系上看，花岗岩没有切割沉积岩的界线，且花岗岩形成年代老于沉积岩，其接触关系为沉积接触。中寒武系、上寒武系、下奥陶系、中奥陶系沉积时间连续，均层界线彼此平行，岩层产状彼此平行，是整合接触。中奥陶系与中石炭系之间缺失了上奥陶系至下石炭系的地层，沉积时间不连续，但地层界线平行、岩层产状平行，是平行不整合接触。中石炭系至二叠系又为整合接触关系。本区最老地层为前寒武系花岗岩，最新地层为二叠系红色石英砂岩。

2）地质构造。

① 褶曲构造。由图 2-44 可见，图中以前寒武系花岗岩为中心，两边对称出现中寒武系至二叠系地层，其年代依次越来越新，故为一背斜构造。背斜轴线从南到北由北西转向正北。顺轴线方向观察，地层界线封闭弯曲，沿弯曲方向凸出，所以这是一个轴线近南北，并向北倾伏的背斜，此倾伏背斜两翼岩层倾向相反，倾角不等，东侧和东北侧岩层倾角较缓（30°），西侧岩层倾角较陡（45°），故为一倾斜倾伏背斜。轴面倾向北东东。

② 断层构造。本区西部有一条北北东向断层，断层走向与褶曲轴线及岩层界线大致平行，属纵向断层。此断层的断层面倾向东，故东侧为上盘，西侧为下盘。比较断层线两侧的地层，东侧地层新，故为下降盘；西侧地层老，故为上升盘。因此该断层上盘下降，下盘上升，为正断层。从断层切割的地层界线看，断层生成年代应在二叠系后。断层两盘位移较大，说明断层规模大。断层带岩层破碎，沿断层形成沟谷。

3）地质历史简述。根据以上分析，说明本地区在中寒武系至中奥陶系之间地壳下降，为接受沉积环境，沉积物基底为前寒武系花岗岩。上奥陶系至下石炭系之间地壳上升，长期遭受风化剥蚀，没有沉积，缺失大量地层。中石炭系至二叠系之间地壳再次下降，接受沉积。这两次地壳升降运动并没有造成强烈褶曲及断层。中寒武系至中奥陶系期间以海相沉积为主，中石炭系至二叠系期间以陆相沉积为主。二叠系以后至今，地壳再次上升，长期遭受风化剥蚀，没有沉积。并且二叠系后先遭受东西向挤压力，形成倾斜倾伏背斜；后又遭受东西向拉张应力，形成纵向正断层。此后，本区就趋于相对稳定至今。

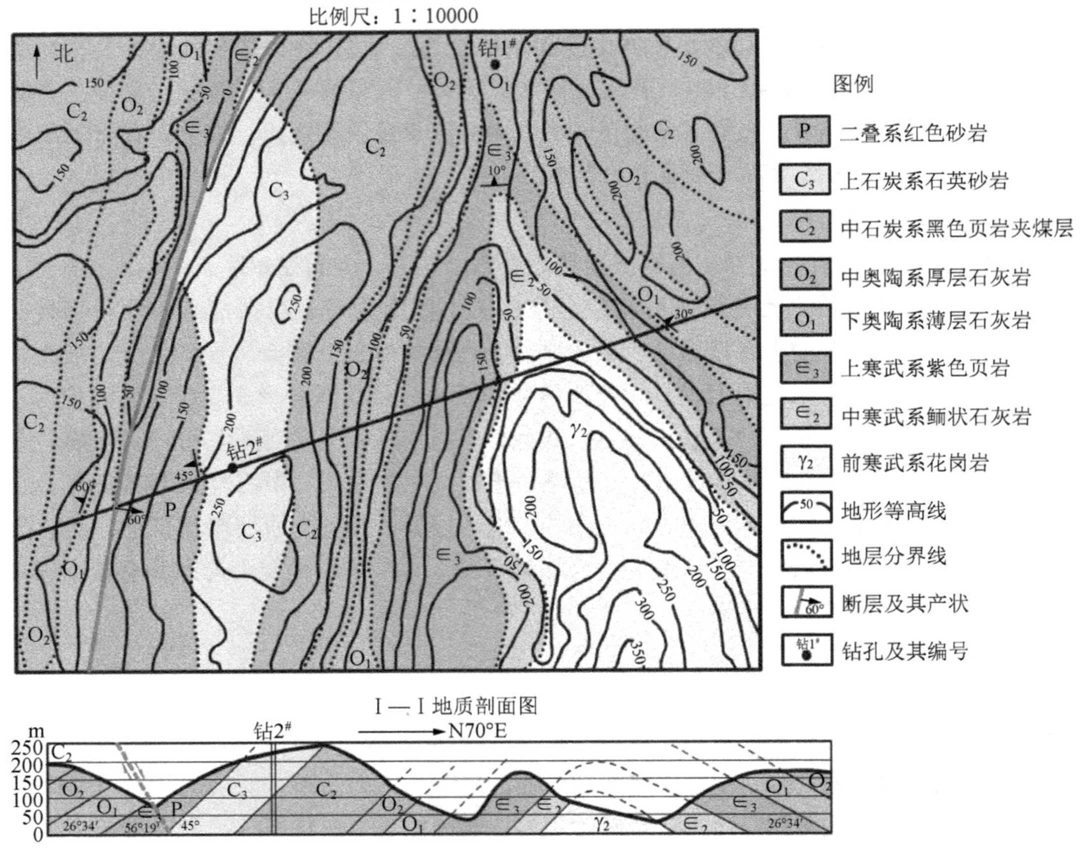

图 2-44　资治地区地质图

2.5.3　地质剖面图的制作

1. 选择剖面方位

剖面图主要反映图区内地下构造形态及地层岩性分布。作剖面图前，首先要选定剖面线方向。剖面线应放在对地质构造有控制性的地区，其方向应尽量垂直岩层走向和构造线，这样才能表现出图区内的主要构造形态。选定剖面线后，应标在平面图上。

2. 确定剖面图比例尺

剖面图水平比例尺一般与地质平面图一致，这样便于作图。剖面图垂直比例尺可以与平面图相同，也可以不同。当平面图比例尺较小时，剖面图垂直比例尺常大于平面图比例尺。

3. 作地形剖面图

按确定的比例尺做好水平坐标和垂直坐标。将剖面线与地形等高线的交点按水平比例尺铅直投影到水平坐标轴上，然后根据各交点高程，按垂直比例尺将各投影点定位到剖面图相应高程位置，最后圆滑连接各高程点，就形成地形剖面图。

4. 作地质剖面图

一般按如下步骤进行：

1）将剖面线与各地层界线和断层线的交点按水平比例尺垂直投影到水平轴上，再将各界线投影点铅直定位在地形剖面图的剖面线上。如有覆盖层，下伏基岩的地层界线也应按比例标在地形剖面图上的相应位置。

2）按平面图示产状换算各地层界线和断层线在剖面图上的视倾角。当剖面图垂直比例尺与水平比例尺相同时，按下式计算：

$$\tan\beta = \tan\alpha\sin\theta \tag{2-2}$$

式中，β——垂直比例尺与水平比例尺相同时的视倾角；

α——平面图上的真倾角；

θ——剖面线与岩层走向线所夹锐角。

当垂直比例尺与水平比例尺不同时，还要按下式再换算：

$$\tan\beta' = n\tan\beta \tag{2-3}$$

式中，β'——垂直比例尺与水平比例尺不同时的视倾角；

n——垂直比例尺放大倍数。

3）绘制地层界线和断层线。按视倾角的角度，并综合考虑地质构造形态，延伸地形剖面线上各地层界线和断层线，并在下方标明其原始产状和视倾角。一般先画断层线，后画地层界线。

4）在各地层分界线内，按各地层出露的岩性及厚度，根据统一规定的岩性花纹符号，画出各地层的岩性图案。

5）进行修饰。在剖面图上用虚线将断层线延伸，并在延伸线上用箭头标出上、下盘运动方向。遇到褶曲时，用虚线按褶曲形态将各地层界线弯曲连接起来，以恢复褶曲形态。在作出的地质剖面上，还要写上图名、比例尺、剖面方向和各地层年代符号，绘出图例和图鉴，即成一幅完整的地质剖面图，见图 2-44。在工程地质剖面图上还需画出岩石风化界线、地下水位线、节理产状、钻孔等内容，见图 2-43。

2.5.4 地层综合柱状图

地层综合柱状图，是根据地质勘察资料（主要是根据地质平面图和钻孔柱状图资料），把地区出露的所有地层、岩性、厚度、接触关系，按地层时代由新到老的顺序综合编制而成。一般有地层时代及符号、岩性花纹、地层接触类型、地层厚度、岩性描述等，见表 2-12。地层综合柱状图和地质剖面图作为地质平面图的补充和说明，通常编绘在一起，构成一幅完整的地质图。

表 2-12　地层综合柱状图

界	系	统	地方地层名称	符号	柱状图	厚度/m	岩性描述
新生界	第四系	全新统		Q_4		46	上部：松散的砂质黏土、黏质砂土及粉砂层，野牛及螺类化石； 下部：砂砾石层
		上更新统		Q_3		3～45	上部：黄土状黏质砂土；黏黄色黏质砂土及砂质黏土，含砾及砾石透镜体 产：被毛犀、马鹿、河套肿骨鹿、鼬、鸵鸟蛋、螺类等
		中更新统		Q_2		13～26	棕红色砂质黏土，含铁、锰结核及钙质结核，底部含砾及砾石层透镜体 *Cathica sp.*， *cf. C.fatioca*.
		下新统		Q_1		19～35	上部：黏质砂土具交错层理； 下部：砂石层、夹砂层，交错层现明显； 产：厚壳蚌化石
	第三系	上新统		N_2		80	紫红色砂质黏土、含砾石，相变后为石灰岩质砾岩与红土互层
中生界	白垩系	下统	孙湾家组	K_{1s}		378	暗紫、灰紫色凝灰质粉砂页岩夹砾岩、砂岩
			大河凌组	K_{1d}		1431	上部：灰紫色安山岩 下部：灰黑色玄武岩夹集块岩
	侏罗系	上统	阜新组	J_{3f}		＞928	灰紫色、黄褐色砾岩夹灰色、黄灰色凝灰质粉砂页岩、砂岩、页岩 *Coniopieris onycheides*，*Segonopieris* sp. 等
			九佛堂组	J_{3jf}		686～3553	上部：灰白色、灰绿色页岩夹砂岩及油页岩层； 产：狼鳍鱼、叶肢介、拟蜉蝣、*Coniopiceris onychoides*. 下部：灰黄色砾岩夹灰白色、灰绿色页岩、砂岩
			吐呼噜组	J_{1t}		683～1072	朝阳盆池：灰绿、灰黑色玄武岩夹集块岩，底部为砾岩； 金厂沟梁-老虎山：下部紫色安山岩、夹安山质角砾熔岩，上部为安山质流纹岩
			金刚山组	J_{1j}		112～376	灰白色凝灰质页岩、黄褐色砂岩夹凝灰质胶结砾岩； 产：狼鳍鱼、叶肢介、拟浮游、潘氏北票鲟等
			义组	J_{1y}		＞617	上部：灰黑色、灰紫色安山岩、安山质熔岩凝灰岩、凝灰角砾岩及玄武岩

思考与习题

1. 地质构造、岩层、岩层产状、产状要素、褶曲、节理、断层的定义各是什么？
2. 怎样记录和图示岩层产状要素？
3. 在地质平面图上，怎样判别褶曲的主要类型？
4. 节理的主要类型有哪些？节理调查的内容有哪些？
5. 在地质平面图上，怎样判别断层的主要类型？
6. 在地质平面图上，怎样判别地层接触关系和新老关系？
7. 如何制作一幅完整的地质剖面图？

第3章　地表水及地下水的地质作用

本章导读

本章在介绍地下水的地质作用之前，首先介绍地表水的地质作用，因为地表水与地下水都是互相连通、彼此依存的。地表水分为暂时性流水作用和经常性流水作用，分别产生不同的地形地貌。地下水的地质作用是它对岩层破坏和建造作用的总称。地下水的剥蚀作用是在地下进行的，所以又称为潜蚀作用，其按作用的方式分为机械潜蚀作用与化学溶蚀作用。地下水最重要的作用就是溶蚀作用。

本章重点

（1）地表水——经常性流水的地质作用；

（2）地下水的补给、径流和排泄作用；

（3）地下水的潜水、承压水的特征；

（4）地下水的溶蚀作用。

3.1　概　　述

自然界中水的分布十分广泛，大气圈、水圈、生物圈和地球内部都有水的存在，并且处于不断运动、互相转化的过程中。自然界中的水循环就反映了它们之间的相互联系。在太阳热能的作用下，从水面、岩（土）表面和植物叶面蒸发的水，以水蒸气的形式上升到大气圈中。在适宜的条件下以雨、雪、霜、雹等形式降到地面或水面上。降到地面上的水，一部分形成地表水，一部分渗入地下形成地下水，其余部分再度蒸发返回大气中。地下水在地下渗流一段距离后，又可能溢出地表，形成地表水，见图 3-1。地表水和地下水是影响外力地质作用的主要因素之一，是改造地壳表层结构和形态的重要地质营力。它们在向湖、海等地势低洼的地方流动过程中，不仅能侵蚀岩层，形成各种侵蚀现象，同时又把被侵蚀的物质加以搬运和堆积，形成各种堆积物和堆积地貌。本章将以此作为研究内容，讨论地表水地质作用和地下水地质作用。

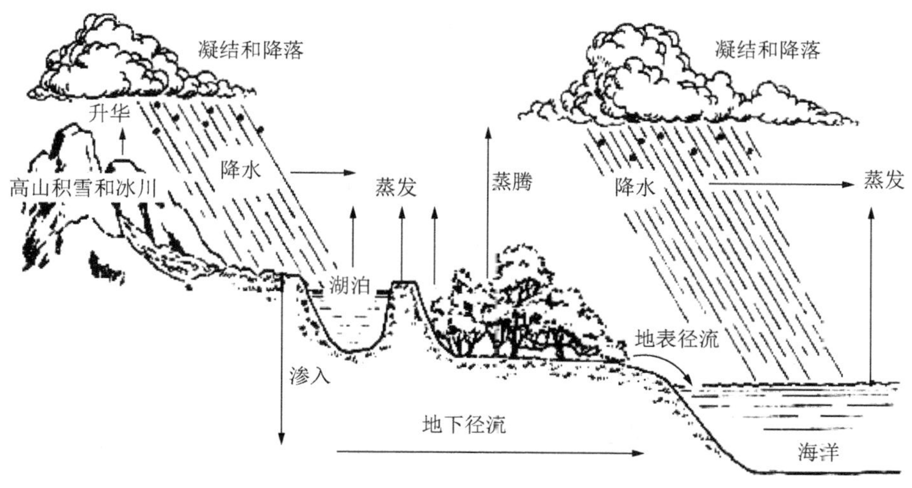

图 3-1　自然界水循环示意图

3.2　地表水的地质作用

地表水的地质作用分为暂时性流水地质作用和经常性流水地质作用。本节将讨论暂时性流水地质作用和经常性流水地质作用，以及由这些地质作用形成的堆积物、地貌形态及其特征和工程地质性质。

地表水也称为地面流水，是指陆地表面在重力作用下流动着的液态水。地面流水包括片流、洪流和河流，后两者也称为线流。片流是降雨或降雪时产生的暂时性水流，由无数股无固定流路的细小水流顺斜坡呈片状流动，对地面进行洗刷，同时产生坡积物。片流作用范围广泛，能造成严重的水土流失，增加河流的含砂量。洪流是当片流遇到凹凸不平的地面时，地表水集中到低洼的沟中流动形成的。河流是经常性流水，它的水源除大气降水、片流和洪流之外，高山上的冰雪融化水和地下水都可能是它的重要水源。线流对地面造成线状侵蚀，其结果是形成线状伸展的沟槽及相应的堆积物。其中，由暂时性的线流冲刷地表而形成的沟槽称为冲沟，其堆积物称为洪积物；而经常性的线流则形成河谷及冲积物。

地面流水直接汇入同一条河流的区域，称为流域。流域之间的高地称为分水岭，流域内大大小小的河流汇集成的水网称为水系。

根据流水中水质点的运动方式，流水可分为层流和紊流。层流即水质点在流动过程中，相对位置保持平行的一种水流；紊流是水质点在流动过程中，彼此相对位置随时变换的一种水流。紊流产生的上举力是泥沙悬浮的主要原因。流水从层流转变为紊流的速度称为临界速度：

$$v = Re \cdot \frac{\mu}{10\rho d} \tag{3-1}$$

式中，v——临界速度，cm/s；

μ——流体黏度，Pa·s，流水的黏度≈10^{-3}Pa·s；

ρ——流体密度，g/cm^3；

d——管径，cm；

Re——雷诺数，量纲为 1，Re 的物理含义为流体惯性力与流体黏滞力之间的比率关系。Re 越大，即惯性力越大，越容易出现紊流。一般 $Re<2320$ 时为层流，$Re>2320$ 时为紊流。

3.2.1 暂时性流水的地质作用

1. 雨蚀作用

就整个山坡来说，山坡上部经雨滴的多次冲击，物质遭受侵蚀，山坡下部不断有激溅下落的泥沙堆积，使山坡变缓，这种地质作用称为雨蚀作用。雨蚀作用可分为机械作用（降雨时雨滴以加速度冲击地面）和化学作用（雨水的化学溶蚀作用）。

降落在斜坡上的雨水和冰雪融水呈片状或网状沿坡面漫流。由于水层薄，流速小，水流分散，因此能比较均匀地冲刷斜坡上的松散物质（主要是土壤和岩石风化产物）。例如，我国西北半干旱的黄土高原地区，由于降水强度较大，且植物覆盖率低，土质松散，造成水土大量流失。

雨蚀作用的强度取决于以下方面。

（1）降雨量和降雨速度

降雨越多、越猛烈，作用越强。

（2）斜坡性质和坡度

斜坡性质包括组成斜坡的岩石或土壤的粒径大小、固结程度、透水性能和植被覆盖情况。此外，风向也有一定的关系。斜坡坡度越陡，作用越强。

2. 片流的地质作用

片流的地质作用也称为洗刷作用，即片流沿整个斜坡把细小的松散颗粒冲洗至斜坡下部。洗刷作用强度与气候、地形及地面岩性和植被有关。降水量越大、越猛烈，洗刷作用强度越大；坡度在 40° 左右的山坡洗刷作用强度最大，坡度过大、过小时洗刷作用都减弱；山坡为松散物质，无黏结性，有利于片流的洗刷作用；植被茂盛的山坡几乎不产生洗刷作用。片流侵蚀将斜坡上的松散物质向下搬运，由于水流时间短、动能小，因此搬运的距离一般不远。被搬运的物质，一部分直接或间接流入江河，成为江河泥沙的主要来源；一部分在缓坡或坡脚处堆积下来，形成坡积物。

（1）坡积物的特征

颗粒的分选性及磨圆度差，一般无层理或层理不清晰，组成成分与斜坡上部岩石性质有关，颗粒大小由斜坡上部向坡脚逐渐变细，上部多为较粗的岩石碎屑，靠近坡脚处常由细粒粉质黏土和黏土等组成，并夹有大小不等的岩块。坡积物的厚度，通常在斜坡上部较薄，下部逐渐变厚，坡脚处最厚可达几十米。

（2）坡积物的工程地质性质

坡积物的组成物质结构松散，孔隙率高，压缩性大，抗剪强度低，在水中容易崩解。当黏土质成分含量较多时，透水性较弱；含粗碎屑石块较多时，则透水性强。当坡积层下伏基岩表面倾角较陡，坡积物与基岩接触处为黏性土而又有地下水沿基岩面渗流时，则易发生滑坡。在山区的河谷谷坡和山坡上，坡积物广泛分布，这对基坑开挖、开渠、修路等危害很大。在坡积物上修建建筑物时，还应注意地基的不均匀沉降问题。当选址涉及坡积物时，应查明其厚度及物理力学性质，正确评价建筑物的稳定问题。

3. 洪流的地质作用

洪流的地质作用也称为冲刷作用，即洪流以巨大的机械力猛烈冲刷沟底及沟壁岩石。冲刷作用的强度与气候、地形及地面岩性和植被有关。缺少植被保护、土质松散而降雨又集中的山坡，冲刷作用强烈，易形成冲沟。洪流一旦流出沟口，坡度减小水流散开，动力很快减弱，冲刷物沉积形成洪积扇。冲刷作用的结果是形成洪积物及洪积扇地貌。

洪积物常发育在干旱、半干旱地区，往往在山间河谷沟口形成洪积扇，并与坡积物、冲积物交互沉积在一起，形成山麓的坡积、洪积裙和山前洪积、冲积倾斜平原。洪积物的特点是在近山区地带为分选性不好的粗碎屑土，而远处则为分选性较好的细碎屑土和黏性土，其磨圆度与搬运距离有关，有斜交层理或透镜体。其工程地质性质与所处部位有关，近山口的粗碎屑土的孔隙度和透水性都很大，压缩性小，承载力大，而远离山口的细碎屑土和黏性土透水性小，压缩性大。

3.2.2　经常性流水的地质作用

最常见的经常性流水是河流。河流所流经的槽状地形称为河谷，河谷由谷底和谷坡两大部分组成。谷底包括河床及河漫滩，河床是指平水期河水占据的谷底，或称河槽；河漫滩是河床两侧洪水时才能淹没的谷底部分，而枯水时则露出水面。谷坡是河谷两侧的岸坡。谷坡下部常年洪水不能淹没并具有陡坎的沿河平台称为阶地。河水在流动时，对河床进行冲刷破坏，并将所侵蚀的物质带到适当的地方沉积下来，故河流的地质作用可分为侵蚀作用、搬运作用和沉积作用。

1. 侵蚀作用

河流的侵蚀作用包括机械侵蚀和化学溶蚀两种。前者最为普遍；只有在可溶岩地区的河流，溶蚀才比较明显。河流的侵蚀作用，一方面向下切割河床，称为下蚀作用；另一方面向两岸冲刷谷坡，称为侧蚀作用。

（1）下蚀作用

河流的下蚀作用是指河水及其所携带的砂砾对河床基岩撞击、磨蚀，对可溶性岩石的河床还进行溶解，致使河床受侵蚀而逐渐使破坏加深。河流下蚀作用的强弱由多种因素决定，如河床岩石的软硬、河流含砂量的多少和河水的流速等。山区河流，由于地势高差大，河床坡度陡，故水流速度快，下蚀作用强；平原河流，流速缓慢，一般下蚀作用微弱，甚至没有。

（2）侧蚀作用

河水流动时，由于受河床的岩性、地形、地质构造及地球自转等因素的影响，河流的表面水流流向凹岸，致使凹岸不断被冲刷淘空、垮落。侵蚀下来的物质又被河流底层的水流带向凸岸或下游，在适当的地点堆积起来。随着河流的弯曲程度进一步发展，河流弯曲也越来越大（图 3-2 中的 1、2、3）。在洪水期，相邻的河湾逐渐靠近时容易被冲开，使河床“截弯取直”，见图 3-2。被废弃的旧河道则逐渐淤塞断流，与原河道失去联系，形成牛轭湖。

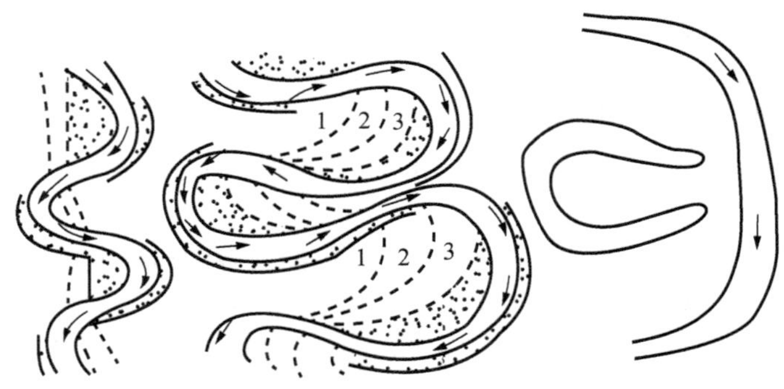

图 3-2　河曲的形成和发展

河流的下蚀作用和侧蚀作用常是同时进行的，即河水对河床加深的同时，也在加宽河谷。一般在上游以下蚀作用为主，侧蚀作用较弱；中、下游则由于河床坡降变小，下蚀作用变弱而侧蚀作用加强，形成较宽的河谷。

2. 搬运作用

河水在流动过程中，搬运着河流自身侵蚀和谷坡上崩塌、冲刷下来的物质。其中，大部分是机械碎屑物，少部分为溶解于水中的各种化合物，前者称为机械搬运，后者称为化学搬运。机械碎屑物质在搬运过程中，可以沿河床以滑动、滚动和跳跃等方式进行，也可以悬浮于水中被搬运，相应的搬运物质称为推移质和悬移质。机械搬运方式有悬运、推运和跃运三种。

（1）悬运

如果颗粒在水中的重力小于水的上举力，这些颗粒将悬浮于水中运动，称为悬运（紊流支持）。

（2）推运

如果上举力小于颗粒在水中的重力，颗粒在水流冲力推动下，或沿河床滚动，或沿河床滑动，称为推运（悬浮力小于颗粒重力）。

（3）跃运

如果上举力与颗粒在水中的重力不相上下，颗粒在水流冲力作用下，跳跃前进，称为跃运（悬浮力约等于颗粒重力）。

河流的机械搬运能力和物质被搬运的状态受河流的流量，特别是流速的控制。例如，流经黄土地区的河流，往往有着很高的泥沙含量。黄河在建水库前，在陕县测得的平均含砂量达 36.9kg/m^3，永定河在官厅测得的平均含砂量竟高达 60.9kg/m^3（水库修建前）。

3. 沉积作用

当河床的坡度减小或搬运物质增加而引起流速变慢时，河流的搬运能力降低，河水携带的碎屑物质便逐渐沉积下来，形成层状的冲积物，这个过程称为沉积作用。

河流的沉积作用主要发生在河流入海、入湖和支流入干流处，或者在河流的中、下游，以及河曲的凸岸，但大部分都沉积在海洋和湖泊里。河谷沉积只占搬运物质的少部分，而且多是暂时性沉积，很容易被再次侵蚀、搬走。

由于河流搬运物质的颗粒大小与流速有关，因此，当流速较小时，被搬运的物质就按颗粒的大小或密度，依次从大到小或从重到轻先后沉积下来。故一般在河流的上游沉积较粗的砂砾石，越往下游沉积物质越细，多为砂壤土或黏性土，更细的或溶解质多带入海中沉积。

4. 冲积物

冲积物是由河流所携带的物质沉积下来的沉积物，其特点是，山区河谷中只发育单层砾石结构的河床相沉积，山间盆地和宽谷中有河漫滩相沉积，其分选性较差，具有透镜状或不规则的带状构造，有斜层理出现，厚度不大，一般不超过 15m，多与崩塌堆积物交错混合。平原河流具有河床相、河漫滩相和牛轭湖相沉积。

正常的河床相沉积的结构是，底部河槽被冲刷后，底部是由厚度不大的块石、粗砾组成的沉积，其上是由粗砂、卵石土组成的透镜体，上面为分选性较好的具有斜层理与交错层理由砂或砾石组成的滨河床浅滩沉积。一般情况是粗颗粒具有很大的透水性，也是很好的建筑材料；当其为细砂时，饱水后在开挖基坑时往往会发生流砂现象，应特别注意。

河漫滩相沉积的主要特征是上部的细砂和黏性土与下部河床相沉积组成二元结构，具有斜层理与交错层理构造。一般为细碎屑土和黏性土，结构较为紧密，形成阶地，大多分布在冲积平原的表层，成为各种建筑物的地基。我国不少大城市，如武汉、上海、天津等都位于河漫滩相沉积物之上。

牛轭湖相沉积由淤泥质土和少量黏性土组成，含有机质，呈暗灰色、黑色、灰蓝色并带有铁锈斑，具有水平层理和斜层理构造。冲积物的工程地质性质视具体情况而定。

在河流下游，冲积物常形成广阔的冲积平原或三角洲平原。各地冲积物厚度变化很大，北方厚而南方薄。河床沉积为砂层，由河床向外依次为粉砂、粉质黏土及黏土，粗细物质常呈带状分布，各种岩性犬牙交错，相互穿插过渡。若河流改道，冲积物分布也相应改变。

5. 河谷阶地

当地壳从长期稳定或下降一旦转变为快速上升时，河流下蚀力增大，在原来的宽谷底上切出新的河谷，原来的谷底便抬升到新河谷的谷坡上形成台阶，称为河谷阶地。阶地地形常较开阔平坦，土地肥沃，往往是进行农业生产、工程建筑的重要场所，也是人类经常居住的重要场所。根据阶地的成因可将其分为侵蚀阶地、基座阶地、堆积阶地和埋藏阶地四种类型，见图 3-3。

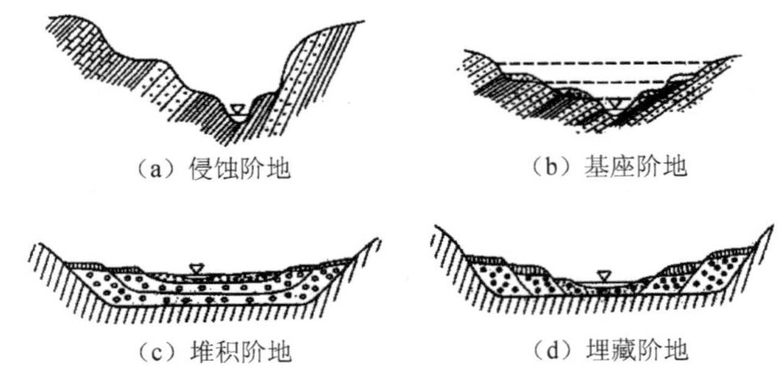

图 3-3　阶地的类型

（1）侵蚀阶地

阶面为侵蚀基岩，根部无冲积物的称为侵蚀阶地。侵蚀阶地的特点是由基岩组成，在阶地上有时残留极少的冲积物，所以又称基岩阶地。这种阶地多见于构造运动上升的山区河谷中，它作为厂房的地基或坝肩、桥台的地基是有利的。

（2）基座阶地

陡面和陡坎上部是冲积物，下部是基岩的阶地称为基座阶地。基座阶地的特点是由两种不同物质组成，其上层为冲积物，下层为基岩底座。它的形成反映了河流下蚀作用的深度已超过原来谷底冲积层厚度，并且切入基岩。基座阶地在河流中比较常见。

（3）堆积阶地

阶地陡坎上没有基岩的称为堆积阶地。堆积阶地全部由冲积物组成，通常多分布在河流中和下游地区。它的形成反映河流下蚀深度均未超过原来谷底的冲积层。根据下蚀深度的不同，堆积阶地又可分为上叠阶地和内叠阶地。

（4）埋藏阶地

河谷形成阶地以后，如果地壳相对下降，新的河流沉积物把河谷阶地掩埋，被掩埋的阶地称为埋藏阶地。河流阶地是常见的河谷地貌，许多河流有一级阶地或多级阶地，可由河漫滩（或河床）算起，向上依次称一级阶地、二级阶地……n 级阶地。一般形成年代最新的阶地，保存最好；时代越老的阶地，保存越不完整。

3.3　地下水的地质作用

3.3.1　地下水概述

地下水是埋藏于地表以下岩土体空隙（孔隙、裂隙、溶隙）中各种状态的水，它是地球上水体的重要组成部分。地下水与大气水、地表水之间的不断运动和相互转化，即为在各种自然因素影响下进行着的自然界水循环。

大气降水（包括降雨、雪、冰雹等）到达地表后，一部分渗入地下形成地下水。地表水（河流、湖泊、海洋、水库、渠道等）水体也能通过岩土体空隙渗入地下形成地下水。在降水稀少的干旱地区，地下水主要由岩土体空隙中的水蒸气凝结而成。地下水的分布是极其广泛的，是一种宝贵的地下资源；同时，它也可能给工程建设带来一定的困难和危害。因此，研究地下水对国民经济建设具有重要意义。本节主要论述地下水的存在形式、物理性质、化学成分，岩土的水理性质，地下水的基本类型及其特征等。

3.3.2 地下水的基本知识

1. 地下水的存在形式

水在岩土体空隙中存在的形式不同，其物理性质也不同。地下水的存在形式包括气态水、液态水（吸着水、薄膜水、毛管水和重力水）和固态水，其中以液态水为主。

（1）气态水

以水蒸气形式存在于未被水饱和的岩土体空隙中，它可以从水汽压力（绝对湿度）大的地方向水汽压力小的地方运移，当温度降低到 0℃时，气态水凝结成液态水。

（2）液态水

1）吸着水。土颗粒表面及岩石空隙壁面均带有电荷，水是偶极体，因此在电引力作用下，土颗粒或岩体裂隙壁表面可吸附水分子，形成一层极薄的水膜，称为吸着水。这些水分子和颗粒结合得非常紧密，因此，也称强结合水。它不受重力作用影响，只有变成水汽才能移动。吸着水不能溶解盐类，也不能被植物吸收。

2）薄膜水。在吸着水膜的外层，还能吸附水分子而使水膜加厚，这部分水称为薄膜水。随着水膜的加厚吸附力逐渐减弱，因此薄膜水又称弱结合水。它的特点也是不受重力影响，但水分子能从薄膜厚处向薄膜薄处移动。吸着水和薄膜水又称结合水。

3）毛管水。毛管水是指充满于岩土毛细管空隙中的水，也称毛细水。毛管水同时受重力和毛管力的作用，它可以传递静水压力，毛管水的上升高度取决于岩土体空隙的大小，并随地下水面的升降和蒸发作用而变化。

4）重力水。岩土体空隙全部被水充满时，在重力作用下能自由运动的水，称为重力水。能透水而又饱含重力水的岩土体层称为含水层；不透水（或透水性很弱）且不能给水的岩土体层称为隔水层。

含水层的形成应具备一定的条件：首先必须具备储水空间，即岩土层应具有空隙，外部的重力水才能流入和储存；同时应具有储水的地质构造，才能存住水。例如，处在较高阶地上的砂砾石层，虽然具有良好的透水性，但它处于当地侵蚀基准面及河水面以上，地下水很快流失，也不能形成含水层。

隔水层的概念是相对的，但一般认为渗透系数小于 0.001m/d 的岩土层为隔水层。通常隔水层可分为两类，一类是致密岩石，其中没有裂隙，不透水也不含水；另一类是岩土体孔隙率很大，但孔隙小，孔隙绝大部分被结合水充填，地下水几乎不能流动，如黏土等。

（3）固态水

当岩土体中温度低于 0℃时，空隙中的液态水就结冰转化为固态水。因为水冻结时体积膨胀，所以冬季在许多地方都有冻胀现象。在东北北部和青藏高原等高寒地区，有一部分地下水多年保持固态，形成多年冻土区。

2. 地下水的物理性质及化学成分

由于地下水的补给来源、埋藏条件、径流途径等不同，地下水与周围岩土体进行着广泛的相互作用，溶解岩土体中某些盐分、气体和有机物质，同时，地下水在参与自然界水循环的过程中，从大气降水和地表水中也获得了各种物质成分。因此，地下水成为一种复杂的天然溶液。

研究地下水的物理性质和化学成分，对于了解地下水的形成条件与动态变化，进行供水的水质评价，分析地下水对建筑材料的侵蚀性及查明地下水的污染源等方面，都具有重要意义。

（1）地下水的物理性质

地下水的物理性质包括温度、颜色、透明度、臭（气味）、口味、导电性和放射性等。

地下水的温度主要受气温、地热控制，随自然地理、地质条件和水循环深度而变化。例如，寒带和多年积雪地带，浅层的地下水温度可低至−5℃以下，而埋藏于火山活动地区及地壳深处的地下水温度可达几十摄氏度甚至超过 100℃。

地下水一般是无色、无臭、无味和透明的。当水中含有某些元素或悬浮物质及胶体时，便会带有不同的颜色而显得混浊。

地下水按透明度可划分为透明、微浊、混浊和极混浊四级。

地下水的气味取决于它所含的气体成分和有机质。地下水的口味取决于其所含的盐分和气体。

地下水的导电性取决于其所含电解质的种类和数量。离子含量越多，离子价越高，则水的导电性就越强。

地下水的放射性取决于其所含放射性元素的含量，一般地下水的放射性极为微弱。

（2）地下水的化学成分

地下水中含有各种气体、离子、胶体物质和有机质。自然界中存在的元素，绝大多数已在地下水中发现，但只有少数元素含量较高。

1）地下水中常见的成分。地下水中常见的成分可以分为离子成分、气体成分、胶体成分、有机质和细菌成分。

① 离子成分。地下水中常见的离子成分有 Cl^-、SO_4^{2-}、HCO_3^-、K^+、Na^+、Ca^{2+}、Mg^{2+} 七种。它们分布广，在地下水中含量最多，这些成分决定了地下水化学成分的基本类型和特点。

② 气体成分。地下水中含有多种气体成分，常见的有 O_2、N_2、H_2S 等。

③ 胶体成分。地下水中含有未离解的化合物构成的胶体，如 $Fe(OH)_3$、$Al(OH)_3$ 及

SiO_2 等。

④ 有机质和细菌成分。有机质主要来源于生物遗体的分解，多富集于沼泽水中，有特殊气味。细菌成分可分为病源菌和非病源菌两种。

2）地下水的主要化学性质。地下水的主要化学性质包括总矿化度、硬度、酸碱度和侵蚀性等。

① 总矿化度。地下水中含有各种离子、分子和化合物的总量称为总矿化度，简称矿化度。它表示水中含盐量的多少，以 g/L 为单位。通常是以 105～110℃温度下将水蒸干所得的干涸残余物总量来确定。根据矿化度的大小，可将地下水分为淡水（＜1g/L）、微咸水（1～3g/L）、咸水（3～10g/L）、盐水（10～50g/L）和卤水（＞50g/L）五类。

高矿化水能降低混凝土强度、腐蚀钢筋，并能促进混凝土表面风化，故拌和混凝土时，一般不允许用高矿化水。

② 硬度。水的硬度取决于水中 Ca^{2+}、Mg^{2+} 的含量。硬度分为总硬度、暂时硬度和永久硬度。总硬度是指水中所含 Ca^{2+}、Mg^{2+} 的总量；暂时硬度是指将水加热煮沸后，水中一部分 Ca^{2+}、Mg^{2+} 与 HCO_3^- 作用生成碳酸盐沉淀（$CaCO_3$ 或 $MgCO_3$），这部分 Ca^{2+}、Mg^{2+} 的总量称为暂时硬度。永久硬度等于总硬度减去暂时硬度。

硬度的表示方法很多，我国目前采用德国度表示，1 德国度相当于 1 L 水中含 10mg 氧化钙（CaO）或 7.2mg 氧化镁（MgO）。根据硬度可将地下水分为五类，见表 3-1。

表 3-1　地下水按硬度分类

水的类型	极软水	软水	微硬水	硬水	极硬水
德国度	＜4.2	4.2～8.4	8.4～16.8	16.8～25.2	＞25.2

③ 酸碱度。地下水的酸碱度取决于水中所含 H^+的浓度，常用 pH 表示。pH 为水中 H^+浓度的负对数值。

④ 侵蚀性。侵蚀性是指水对碳酸盐类物质（如石灰岩、混凝土等）及金属机械、钢筋构件的侵蚀能力。地下水能破坏混凝土，是因为地下水能溶解混凝土中某些成分，并能形成一些新的化合物。例如：

a. 硫酸型侵蚀：当水中 SO_4^{2-} 含量多时，会与混凝土中某些成分相互作用，形成含水的硫酸盐结晶（如生成 $CaSO_4 \cdot 2H_2O$），在这种新化合物的形成过程中，体积膨胀，混凝土结构遭到破坏，故又称结晶性侵蚀。

b. 碳酸型侵蚀：主要是指水中侵蚀性二氧化碳对混凝土中的碳酸钙成分的溶解，使混凝土遭到破坏。

3. 岩土的水理性质

从水文地质观点来研究，岩土的水理性质是指与地下水的储存和运移等有关的岩土性质，包括岩土的容水性、持水性、给水性和透水性等，表征它们的定量指标是进行水文地质评价的基本参数。

（1）容水性

岩土体空隙能容纳一定水量的性能称为容水性。表征容水性的指标是容水度，容水度是指岩土中所能容纳水的体积与岩土体总体积之比，用小数或百分数表示。显然容水度在数值上与空隙率（孔隙率、裂隙率、溶隙率）近似相等。

（2）持水性

饱水岩土体在重力作用下排水后仍能保持一定水量的性能称为持水性。表征持水性的指标是持水度，持水度是指饱水岩土体排水后，仍然保持的水体积与岩土总体积之比，以小数或百分数表示。在重力影响下，岩土体空隙中尚能保持的水主要是结合水和悬挂毛管水。

（3）给水性

饱水岩土在重力作用下能自由排出一定水量的性能，称为给水性。表征给水性的指标是给水度，给水度是指饱水岩土能自由流出水的体积与岩土总体积之比，以小数或百分数表示。给水度在数值上等于容水度减去持水度。不同岩土的给水度是不同的（表 3-2），具有张开裂隙的坚硬岩石或粗粒的砂卵砾石，持水度很小，给水度接近于容水度；具有闭合裂隙的岩石或黏土，持水度大，给水度很小甚至等于零。

表 3-2　松散沉积物的给水度

岩石名称	给水度	岩石名称	给水度
砾石	0.30～0.35	细砂	0.15～0.20
粗砂	0.25～0.30	极细砂及粉砂	0.05～0.15
中砂	0.20～0.25	黏性土	0～0.05

（4）透水性

岩土体允许水通过的性能称为透水性。岩石透水性的强弱主要取决于岩土空隙的大小及其连通情况，其次是空隙率的大小。在具有相似连通程度的条件下，水在大空隙中流动所受阻力就小，水流速度快，透水性强。在细小空隙中，由于其间多为结合水所充填，水流所受阻力就大，透水性弱。例如，黏土孔隙率虽然可高达 50%左右，但因其中孔隙细小，往往成为不透水层或隔水层。衡量岩土透水性的指标是渗透系数，渗透系数越大，表示岩土的透水性越强，见表 3-3。

表 3-3　各类岩土渗透系数经验值

岩土名称	渗透系数 k/（m/d）	岩土名称	渗透系数 k/（m/d）
粉质黏土	0.001～0.1	中砂	5.0～20.0
粉质粉土	0.1～0.5	粗砂	20.0～50.0
粉砂	0.5～1.0	砾石	50.0～150.0
细砂	1.0～5.0	卵石	100.0～500.0

3.3.3　地下水的基本类型及其特征

地下水这一名词有广义和狭义之分。广义的地下水是指赋存于地面以下岩土空隙中的水，包气带及饱水带中所有含于岩石空隙中的水均属于广义地下水；狭义的地下水是指赋存于饱水带岩土空隙中的水。地下水的赋存特征对其水量、水质、分布有决定性意义，其中最重要的是埋藏条件与含水介质类型。

地下水埋藏条件是指含水岩层在地质剖面中所处的部位及受隔水层（弱透水层）限制的情况，据此可将地下水分为包气带水、潜水和承压水。按含水介质（空隙）类型，可将地下水分为孔隙水、裂隙水和岩溶水，见表 3-4。

表 3-4　地下水分类

含水介质类型 / 埋藏条件	孔隙水	裂隙水	岩溶水
包气带水	土壤水，局部黏性土隔水层上季节性存在的重力水、上层滞水	裂隙岩体浅部季节性存在的毛管水和重力水	裸露岩溶化岩层上部岩溶通道中季节性存在的水
潜水	各类松散沉积物浅部的水	裸露于地表的各类裂隙岩层中的水	裸露于地表的岩溶化岩层中的水
承压水	山间盆地及平原松散沉积物深部的水	组成构造盆地、向斜构造或单斜断块的被掩覆的各类裂隙岩层中的水	组成构造盆地、向斜构造或单斜断块的被掩覆的各类岩溶化岩层中的水

1. 按埋藏条件分类

（1）包气带水

位于潜水面以上未被水饱和的岩土体中的水称为包气带水。此带称为包气带，其下称为饱水带，见图 3-4。包气带中的水主要有土壤水和上层滞水。

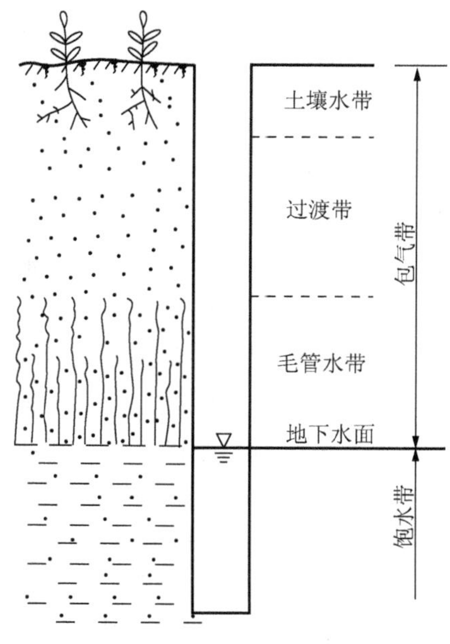

图 3-4　包气带与饱水带

1）土壤水。土壤水是土壤层中的水，主要以毛管水和结合水形式存在。土壤水的形成主要靠大气降水的渗入、水汽凝结及潜水补给。大气降水通过土壤层向下渗透，就有一部分水保持在土壤层里，称为田间持水量（土壤层中最大悬挂毛管水含水量）。多余的部分呈重力水下渗补给潜水。土壤水主要消耗于蒸发和被植物根系吸收。土壤水的动态主要受气候条件控制，呈季节性变化。

2）上层滞水。存在于包气带中局部隔水层之上的重力水称为上层滞水。它由大气降水或地表水入渗补给，并在原地以蒸发或向隔水层四周散流的形式排泄，其动态随季节而变化。由于上层滞水分布范围有限、水量小，因此只能作为小型临时性的供水水源。在基坑开挖遇到上层滞水时，也容易处理。

（2）潜水

1）潜水的概念及特征。潜水是埋藏于地表以下第一个稳定隔水层之上的重力水，见图 3-5。

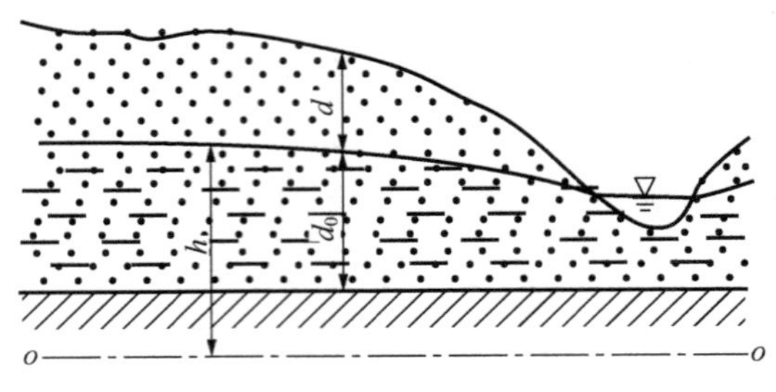

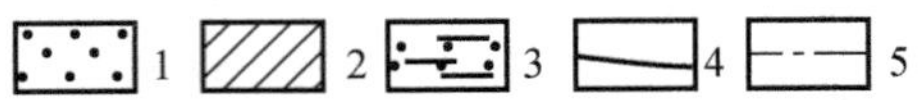

图 3-5 潜水埋藏示意图

1. 砂层；2. 隔水层；3. 含水层；4. 潜水面；5. 基准面；

d. 潜水埋藏深度；d_0. 含水层厚度；*h*. 潜水位

潜水具有自由的水面，称为潜水面。潜水面任意一点的高程，称为该点的潜水位（*h*）。潜水面至地表的距离为潜水埋藏深度（*d*）。自潜水面至隔水底板之间充满了重力水的岩土层，称为含水层。其间的垂直距离为含水层厚度（d_0）。

根据潜水的埋藏条件，潜水具有以下特征：

① 潜水具有自由水面，为无压水。在重力作用下可以由水位高处向水位低处渗流，形成潜水径流。

② 潜水的分布区和补给区基本是一致的。在一般情况下，大气降水、地表水可通过包气带入渗直接补给潜水。

③ 潜水的动态（如水位、水量、水温、水质等随时间的变化）随季节不同而有明显变化。例如，雨季降水多，潜水补给充沛，使潜水面上升，含水层厚度增大，水量增加，埋藏深度变浅；而在枯水季则相反。

④ 在潜水含水层之上因无连续隔水层覆盖，一般埋藏较浅，因此容易受到污染。

2）潜水面的形状。在自然界中，潜水面的形状因时因地而异，它受地形、地质、气象、水文等各种自然因素和人为因素的影响。一般情况下，潜水面不是水平的，而是向着邻近洼地（如冲沟、河流、湖泊等）倾斜的曲面。潜水面的形状与地形有一定程度的一致性，一般地面坡度越陡，潜水面坡度也越大；但潜水面坡度总是小于相应的地面坡度，其形状比地形要平缓得多。

3）潜水的补给、径流与排泄。

① 潜水的补给。潜水含水层自外界获得水量的过程称为潜水的补给。

a．大气降水的入渗。大气降水的入渗是潜水的主要补给来源。其补给量取决于大气降水的性质和强度、地面坡度、植物覆盖程度、包气带岩土的透水性和厚度等因素。

当降水强度不大，但延续时间较长时，入渗量就多。如植物覆盖层发育，地面坡度较缓时，则有利于潜水的补给。反之，在沟壑纵横、植被稀少、水土流失严重的荒山秃岭区，降水主要形成地面径流，入渗补给潜水的水量就少。包气带岩土透水性越好，厚度越薄（潜水埋深较浅），则入渗补给的水量越多；反之就越少。

b．地表水的入渗。地表水的入渗是潜水的重要补给来源。地表水的补给常发生在河流的下游，在河流中游多是洪水期河水补给潜水，而枯水期则潜水补给河水。河水补给潜水的水量大小取决于河水位与潜水位的高差、洪水的延续时间、河水流量、河流沿岸岩土的透水性及河水与潜水有水力联系地段的分布范围等因素。

c．越流补给。当潜水下部承压含水层的水位高于潜水水位时，承压水可通过弱透水层或断裂带补给潜水，这种补给称为越流补给。

在干旱气候条件下，凝结水也是潜水的重要补给来源。

② 潜水的径流。潜水由补给区流向排泄区的过程称为潜水径流。影响径流的因素主要是地形坡度、地面切割程度与含水层的透水性，如地形坡度陡、地面切割强烈、含水层透水性强，径流条件就好，反之则差。

③ 潜水的排泄。潜水含水层失去水量的过程称为潜水的排泄。在山区、丘陵区及山前地带，潜水常以泉或散流形式排泄于沟谷或溢出地表，这种排泄方式称为水平排泄；在平原地区，潜水排泄主要消耗于蒸发，称为垂直排泄。垂直排泄只排泄水分，不排泄盐分，结果使潜水含盐量增加，矿化度升高，水质变差。

潜水补给、径流和排泄的无限往复，组成了潜水的循环。潜水在循环过程中，其水量、水质都不同程度地得到更新置换，这种更新置换称为水交替。水交替的强弱取决于含水层透水性的强弱、地形陡缓、切割程度及补给量的多少等。随着深度的增加，水交替也逐渐减弱。总之，潜水分布广泛，埋藏较浅，水量消耗容易得到补充、恢复，所以常是生活和工农业供水的重要水源。

（3）承压水

1）承压水的概念及特征。承压水是充满于两个隔水层（或弱透水层）之间，含水层中具有静水压力的重力水。承压含水层上部的隔水层称为隔水顶板，下部的隔水层称为隔水底板，顶、底板之间的垂直距离称为承压含水层的厚度（d）。打井时，若未揭穿隔水顶板则见不到承压水，当揭穿隔水顶板后才能见到，此时的水面高程为初见水位，以后水位不断上升，达到一定高度后稳定下来，该水面高程称为稳定水位，即该点处承压含水层的承压水位（测压水位）。

当两个隔水层之间的含水层未被水充满时，称为层间无压水，见图3-6。

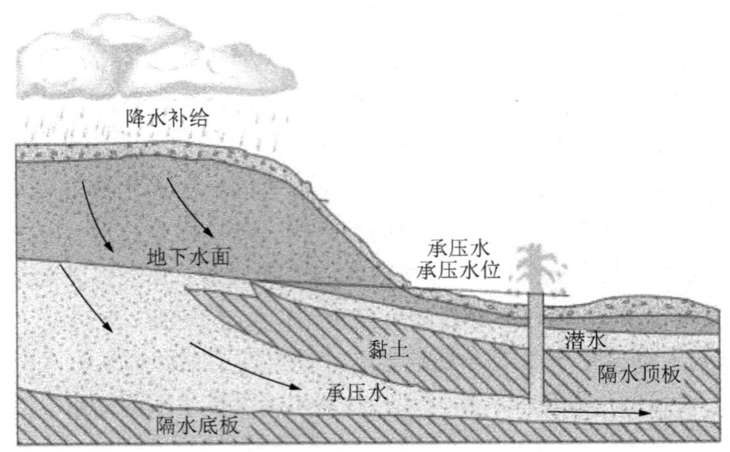

图 3-6　承压水剖面示意图

承压水的埋藏条件决定了它与潜水具有不同的特征：

① 承压水具有承压性能，其顶面为非自由水面。

② 承压水分布区与补给区不一致。

③ 承压水动态受气象、水文因素的季节性变化影响不显著。

④ 承压水的厚度稳定不变，不受季节变化的影响。

⑤ 承压水的水质不易受到污染。

2）承压水的埋藏类型。承压水的形成主要取决于地质构造。适宜形成承压水的蓄水构造大体可分为两类：一类是盆地或向斜蓄水构造，称为承压（或自流）盆地；另一类是单斜蓄水构造，称为承压（或自流）斜地。

① 承压盆地。承压盆地按水文地质特征可分为三个组成部分。

a．补给区。补给区一般位于盆地边缘、地势较高处，含水层出露地表，可直接接受大气降水和地表水的入渗补给。该区地下水和潜水一样具有自由水面。

b．承压区。承压区一般位于盆地中部，分布范围广，地下水承受静水压力，但能否自溢于地表，取决于承压水位与地面高程之间的高差关系。

c．排泄区。排泄区一般位于盆地边缘的低洼地区，地下水常以泉水的形式排泄于地表。当承压盆地有几层承压含水层时，各个含水层都有自己的承压水位。

承压盆地的规模差异很大，四川盆地是典型的承压盆地，小型的一般只有几平方千米。

② 承压斜地。承压斜地（图 3-7）的形成有三种情况。

a．含水层被断层所截形成的承压斜地。单斜含水层的上部出露地表成为补给区，下部被断层切割。若断层不导水，则向深部循环的地下水受阻，在补给区能形成泉排泄，此时补给区与排泄区在相邻地段；若断层导水，断层出露的位置又较低，则承压水可通过断层排泄于地表，此时补给区与排泄区位于承压区的两侧，与承压盆地相似。

b．含水层岩性发生相变和尖灭，裂隙随深度增加而闭合，使其透水性在某一深度变弱（成为不透水层），形成承压斜地。此种情况与阻水断层形成的承压斜地相似。

c．侵入岩体阻截形成的承压斜地。各种侵入岩体（如花岗岩、闪长岩等）侵入透水性很强的岩土体层中，并处于含水层下游时，便起到阻水作用，可形成承压斜地。例如，山东省济南市的承压斜地，济南市向南为寒武奥陶系构成的山区，地形与岩层产状均向济南市方向倾伏。由于市区北侧为闪长岩侵入体所阻截，来自南面千佛山一带石灰岩补给区的地下水流便在侵入体接触带汇集起来，使水位抬高，形成了承压斜地。地下水通过近 20m 厚的第四系覆盖层出露地表而成为泉，如趵突泉、珍珠泉等泉群，在 2.6km^2 范围内出露有 106 个泉，故济南市有"泉城"之称。

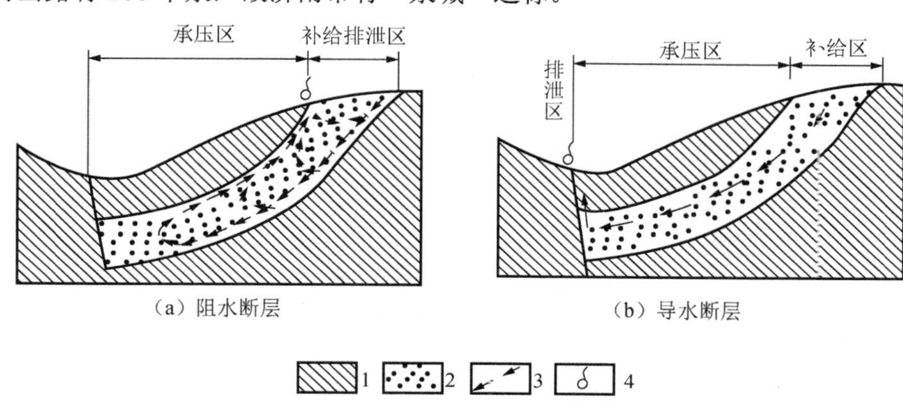

图 3-7　承压斜地

1. 隔水层；2. 含水层；3. 地下水流向；4. 泉

3）承压水的补给、径流与排泄。承压水的补给来源取决于埋藏条件，当承压水的补给区出露于地表时，补给来源多为大气降水的入渗；当补给区位于河床或湖沼地带时，则主要由地表水补给。当承压水位低于潜水位时，潜水可以通过断裂带或弱透水层的"天窗"等通道补给承压水。

承压水的径流条件主要取决于含水层的透水性、补给区到排泄区的距离和水位差及含水层的挠曲程度。当含水层透水性越强，补给区到排泄区的距离越近，水位差越大，构造挠曲程度越小时，承压水的径流条件就越通畅，水交替也就越强烈；反之，径流就缓慢，水交替也就微弱。承压水径流条件的好坏、水交替的强弱，决定了水的矿化度高低和水质的好坏。

承压水的排泄有以下几种形式：在排泄区有潜水时，可直接排入潜水；当水文网切割至含水层时，承压水就以泉的形式排泄；承压水还可以通过导水断层排泄于地表。

2. 按含水介质类型分类

（1）孔隙水

孔隙水赋存于松散沉积物颗粒构成的孔隙网络之中。在我国，第四系与部分第三系属未胶结或半胶结的松散沉积物，赋存孔隙地下水。在此，主要介绍第四系松散沉积物中的孔隙水。

特定沉积环境中形成的成因类型不同的松散沉积物，受到不同的水动力条件控制，从而呈现岩性与地貌有规律的变化，决定着赋存于其中的地下水的特征。

1）洪积扇中的地下水。洪水沿河槽流出山口，进入平原或盆地，便不再受河槽的约束，加之地势突然转为平坦，集中的洪流转为辫状散沉，水的流速顿减，搬运能力急剧降低，洪流所携带的物质以山口为中心堆积成扇形，称为洪积扇。在山进入平原盆地处常常形成一系列大大小小的洪积扇，扇间为洼地。

洪积扇在岩性和地貌形态上都有其独特的变化规律，因而，依据储存于其中的地下水的埋藏深度、形成条件和水化学特征等，自扇顶向边缘可划分为三个水文地质带。

① 径流带。径流带一般在洪积扇顶部，靠近山区，地形坡度较陡。岩性多为粗砂砾石层堆积，具有良好的渗透性和径流条件，因此，不但可以接受山区下渗的地下径流，而且能够大量吸收大气降水和地表水的入渗补给，水量较为丰富。潜水埋藏较深，通常地下水埋深可达十几米到几十米以上，因而蒸发作用微弱。加之径流条件好，深滤作用强烈，水的矿化度低（一般小于 1g/L），多为重碳酸盐型水，故此带又称地下水盐分溶滤带。

② 溢出带。溢出带一般位于洪积扇中部，地形坡度变缓，堆积物变细，主要为细砂、粉质砂土及粉质黏土等交错沉积。透水性变弱，径流受阻，往往形成壅水，埋藏深度变浅。在适宜地段，地下水常以泉或沼泽等形式出露于地表，故此带称为潜水溢出带。由于蒸发作用加强，水的矿化度增高，水的化学成分由重碳酸盐型变为重碳酸-硫酸盐型，故此带又称盐分过路带。

③ 垂直交替带。此带位于洪积扇的前缘，主要由黏性土和粉砂夹层组成。岩土体透水性极弱，径流很缓慢，蒸发作用强烈，水以垂直交替为主，故称潜水垂直交替带。由于河流的排泄作用，此带地下水的埋藏深度比溢出带稍有加深，故又称潜水下沉带。因地下水埋藏仍很浅，在干旱、半干旱条件下，蒸发作用强烈进行，矿化度急剧增加，常为硫酸-氯化物型水或氯化物型水，地表往往形成盐渍化，故此带又称盐分堆积带。

洪积扇中地下水的分带性在我国西北干旱的山间盆地表现最为典型。

2）冲积平原中的地下水。在冲积平原上，近期古河道与现代河道地势最高，沉积颗粒较粗的砂；向外随着地势变低依次堆积粉质砂土、粉质黏土；在河间洼地的中心部位则堆积黏土。随地势从高到低，地下水具有良好的分带特征。现代河道与近期古河道由于地势高、岩性粗、渗透性好，利于接受地表水与降水的入渗补给，地下水埋藏深度大，蒸发较弱，以溶滤作用为主，水质良好。自两侧向河间洼地，地势逐渐变低，岩性变细，渗透性变差，地下水位变浅，蒸发增加，矿化度增大。

3）湖积物中的地下水。我国第四纪初期湖泊众多，湖积物发育，后期湖泊萎缩，湖积物多被冲积物所覆盖；因此，裸露于地表的粗粒湖积物很少见。由于湖积物往往是砂砾石与黏土的互层，垂向越流补给比较困难。侧向上分布广泛的粗粒的湖积含水砂砾层主要通过进入湖泊的冲积砂层与外界联系。湖积物通常有规模大的含水砂砾层，容易给人以赋存地下水丰富的印象。但由于其与外界联系较差，补给困难，地下水资源一般并不丰富。

（2）裂隙水

埋藏于基岩裂隙中的地下水称为基岩裂隙水。岩石裂隙是水储存和运移的场所，由于裂隙张开和密集程度、连通及充填情况都很不均匀，因此裂隙水的埋藏、分布及水动力特征非常不均匀。裂隙发育的地方含水多，裂隙不发育的地方含水少或不含水。有时在同一地层中打两口相邻很近的井，其水位水量都可能相差悬殊，甚至一孔有水，而另一孔无水。这种不均匀性是基岩裂隙水同松散沉积物孔隙水的主要区别。

裂隙水的埋藏状况比较复杂，裂隙含水层的性状是多种多样的，主要受岩性和地质构造控制。裂隙含水层不都是层状，还有很多表现为似层状、脉状和带状。根据裂隙水的产状特征，其可分为面状裂隙水、层状裂隙水和脉状裂隙水三种。

1）面状裂隙水。面状裂隙水埋藏于各种基岩的风化裂隙中，风化裂隙一般发育均匀密集，有一定程度的张开性，储存在其中的水，通常是相互连通、构成统一的地下水面，含水层似层状，呈面状分布。由于风化裂隙发育一般随深度增加而减弱，微风化带或未风化的基岩构成了隔水底板，因此常储存潜水。

面状裂隙水的水量大小取决于岩石裂隙的发育程度、风化壳的厚度、气候条件及地貌等。

2）层状裂隙水。层状裂隙水多埋藏于层状岩石的区域构造裂隙和成岩裂隙中。裂隙以网状组合为主，裂隙之间往往有较好的水力联系，含水层分布边界主要受不同性质的岩层界面控制，形成典型的层状含水层。

层状裂隙水的埋藏与分布主要受地层岩性控制，其富水性取决于含水层厚度和裂隙发育程度以及地形条件等。在沉积岩和变质岩地区，一般脆硬性岩石（如砂岩、石英岩等）的构造裂隙远较塑性岩石（如页岩、板岩等）发育，当其互层时，脆硬性岩石往往形成含水层，而较软塑性岩石则构成相对隔水层。地下水则常成为承压水，也可形成潜水。层状裂隙水虽然与一定层位裂隙发育的岩层相一致，但含水层的露水性在不同构造部位和不同深度上的差异也很大，如褶曲轴部的富水性较褶曲翼部强，埋藏较浅的含水层较相同岩性埋藏较深的含水层富水性强。

在岩浆岩地区，层状裂隙水常见于喷出岩体的成岩裂隙中，如玄武岩等柱状节理及层面节理发育，裂隙分布较均匀密集，张开性和连通性好，常形成储水丰富、透水性强、具有统一地下水面的潜水含水层，其下伏隔水层为另一裂隙不发育的岩层，含水层呈层状，属层状裂隙水。分布范围为弱透水层覆盖时，也可形成承压含水层。层状裂隙水的水质主要由埋藏深度决定。浅部含水层的地下水处于良好的水交替带中，水质为重碳酸盐型水，向下水交替逐渐减弱，过渡为硫酸盐型水，到深部为氯化物型水。总矿化度也随深度增加而增高。

3）脉状裂隙水。脉状裂隙水埋藏于局部构造裂隙带中，含水层不受岩层界面的限制，含水带（体）呈脉状或带状分布。它可穿越不同性质的岩层或岩，地下水为承压水或潜水。

脉状裂隙水的埋藏与分布主要受地质构造控制，一般分布在断层破碎带、褶曲轴部张裂带、侵入体与围岩接触带等局部断裂破碎部位。裂隙呈脉状或网脉状，分布很不均匀，巨大的主干断裂主要起导水作用，微小支裂隙主要起储水和释水作用。

脉状裂隙含水带的富水性很不均匀，如断裂带通过脆性岩层时，裂隙较好发育，且张开度大，含水性及导水性较强；通过塑性岩层时，裂隙发育程度较弱，导水性差，甚至起隔水作用。即使在同一岩层里，脉状含水带各个部位的富水性也很不相同。当水井穿过含水带主干裂隙时，因其导水性强，出水量很大，可成为良好的供水水源；当水井穿过含水带较小裂隙时，其出水量则较小。

综上所述，裂隙水的分布特征是非常不均匀的。比较常见的富水地带有褶曲轴部或转折端、含水带穿越脆性岩层地段、断裂交叉带、正断层的构造岩带、逆断层两盘（尤其是上盘）影响带、侵入体与围岩的接触带等。当然，影响裂隙水分布的因素很多，如地形地貌控制着地下水补给和汇流条件，往往盆地、洼地和沟谷低地是裂隙发育之处，有利于地下水的汇集。

（3）岩溶水

储存和运动于可溶性岩石溶隙中的地下水称为岩溶水。由于岩溶发育和分布规律极其复杂，因此岩溶水在埋藏、分布和水动力条件等方面，都与其他类型的地下水具有不同的特征。

1）岩溶水的埋藏与分布特征。岩溶水可以是潜水，也可以是承压水。当岩溶含水层裸露于地表时，常形成潜水或局部具有承压性能的水；当岩溶含水层被不透水层覆盖时，就可形成承压水。在岩溶含水层下距地表不深处有隔水层时，岩溶水的埋藏较浅；当隔水层埋藏很深时，岩溶水的埋藏深度受区域排水基准面和地质构造的控制，往往埋藏较深，地面常呈现严重缺水现象。

岩溶发育的不均匀性使岩溶水在垂直和水平方向上变化都很大。在可溶性岩层内可能同时具有含水层与非含水层、强含水层与弱含水层、均质含水层与集中渗流的特点。例如，我国南方，岩溶水主要以地下河或地下河系的管流、洞流形式存在，河系多呈树枝状，水量丰富。在打井时，往往在溶洞孔道中水多，而未遇到溶洞或溶洞被黏土充填时，涌水量就小或无水。实践证明，岩溶水常常富集在岩溶发育地带，如厚层质纯的可溶岩分布地带的断层带或裂隙密集带、褶曲轴部和岩层急转弯处、可溶岩与非可溶岩的接触部位等。另外，一般浅层岩溶比深层岩溶富水性强。

2）岩溶水的补给、径流与排泄。

① 岩溶水的补给。岩溶水主要补给来源是吸收大气降水和地面水，其次是非岩溶含水层地下水的渗流。在我国南方裸露岩溶区，降水入渗量达降水量的80%以上；在北方岩溶区，大气降水量的40%～50%可以渗入地下，个别也可达80%。

② 岩溶水的径流。岩溶水可以在裂隙中渗流，也可以在岩溶管道、孔洞中流动。由于溶蚀管道断面变化很大，岩溶水的运动特征和径流条件极为复杂。

岩溶水的运动特征：孤立水流与具有统一地下水面的水流并存；无压流与有压流并存；层流与紊流并存；明流与暗流交替出现。

岩溶水的径流条件：岩溶水的径流条件一般是良好的，但随着深度的增加而减弱。在裸露型厚层缓倾斜的可溶岩地区，岩溶水交替和水流状态不同，在垂直方向显示出明显的分带性。

③ 岩溶水的排泄。岩溶水排泄的最大特点是排泄集中和排泄量大，并多以暗河形式排入河流，或以泉的形式排出地表。

3）岩溶水的动态特征。岩溶水的动态特征主要是对降水反应明显，水位和水量变化幅度大。在降水后，地下水位抬高显著，几乎是紧接着降水过程便出现高水位。雨停后，岩溶水沿管道迅速排泄，水位很快降落。水位变化幅度一般为几十米，甚至可达百余米。流量变化幅度可达几十倍，甚至几百倍。

在规模较大的岩溶承压水区，地下水位和流量较为稳定，且地下水径流途径长，地下水动态受季节变化影响较小。

岩溶水的补给、径流和排泄条件决定了水交替条件良好，矿化度低，一般在 0.5g/L 以下，常为重碳酸盐型水。岩溶水的补给区，地下水矿化度低，而在地下深处，地下水矿化度有所提高，水质由重碳酸盐型变为重碳酸盐-硫酸盐型水或硫酸盐-重碳酸盐型水。

岩溶水在我国分布很广，水量充沛，常是工农业和生活供水的重要水源，但是岩溶水极易污染，在开采利用时，应注意水源保护。

思考与习题

1．简述地表水地质作用的类型及其结果。
2．简述地表水地质作用强度的影响因素。
3．简述地下水化学成分的特点。
4．简述地下水的基本类型及特征。
5．比较潜水与承压水的区别。
6．简述地下水的补给与排泄特征。

第 4 章　岩石及特殊土的工程性质

本章导读 ☞

岩石及特殊土的工程性质，直接影响着工程建设的安全与稳定。本章首先简单地介绍岩石的三大性质：物理性质、水理性质及力学性质。岩石的物理性质、水理性质与力学性质直接影响着它的工程性质，因此，我们应掌握岩石的基本性质。岩石风化后形成土，那么对风化作用的研究，也有利于我们更进一步掌握岩土体的性质。然后通过岩石与土的工程分类进行分析，更加明确了不同类型的岩土体存在着不同的工程地质问题，为岩土工程勘察、设计、施工和运营提供了有力的参考依据。最后，分析黄土、膨胀土、软土及冻土等几种特殊土的性质，掌握其识别和判断的标准，为实践应用提供参考。

本章重点 ☞

（1）岩石的物理性质、水理性质和力学性质；

（2）风化作用；

（3）岩土体的工程分类；

（4）特殊土的工程性质。

4.1　岩石的物理性质

岩石的物理性质是岩石的基本工程性质，主要是指岩石的重力性质和孔隙性。

4.1.1　岩石的重力性质

1. 岩石的相对密度

岩石的相对密度是岩石固体部分（不含孔隙）的质量与同体积水在 4℃时质量的比值。

岩石相对密度的大小取决于组成岩石的矿物相对密度及其在岩石中的相对含量。组成岩石的矿物相对密度大、含量多，则岩石的相对密度大。一般岩石的相对密度在 2.65 左右，相对密度大的可达 3.3。

2. 岩石的重度

岩石的重度指岩石单位体积的重力，在数值上，它等于岩石试件的总重力（含孔隙中水的重力）与其总体积（含孔隙体积）之比。

岩石的重度大小取决于料石中的矿物相对密度、岩石的孔隙性及其含水率。岩石孔隙中完全没有水存在时的重度称为干重度，岩石中的孔隙全部被水充满时的重度称为岩石的饱和重度。组成岩石的矿物相对密度大，或岩石中的孔隙性小，则岩石的重度大。对于同一种岩石，若重度有差异，则重度大的结构致密、孔隙性小，强度和稳定性相对较高。

3. 岩石的密度

岩石单位体积的质量称为岩石的密度。岩石孔隙中完全没有水存在时的密度称为干密度，岩石中孔隙全部被水充满时的密度称为岩石的饱和密度。常见岩石的密度为 2.3～2.8g/cm^3。

4.1.2 岩石的孔隙性

岩石中的空隙包括孔隙和裂隙。岩石的空隙性是岩石的孔隙性和裂隙性的总称，可用空隙率、孔隙率、裂隙率来表示其发育程度。但人们已习惯用孔隙性来代替空隙性，即用岩石的孔隙性反映岩石中孔隙、裂隙的发育程度。

岩石的孔隙率（或称孔隙度）是指岩石孔隙（含裂隙）的体积与岩石总体积之比，常以百分数表示，即

$$n = \frac{V_v}{V} \times 100\% \tag{4-1}$$

式中，n——岩石的孔隙率，%；

V_v——岩石中孔隙（含裂隙）的体积，cm^3；

V——岩石的总体积，cm^3。

岩石孔隙率的大小主要取决于岩石的结构构造，同时也受风化作用、岩浆作用、构造运动及变质作用的影响。由于岩石中孔隙、裂隙发育程度变化很大，因此其孔隙率的变化也很大。例如，三叠纪砂岩的孔隙率为 0.6%～27.7%。碎屑沉积岩的时代越新，其胶结越差，则孔隙率越高。结晶岩类的孔隙率较低，很少高于 3%。

常见岩石的物理性质指标见表 4-1。

表 4-1　常见岩石的物理性质指标

岩石名称	相对密度 d_s	重度γ/（kN/m^3）	孔隙率 n/%
花岗岩	2.50～2.84	23.0～28.0	0.04～2.80
正长岩	2.50～2.90	24.0～28.5	
闪长岩	2.60～3.10	25.2～29.6	0.18～5.00
辉长岩	2.70～3.20	25.5～29.8	0.29～4.00
斑岩	2.60～2.80	27.0～27.4	0.29～2.75
玢岩	2.60～2.90	24.0～28.6	2.10～5.00
辉绿岩	2.60～3.10	25.3～29.7	0.29～5.00
玄武岩	2.50～3.30	25.0～31.0	0.30～7.20
安山岩	2.40～2.80	23.0～27.0	1.10～4.50
凝灰岩	2.50～2.70	22.9～25.0	1.50～7.50
砾岩	2.67～2.71	24.0～26.6	0.80～10.00
砂岩	2.60～2.75	22.0～27.1	1.60～28.30
页岩	2.57～2.77	23.0～27.0	0.40～10.00
石灰岩	2.40～2.80	23.0～27.7	0.50～27.00
泥灰岩	2.70～2.80	23.0～25.0	1.00～10.00
白云岩	2.70～2.90	21.0～27.0	0.30～25.00
片麻岩	2.60～3.10	23.0～30.0	0.70～2.20
花岗片麻岩	2.60～2.80	23.0～33.0	0.30～2.40
片岩	2.60～2.90	23.0～26.0	0.02～1.85
板岩	2.70～2.90	23.1～27.5	0.10～0.45
大理岩	2.70～2.90	26.0～27.0	0.10～6.00
石英岩	2.53～2.84	28.0～33.0	0.10～8.70
蛇纹岩	2.40～2.80	26.0	0.10～2.50
石英片岩	2.60～2.80	28.0～29.0	0.70～3.00

4.2　岩石的水理性质

岩石的水理性质是指岩石与水作用时所表现的性质，主要有岩石的吸水性、透水性、溶解性、软化性和抗冻性等。

1. 岩石的吸水性

岩石吸收水分的性能称为岩石的吸水性，常以吸水率和饱水率两个指标来表示。

（1）岩石的吸水率

岩石的吸水率是指在常压下岩石的吸水能力，以岩石所吸水分的重力与干燥岩石重力之比的百分数表示，即

$$\omega_1 = \frac{G_w}{G_s} \times 100\% \tag{4-2}$$

式中，ω_1——岩石吸水率，%；

G_w——岩石在常压下所吸水分的重力，kN；

G_s——干燥岩石的重力，kN。

岩石的吸水率与岩石的孔隙数量、大小、开闭程度和空间分布等因素有关。岩石的吸水率越大，则水对岩石的侵蚀、软化作用就越强，岩石强度和稳定性受水作用的影响也就越显著。

（2）岩石的饱水率

岩石的饱水率是指在高压（15MPa）或真空条件下岩石的吸水能力，仍以岩石所吸水分的重力与干燥岩石重力之比的百分数表示。

岩石的吸水率与饱水率的比值称为岩石的饱水因数，其大小与岩石的抗冻性有关，一般认为饱水因数小于 0.8 的岩石是抗冻的。

2. 岩石的透水性

岩石的透水性是指岩石允许水通过的能力。岩石的透水性大小主要取决于岩石中孔隙、裂隙的大小和连通情况。岩石的透水性用渗透系数（K）表示。

3. 岩石的溶解性

岩石的溶解性是指岩石溶解于水的性质，常用溶解度或溶解速度来表示。常见的可溶性岩石有石灰岩、白云岩、石膏、岩盐等。岩石的溶解性主要取决于岩石的化学成分，但和水的性质有密切关系，如富含 CO_2 的水具有较大的溶解能力。

4. 岩石的软化性

岩石的软化性是指岩石在水的作用下，强度和稳定性降低的性质。岩石的软化性主要取决于岩石的矿物成分和结构构造特征。岩石中黏土矿物含量高、孔隙率大、吸水率高，则易与水作用而软化，使其强度和稳定性大大降低甚至丧失。

岩石的软化性常用软化因数来表示。软化因数等于岩石在饱水状态下的极限抗压强度与岩石风干状态下极限抗压强度的比值，用小数表示。其值越小，表示岩石在水的作用下的强度和稳定性越差。未受风化影响的岩浆岩和某些变质岩、沉积岩，软化因数接近于 1，是弱软化或不软化的岩石，其抗水、抗风化和抗冻性强；软化因数小于 0.75 的岩石，认为是强软化的岩石，工程性质较差，如黏土岩类。

5. 岩石的抗冻性

岩石的孔隙、裂隙中有水存在时，水一结冰，体积膨胀，则产生较大的压力，使岩石的构造遭受破坏。岩石抵抗这种冰冻作用的能力，称为岩石的抗冻性。在高寒冰冻区，抗冻性是评价岩石工程地质性质的一个重要指标。

岩石的抗冻性与岩石的饱水因数、软化因数有着密切关系。一般是饱水因数越小，岩石的抗冻性越强；易于软化的岩石，其抗冻性也低。温度变化剧烈，岩石反复冻融，则降低岩石的抗冻能力。

岩石的抗冻性有不同的表示方法，一般用岩石在抗冻试验前后抗压强度的降低率表示。抗压强度降低率小于25%的岩石，认为是抗冻的；大于25%的岩石，认为是非抗冻的。

常见岩石的水理性质的主要指标见表4-2～表4-4。

表4-2　常见岩石的吸水性

岩石名称	吸水率ω_1/%	饱水率ω_2/%	饱水因数/%
花岗岩	0.46	0.84	0.55
石英闪长岩	0.32	0.54	0.59
玄武岩	0.27	0.39	0.69
基性斑岩	0.35	0.42	0.83
云母片岩	0.13	1.31	0.10
砂岩	7.01	11.99	0.60
石灰岩	0.09	0.25	0.36
白云质石灰岩	0.74	0.92	0.80

表4-3　常见岩石的渗透系数

岩石名称	岩石渗透系数K/（m/s）	
	室内试验	野外试验
花岗岩	10^{-11}～10^{-7}	10^{-9}～10^{-4}
玄武岩	10^{-12}	10^{-7}～10^{-2}
砂岩	8×10^{-8}～3×10^{-3}	5×10^{-8}～10^{-3}
页岩	5×10^{-13}～10^{-9}	10^{-11}～10^{-8}
石灰岩	10^{-13}～10^{-5}	10^{-7}～10^{-3}
白云岩	10^{-13}～10^{-5}	5×10^{-13}～10^{-9}
片岩	10^{-8}	2×10^{-7}

表4-4　常见岩石的软化因数

岩石名称	软化因数	岩石名称	软化因数
花岗岩	0.72～0.97	泥质砂岩、粉砂岩	0.21～0.75
闪长岩	0.60～0.80	泥岩	0.40～0.60
闪长玢岩	0.78～0.81	页岩	0.24～0.74
辉绿岩	0.33～0.90	石灰岩	0.70～0.94
流纹岩	0.75～0.95	泥灰岩	0.44～0.54
安山岩	0.81～0.91	片麻岩	0.75～0.97
玄武岩	0.30～0.95	变质片状岩	0.70～0.84
凝灰岩	0.52～0.86	千枚岩	0.67～0.96
砾岩	0.50～0.96	硅质板岩	0.75～0.79
砂岩	0.93	泥质板岩	0.39～0.52
石英砂岩	0.65～0.97	石英岩	0.94～0.96

4.3 岩石的力学性质

4.3.1 岩石的变形指标

岩石的变形指标主要有弹性模量、变形模量和泊松比。

1. 弹性模量

弹性模量为应力与弹性应变的比值，即

$$E=\frac{\sigma}{\varepsilon_e} \tag{4-3}$$

式中，E——弹性模量，Pa；

σ——应力，Pa；

ε_e——弹性应变。

2. 变形模量

变形模量为应力与总应变的比值，即

$$E_0=\frac{\sigma}{\varepsilon_p+\varepsilon_e} \tag{4-4}$$

式中，E_0——变形模量，Pa；

ε_p——塑性应变；

σ、ε_e——意义同式（4-3）。

3. 泊松比

岩石在轴向压力的作用下，除产生纵向压缩外，还会产生横向膨胀。这种横向应变与纵向应变的比值称为泊松比，即

$$\mu=\frac{\varepsilon_1}{\varepsilon} \tag{4-5}$$

式中，μ——泊松比；

ε_1——横向应变；

ε——纵向应变。

泊松比越大，表示岩石受力作用后的横向变形越大。岩石的泊松比一般在 0.2～0.4。

4.3.2 岩石的强度指标

岩石受外力作用后的破坏形式有压碎、拉断及剪断等，故岩石的强度可分为抗压强度、抗剪强度及抗拉强度。岩石的强度单位用 Pa 表示。

1. 抗压强度

抗压强度为岩石在单向压力的作用下抵抗压碎破坏的能力，即

$$\sigma_u = \frac{P}{A} \tag{4-6}$$

式中，σ_u——抗压强度，Pa；

P——单向压力，N；

A——受压截面面积，m^2。

各种岩石抗压强度值差别很大，主要取决于岩石的结构和构造，同时受矿物成分和岩石生成条件的影响。

2. 抗剪强度

表征岩石抵抗剪切破坏的能力称为抗剪强度，以岩石被剪破时的极限应力表示。根据试验形式不同，岩石抗剪强度可分为以下几种。

（1）抗剪断强度

抗剪断强度即在垂直压力作用下的岩石剪断强度，即

$$\tau_b = \sigma \tan\phi + c \tag{4-7}$$

式中，τ_b——岩石抗剪断强度，Pa；

σ——破裂面上的法向应力，Pa；

ϕ——岩石的内摩擦角；

$\tan\phi$——岩石摩擦因数；

c——岩石的内聚力，Pa。

坚硬岩石因和牢固的结晶联结或胶结联结，故其抗剪断强度一般都比较高。

（2）纯剪强度

纯剪强度是沿已有的破裂面发生剪切滑动时的指标，即

$$\tau_c = \sigma \tan\phi \tag{4-8}$$

显然，纯剪强度大大低于抗剪断强度。

（3）抗切强度

抗切强度为压应力等于 0 时的抗剪断强度，即

$$\tau_c = c \tag{4-9}$$

3. 抗拉强度

抗拉强度是岩石单向拉伸时抵抗拉断破坏的能力，以拉断破坏时的最大张应力表示。抗拉强度是岩石力学性质中的一个重要指标。

岩石的抗压强度最高，抗剪强度居中，抗拉强度最小。岩石越坚硬，其值相差越大，软弱的岩石差别较小。岩石的抗剪强度和抗压强度是评价岩石（岩体）稳定性的指标，是对岩石（岩体）的稳定性进行定量分析的依据。由于岩石的抗拉强度很小，因此当岩层受到挤压形成褶皱时，常在弯曲变形较大的部位受拉破坏，产生张性裂隙。

常见岩石的力学性质指标及部分强度对比见表 4-5 和表 4-6。

表 4-5　常见岩石力学性质的经验数据

岩类	岩石名称	抗压强度 σ_u / MPa	抗拉强度 σ_t / MPa	弹性模量 E / 10^4 MPa	泊松比 μ [或摩擦角 ϕ/(°)]
岩浆岩	花岗岩	75～110 120～180 180～200	2.1～3.3 3.4～5.1 5.1～5.7	1.4～5.6 5.43～6.9	0.16～0.36 0.10～0.16 0.02～0.10
	正长岩	80～100 120～180 180～250	2.3～2.8 3.4～5.1 5.1～5.7	1.5～11.4	0.16～0.36 0.10～0.16 0.02～0.10
	闪长岩	120～200 200～250	3.4～5.7 5.7～7.1	2.2～11.4	0.10～0.25 0.02～0.10
	斑岩	160	5.4	6.6～7.0	0.16
	安山岩 玄武岩	120～160 160～250	3.4～4.5 4.5～7.1	4.3～10.6	0.16～0.2 0.02～0.16
	辉绿岩	160～180 200～250	4.5～5.1 5.7～7.1	6.9～7.9	0.10～0.16 0.02～0.10
	流纹岩	120～250	3.4～7.1	2.2～11.4	0.02～0.16
变质岩	花岗片麻岩	180～200	5.1～5.7	7.3～9.4	0.05～0.20
	片麻岩	80～100 140～180	2.2～2.8 4.0～5.1	1.5～7.0	0.20～0.30 0.05～0.20
	石英岩	87 200～360	2.5 5.7～10.2	4.5～14.2	0.16～0.20 0.10～0.15
	大理岩	70～140	2.0～4.0	1.0～3.4	0.16～0.36
	千枚岩板岩	120～140	3.4～4.0	2.2～3.4	0.16
沉积岩	凝灰岩	120～250	2.2～11.4	0.02～0.16	75°～87°
	火山角砾岩 火山集块岩	120～250	1.0～11.4	0.05～0.16	80°～87°
	砾岩	40～100 120～160 160～150	1.0～11.4	0.20～0.36 0.16～0.20 0.05～0.16	70°～82.5° 75°～85° 80°～87°
	石英砂岩	68～102.5	0.39～1.25	0.05～0.25	75°～82.5°
	砂岩	4.5～10 47～180	2.78～5.4	0.25～0.3 0.05～0.2	27°～45° 70°～85°
	片状砂岩 碳质砂岩 碳质页岩 黑页岩 带状页岩	80～130 50～140 25～80 66～130 6～8	6.1 0.6～2.2 2.6～5.5 2.6～5.5	0.05～0.25 0.08～0.25 0.16～0.20 0.16～0.20 0.25～0.30	72.5° 65°～85° 65°～75° 75° 30°～40°
	砂质页岩 云页岩	60～180	2.0～3.6	0.16～0.30	70°～80.5°
	软页岩	20	1.3～2.1	0.25～0.30	45°～76°
	页岩	20～40	1.3～2.1	0.15～0.25	45°～76°
	泥灰岩	3.5～20 40～60	0.38～2.1	0.30～0.40 0.20～0.30	9°～65° 65°～70°
	黑泥灰岩	2.5～30	1.3～2.1	0.25～0.3	65°～70°
	石灰岩	10～17 25～55 70～128 180～200	2.1～8.4	0.31～0.50 0.25～0.31 0.16～0.25 0.04～0.16	27°～60° 60°～73° 70°～85° 85°
	白云岩	40～120 120～140	1.3～3.4	0.16～0.36 0.16	65°～83° 87°

表 4-6 常见岩石的各种强度对比

岩石名称	σ_t / σ_u	τ_b / σ_u
花岗岩	0.028	0.068～0.09
石灰岩	0.059	0.06～0.15
砂岩	0.029	0.06～0.078
斑岩	0.033	0.06～0.064
石英岩	0.112	0.176
大理岩	0.226	0.272

4.4 风化作用

阳光、风、电、大气降水、气温变化等外营力作用及生物活动等因素的影响，会引起地壳表层的岩石矿物成分、化学成分，以及结构构造的变化，使岩石逐渐发生破坏，该过程称为风化作用。

4.4.1 风化作用类型

按风化作用的性质和特征，风化作用可划分为三类。

1. 物理风化作用

岩石在风化应力的作用下，只发生机械破坏，无成分改变的作用称为物理风化作用。引起岩石物理风化作用的因素主要包括温度变化、冰劈作用及盐类结晶的膨胀作用。

（1）温度变化

温度变化是导致物理风化的主要因素。岩石是热的不良导体，在阳光强烈照射下，岩石表层首先受热膨胀，内部未变热，体积不变；晚上，由于气温下降，岩石表层开始收缩，这时岩石内部可能还在升温膨胀。受到这种表里不一致的膨胀、收缩长期反复作用，岩石就会逐渐开裂，导致完全破坏。花岗岩的球状风化是这种作用的代表。

（2）冰劈作用

气温降至 0℃以下时，岩石裂隙水就会冰冻，水变为冰，体积膨胀，对岩石产生强大压力，促使裂隙扩大，长期反复冻融，会逐渐导致岩石破碎。

（3）盐类结晶的膨胀作用

岩石裂隙中的水溶液由于水分蒸发，盐分逐渐饱和，当气温降低、溶解度变小时，盐分就会结晶出来，对岩石裂隙产生压力，逐渐促使岩石破裂。

2. 化学风化作用

在水和空气的作用下，地表岩石发生化学成分改变，从而导致岩石破坏，称为化学风化作用。常见的化学风化作用有溶解作用、水化作用、氧化作用和碳酸化作用等。

（1）溶解作用

水或水溶液直接溶解岩石中矿物的作用称为溶解作用。岩石中可溶解物质被溶解流失，致使岩石孔隙增加，降低了颗粒之间的联系，更易于遭受物理风化。例如，石灰岩容易被含侵蚀性二氧化碳的水溶解，其反应式如下：

$$CaCO_3 + H_2O + CO_2 \longrightarrow Ca(HCO_3)_2$$

（2）水化作用

岩石中的某些矿物与水化合形成新的矿物，称为水化作用。例如，硬石膏（$CaSO_4$）吸水后形成石膏（$CaSO_4 \cdot H_2O$），体积膨胀 1.5 倍，产生压力，导致岩石破裂。

（3）氧化作用

岩石中的某些矿物与大气或水中的氧化合形成新矿物，称为氧化作用。例如，常见的黄铁矿氧化成褐铁矿，同时形成腐蚀性较强的硫酸，腐蚀岩石中的其他矿物，致使岩石破坏，其反应式如下：

$$4FeS_2 + 15O_2 + 11H_2O \longrightarrow 2Fe_2O_3 \cdot 3H_2O + 8H_2SO_4$$

（4）碳酸化作用

水中的碳酸根离子与矿物中的阳离子结合，形成易溶于水的碳酸盐，使水溶液对矿物的离解能力加强，化学风化速度加快，这种作用称为碳酸化作用。例如，正长石经碳酸化作用形成碳酸钾、二氧化硅胶体及高岭石。

3. 生物风化作用

有动、植物及微生物参与的岩石风化作用称为生物风化作用。例如，生长在岩石裂缝中的树的根劈作用可以使岩石破裂，属生物物理风化；生长在岩石表面的生物或生物遗体的分泌物可以腐蚀岩石，使岩石分解，属生物化学风化。

4.4.2 影响岩石风化的因素

影响岩石风化的主要因素有岩性、地质构造、气候和地形。

1. 岩性

岩石的成因、矿物成分及结构构造对风化作用都有重要的影响。

（1）成因

岩石的成因反映了它生成时的环境和条件。如果岩石的生成环境和条件与目前地表接近，则岩石抗风化能力强，相反就容易风化。例如，岩浆岩中喷出岩、浅成岩、深成岩抗风化能力依次减弱，一般情况下沉积岩比岩浆岩和变质岩抗风化能力强。

（2）矿物成分

岩石中的矿物成分不同，其结晶格构和化学活泼性也不同。常见造岩矿物的抗风化能力由强到弱的顺序是石英、正长石、酸性斜长石、角闪石、辉石、基性斜长石、黑云母、黄铁矿。从矿物颜色来看，深色矿物风化快，浅色矿物风化慢。对碎屑岩和黏土岩来说，抗风化能力主要还取决于胶结物，硅质胶结、钙质胶结、泥质胶结的抗风化能力依次降低。

（3）结构构造

一般来说，隐晶质结构的岩石抗风化能力强，其次细粒显晶结构比粗粒结构岩石抗风化能力强，等粒结构比斑状结构抗风化能力强。从构造上看，致密块状构造的岩石比层理、片理发育的岩石抗风化能力强。

2. 地质构造

地质构造发育的岩石，节理裂隙发育，易于风化破碎，为空气、水进入岩石内部提供了条件，更易于化学风化。因此，褶曲轴部、断层破碎带的岩石风化程度较高。

3. 气候

不同的气候区，气温、降水和生物繁殖都会有显著不同，所以岩石的风化类型和特点也有明显的差别。寒冷的极地和高山区，以物理风化为主；在热带湿润气候区，各种风化类型都有，但化学风化和生物风化较显著。我国干旱的西北地区以物理风化为主，而潮湿多雨的南方则各种风化都有，且化学风化较突出。在地表条件下，温度增加 10℃，化学作用增强一倍。

4. 地形

地形可影响风化作用的速度、深度、风化类型和风化产物的堆积。地形陡峭、切割深度很大的地区，以物理风化为主，岩石表面的风化产物（岩屑）不断崩落并被搬运走，新鲜岩石露出地表，直接遭受风化，风化产物较薄。在地形起伏小的平坦地区，水流速度缓慢，以化学风化作用为主，风化产物搬运距离小，所以风化产物较厚。低洼处有沉积物覆盖，岩石不易风化。

4.4.3 风化程度的分带

岩石风化后工程性质变坏，岩石风化程度越高，其强度损失越大。在工程建设中，合理确定岩石的风化程度，对工程设计、施工等有重要意义。目前岩石风化程度的分带，主要根据野外鉴定特征和风化程度参数指标来确定，详见表 4-7。

表 4-7 岩体风化程度分带

风化程度分带	野外鉴定特征				风化程度参数指标		
	岩石矿物颜色	结构	破碎程度	坚硬程度	风化因数 k_f	波速比 k_p	纵波速度 v_p / (m /s)
未风化	岩石、矿物及其胶结物颜色新鲜，保持原有颜色	保持岩体原有结构	除构造裂隙外肉眼见不到其他裂隙，整体性好	除泥质岩可用大锤击碎外，其余岩类不易击开，放炮才能掘进	k_f >0.9	k_p >0.9	硬质岩 v_p >5000，软质岩 v_p >4000

续表

风化程度分带	野外鉴定特征				风化程度参数指标		
	岩石矿物颜色	结构	破碎程度	坚硬程度	风化因数 k_f	波速比 k_p	纵波速度 v_p / (m/s)
微风化	岩石、矿物颜色较暗淡，节理面附近有部分矿物变色	岩体结构未破坏，仅沿节理面有风化现象或有水锈	有少量风化裂隙，裂隙间距多数大于 0.4m，整体性仍较好	要用大锤和楔子才能剖开泥质岩，用大锤可以击碎，放炮才能掘进	$0.8< k_f \leqslant 0.9$	$0.8< k_p \leqslant 0.9$	硬质岩 $4000< v_p \leqslant 5000$，软质岩 $3000< v_p \leqslant 4000$
弱风化	岩石、矿物失去光泽，颜色暗淡，部分易风化矿物已经变色，黑云母失去弹性	岩体结构已部分破坏，裂隙可能出现风化夹层，一般呈块状或球状	风化裂隙发育，裂隙间距多数为 0.2～0.4m	可用大锤击碎，用手锤不易击碎，大部分需放炮掘进，岩芯钻方可钻进	硬质岩 $0.4< k_f \leqslant 0.8$，软质岩 $0.3< k_f \leqslant 0.8$	硬质岩 $0.6< k_p \leqslant 0.8$，软质岩 $0.5< k_p \leqslant 0.8$	硬质岩 $2400< v_p <4000$，软质岩 $1500< v_p <3000$
强风化	岩石及大部分矿物变色，形成次生矿物	岩体结构已大部分破坏，形成碎块状或球状结构	风化裂隙发育，岩体破碎，风化物呈碎石状或碎石含砂状，裂隙间距小于 0.2m，完整性差	用手锤可击碎，用镐可以掘进，用锹则很困难，干钻可钻进	硬质岩 $k_f \leqslant 0.4$，软质岩 $k_f \leqslant 0.3$	硬质岩 $0.4< k_p \leqslant 0.6$，软质岩 $0.3< k_p \leqslant 0.5$	硬质岩 $1000< v_p <2000$，软质岩 $700< v_p <1500$
全风化	岩石、矿物已完全变色，大部分发生变异，除石英外大部分风化成土状	岩体结构已完全破坏，仅外观保持原岩特征，矿物晶体失去连接，石英松散呈粒状	风化破碎呈碎屑状、土状或砂状	用手可捏碎，用镐就可掘进，干钻较易钻进		硬质岩 $k_p \leqslant 0.4$，软质岩 $k_p \leqslant 0.3$	硬质岩 $500< v_p \leqslant 5000$，软质岩 $300< v_p <700$

注：1）k_f 是同一岩体中风化岩石的单轴饱和抗压强度与未风化岩石的单轴饱和抗压强度的比值。

2）k_p 是同一岩体中风化岩体的纵波波速与未风化岩体纵波波速的比值。

4.5　岩石、土的工程分类

在工程应用中常根据岩石的工程性质和特征把岩石划分为不同的类型。据单项指标划分的如岩石按坚硬程度的划分，据多项指标划分的如岩土施工的工程分级。

4.5.1　岩石按坚硬程度的划分

岩石坚硬程度可按定性指标划分，见表 4-8，其风化程度按表 4-7 确定。岩石坚硬程度的定量指标采用岩石单轴饱和抗压强度 R_c 的实测值，其对应关系见表 4-9。

表 4-8　岩石坚硬程度的定性划分

名称		定性鉴定	代表性岩石
硬质岩	坚硬岩	锤击声清脆，有回弹，震手，难击碎；浸入水后，大多数无吸水反应	未风化至微风化的花岗岩、正长岩、闪长岩、辉绿岩、玄武岩、安山岩、片麻岩、石英片岩、硅质板岩、石英岩、硅质胶结的砾岩、石英砂岩、硅质石灰岩等
	较坚硬岩	锤击声较清脆，有轻微回弹，稍震手，较难击碎；浸入水后，有轻微吸水反应	① 弱风化的坚硬岩； ② 未风化至微风化的熔结凝灰岩、大理岩、石灰岩、钙质胶结的砂岩等
软质岩	较软岩	锤击声不清脆，无回弹，较易击碎；浸入水后，指甲可刻出印痕	① 强风化的坚硬岩； ② 弱风化的较坚硬岩； ③ 未风化至微风化的凝灰岩、千枚岩、砂质泥岩、泥灰岩、泥质砂岩、粉砂岩、页岩等
	软岩	锤击声哑，无回弹，有凹痕，易击碎；浸入水后，手可掰开	① 强风化的坚硬岩； ② 弱风化至强风化的较坚硬岩； ③ 弱风化的较软岩； ④ 未风化的泥岩等
	极软岩	锤击声哑，无回弹，有较深凹痕，手可捏碎；浸入水后，可捏成团	① 全风化的各种岩石； ② 各种半成岩

表 4-9　岩石坚硬程度与单轴饱和抗压强度的对应关系

坚硬程度	坚硬岩	较坚硬岩	较软岩	软岩	极软岩
R_c/MPa	>60	30～60	15～30	5～15	<5

4.5.2　岩土施工工程分级

公路、铁路工程地质勘察时，还应对岩土施工的难易程度进行分级，据此编制施工的概算、预算。《铁路工程地质勘察规范》（TB 10012—2007）使用的岩土施工工程分级详见表 4-10。

表 4-10　岩土施工工程分级

等级	分类	岩土名称及特征	钻 1m 所需时间			岩石单轴饱和抗压强度/MPa	开挖方法
			液压凿岩台车、潜孔钻机/净钻分钟	手持风枪湿式凿岩合金钻头/净钻分钟	双人打眼/工天		
I	松土	砂类土、种植土、未经压实的填土					用铁锹挖，脚蹬一下到底的松散土层，机械能全部直接铲挖，普通装载机可满载
II	普通土	坚硬的、可塑的粉质黏土，可塑的黏土，膨胀土，粉土，Q_3、Q_4黄土，稍密、中密的细角砾土、细圆砾土，松散的粗角砾土、碎石土、粗圆砾土、卵石土，压密的填土，风积沙					部分用镐刨松，再用锹挖，脚连蹬数次才能挖动。挖掘机、带齿尖口装载机可满载，普通装载机可直接铲挖，但不能满载

续表

等级	分类	岩土名称及特征	钻1m所需时间			岩石单轴饱和抗压强度/MPa	开挖方法
			液压凿岩台车、潜孔钻机/净钻分钟	手持风枪湿式凿岩合金钻头/净钻分钟	双人打眼/工天		
III	硬土	坚硬的黏性土、膨胀土，Q_1、Q_2黄土，稍密、中密的粗角砾土、碎石土、粗圆砾土、卵石土、密实的细圆砾土、细角砾土，各种风化成土状的岩石					必须用镐先全部刨过才能用锹挖。挖掘机、带齿尖口装载机不能满载，大部分采用松土器松动方能铲挖装载
IV	软石	块石土，漂石土，含块石、漂石30%～50%的土及密实的碎石土、粗角砾土、卵石土、粗圆砾土；岩盐，各类较软岩、软岩及成岩作用差的岩石；泥质岩类、煤、凝灰岩、云母片岩、千枚岩		<7	<0.2	<30	部分用撬棍及大锤开挖或用挖掘机、单钩裂土器松动，部分需借助液压冲击镐解碎或部分采用爆破法开挖
V	次坚石	各种硬质岩：硅质页岩、钙质岩、白云岩、石灰岩、泥灰岩、玄武岩、片岩、片麻岩、正长岩、花岗岩	≤10	7～20	0.2～1.0	30～60	能用液压冲击镐解碎，大部分需用爆破法开挖
VI	坚石	各种极硬岩：硅质砂岩、硅质砾岩、硅灰岩、石英岩、大理岩、玄武岩、闪长岩、花岗岩、角岩	>10	>20	>1.0	>60	可用液压冲击镐解碎，需用爆破法开挖

注：1）软土（软黏性土、淤泥质土、淤泥、泥炭质土、泥炭）的施工工程分级，一般可定为II级，多年冻土一般可定为IV级。

2）表中所列岩石均按完整结构岩体考虑，若岩体极破碎、节理很发育或强风化，其等级应按表对应岩石的等级降低一个等级。

4.5.3　土的工程分类

土是由固体颗粒（固相）、水（液相）和气体（气相）组成的三相体系。土也是由岩石经风化作用形成的碎屑物在原地或经搬运在低洼处形成的沉积物。

1. 根据颗粒级配分类

根据土颗粒的形状、级配或塑性指数可将土划分为碎石类土、砂类土、粉土和黏性土。

1）碎石类土。碎石类土根据土颗粒的形状和颗粒级配的分类见表4-11。

2）砂类土。砂类土的分类见表4-12。

表 4-11　碎石类土的分类

土的名称	颗粒形状	土的颗粒级配
漂石土	浑圆或圆棱状为主	粒径大于 200mm 的颗粒超过总质量的 50%
块石土	尖棱状为主	
卵石土	浑圆或圆棱状为主	粒径大于 20mm 的颗粒超过总质量的 50%
碎石土	尖棱状为主	
圆石土	浑圆或圆棱状为主	粒径大于 2mm 的颗粒超过总质量的 50%
角砾土	尖棱状为主	

注：定名时应根据粒径分组，由大到小，以最先符合者确定［引自《铁路工程岩土分类标准》（TB 10077—2001）］。

表 4-12　砂类土的分类

土的名称	土的颗粒级配
砾砂	粒径大于 2mm 的颗粒占总质量的 25%～50%
粗砂	粒径大于 0.5mm 的颗粒超过总质量的 50%
中砂	粒径大于 0.25mm 的颗粒超过总质量的 50%
细砂	粒径大于 0.075mm 的颗粒超过总质量的 85%
粉砂	粒径大于 0.075mm 的颗粒超过总质量的 50%

注：引自《铁路工程岩土分类标准》（TB 10077—2001）。

3）粉土。塑性指数不大于 10，且粒径大于 0.075mm 颗粒的质量不超过总质量的 50%的土，定名为粉土。

4）黏性土。其根据土的塑性指数划分为粉质黏土和黏土，见表 4-13。

表 4-13　黏性土的分类

土的名称	塑性指数
粉质黏土	$10<I_p\leq17$
黏土	$I_p>17$

注：$I_p=\omega_L-\omega_P$。其中 ω_L 为土的液限，ω_P 为土的塑限［引自《铁路工程岩土分类标准》（TB 10077—2001）］。

2. 根据土的成因分类

根据土的成因可把土划分为残积土、坡积土、洪积土、冲积土、淤积土、风积土等，各个成因类型和堆积特征详见表 4-14。

表 4-14　土的主要成因类型和堆积特征

成因类型	堆积方式及条件	堆积特征
残积	岩石经风化作用而残留在原地的碎屑堆积物	碎屑物从地表向深处由细变粗，其成分与母岩相关，一般不具层理，碎块呈棱角状，土质不均，具有较大孔隙，厚度在小丘顶部较薄，低洼处较厚
坡积	风化碎屑物由雨水或融雪水沿斜坡搬运及由本身的重力作用在斜坡上或坡脚堆积而成	碎屑物从坡上往下逐渐变细，分选性差，层理不明显，厚度变化较大，厚度在斜坡较陡处较薄，坡脚地段较厚

续表

成因类型	堆积方式及条件	堆积特征
洪积	由暂时性洪流将山区的大量风化碎屑物携带至沟口或平缓地带堆积而成	颗粒具有一定的分选性，但往往大小混杂，碎屑多呈亚棱角状，洪积扇顶部颗粒较粗，层理紊乱呈交错状，透镜体及夹层较多，边缘处颗粒细，层理清楚
冲积	由长期的地表水流搬运，在河流阶地冲积平原、三角洲地带堆积而成	颗粒在河流上游较粗，向下游逐渐变细，分选性及磨圆度均好，层理清楚，除牛轭湖及某些河床相沉积外厚度较稳定
淤积	在静水或缓慢的流水环境中沉积而成，并伴有生物化学作用	颗粒以粉粒、黏粒为主，且含有一定数量的有机质或盐类，一般土质较松，有时为淤泥质黏性土、粉土与粉砂互层，具有清晰的薄层理
风积	在干旱气候条件下，碎屑物被风吹扬	颗粒主要由粉粒或砂粒组成，土质均匀，质纯，孔隙大，结构松散堆积

3. 特殊土的分类

根据土中特殊物质的含量、结构特征及特殊的工程性质等，可将特殊土划分为黄土、红黏土、膨胀土、软土、盐渍土、多年冻土、填土等。

一般土的工程性质在土力学等课程中有详细介绍，本章仅就常见的特殊土的工程性质做重点介绍。

4.6　特殊土的工程性质

4.6.1　黄土的工程性质

1. 黄土的特征及分布

黄土是以粉粒为主，含碳酸盐，具大孔隙，质地均一，无明显层理而有显著垂直节理的黄色陆相沉积物。

典型黄土具备以下特征：

1）颜色为淡黄、褐黄和灰黄色。

2）以粉土颗粒（0.005～0.075mm）为主，占总质量的 60%～70%。

3）含各种可溶盐，主要富含碳酸钙，含量达 10%～30%，对黄土颗粒有一定的胶结作用，常以钙质结核的形式存在，又称姜石。

4）结构疏松，孔隙多且大，孔隙度达 33%～64%，有肉眼可见的大孔隙、虫孔、植物根孔等。

5）无层理，具柱状节理和垂直节理，天然条件下稳定边坡，近直立。

6）具有湿陷性。

具备上述六项特征的黄土是典型黄土，只具备其中部分特征的黄土称为黄土状土，二者的特征列于表 4-15。

表 4-15　典型黄土与黄土状土的特征

特征		典型黄土	黄土状土
外部特征	颜色	淡黄色为主，还有灰黄、褐黄色	黄色、浅棕黄色或暗灰褐黄色
	结构构造	无层理，有肉眼可见的大孔隙及由生物根茎遗迹形成的管状孔隙，常被钙质或泥填充，质地均一，松散易碎	有层理构造，粗粒（砂粒或细砾）形成夹层透镜体，黏土组成微薄层理，可见大孔较少，质地不均一
	产状	垂直节理发育，常呈现大于 70°的边坡	有垂直节理但延伸较小，垂直陡壁不稳定，常成缓坡
物质成分	粒度成分	粉土粒（0.005～0.075mm）为主，含量一般大于 60%；大于 0.25mm 的颗粒几乎没有。粉粒中 0.01～0.075mm 的粗粉粒占 50%以上，颗粒较粗	粉土粒含量一般大于 60%，但其中粗粉粒小于 50%；含少量大于 0.25mm 或小于 0.005mm 的颗粒，有时可达 20%以上；颗粒较细
	矿物成分	粗粒矿物以石英、长石、云母为主，含量大于 60%；黏土矿物有蒙脱石、伊利石、高岭石等；矿物成分复杂	粗粒矿物以石英、长石、云母为主，含量小于 50%；黏土矿物含量较高，仍以蒙脱石、伊利石、高岭石为主
	化学成分	以 SiO_2 为主，其次为 Al_2O_3、Fe_2O_3，富含 $CaCO_3$，并有少量 $MgCO_3$ 及少量易溶盐类，如 NaCl 等，常见钙质结核	以 SiO_2 为主，Al_2O_3、Fe_2O_3 次之，含 $CaCO_3$、$MgCO_3$ 及少量易溶盐 NaCl 等，时代老的含碳酸盐多，时代新的含碳酸盐少
物理性质	孔隙度	高，一般大于 50%	较低，一般小于 40%
	干密度	较低，一般为 1.4g/cm^3 或更低	较高，一般为 1.4g/cm^3 以上，可达 1.8g/cm^3
	渗透系数	一般为 0.6～0.8m/d，有时可达 1m/d	透水性小，有时可视为不透水层
	塑性指数	10～12	一般大于 12
	湿陷性	显著	不显著，或无湿陷性
成岩作用程度		一般固结较差，时代老的黄土较坚固，称为石质黄土	松散沉积物，或有局部固结
成因		多为风成，少量水成	多为水成

黄土分布广泛，在欧洲、北美、中亚等地均有分布，在全球分布面积达 13×10^6km^2，占地球表面的 2.5%以上。我国是黄土分布面积最广的国家，总面积约 64×10^4km^2，西北、华北、山东、内蒙古及东北等地均有分布；黄河中游的陕西、甘肃、宁夏及山西、河南等省区黄土面积广、厚度大，属黄土高原。

2. 黄土的成因

黄土按生成过程及特征可划分为风积、坡积、残积、洪积、冲积等成因类型。

1）风积黄土：分布在黄土高原平坦的顶部和山坡上，厚度大，质地均匀，无层理。

2）坡积黄土：多分布在山坡坡脚及斜坡上，厚度不均，基岩出露区常夹有基岩碎屑。

3）残积黄土：多分布在基岩山地上部，由表层黄土及基岩风化而成。

4）洪积黄土：主要分布在山前沟口地带，一般有不规则的层理，厚度不大。

5）冲积黄土：主要分布在大河的阶地上，如黄河及其支流的阶地上。阶地越高，黄土厚度越大，且有明显层理，常夹有粉砂、黏土、砂卵石等，大河阶地下部常有厚数米及数十米的砂卵石层。

3. 黄土的性能指标

（1）黄土的颗粒成分

黄土中粉粒占总质量的 60%～70%，其次是砂粉和黏粒，各占 1%～29%和 8%～26%。我国从西向东，由北向南黄土颗粒有明显变细的分布规律。陇西和陕北地区黄土的砂粒含量大于黏粒，而豫西地区黏粒含量大于砂粒。黏土颗粒含量大于 20%的黄土，湿陷性明显减小或无湿陷性。因此，陇西和陕北黄土的湿陷性通常大于豫西黄土，这是由于均匀分布在黄土骨架中的黏土颗粒起胶结作用，湿陷性减小。

（2）黄土的密度

土粒密度为 2.54～2.84g/cm^3，黄土的密度为 1.5～1.88g/cm^3，干密度为 1.3～1.6g/cm^3。干密度反映了黄土的密实程度，干密度小于 1.5g/cm^3 的黄土具有湿陷性。

（3）黄土的含水量

黄土天然含水量一般较低。含水量与湿陷性有一定关系。含水量低，湿陷性强；含水量增加，湿陷性减弱，当含水量超过 25%时就不再湿陷了。

（4）黄土的压缩性

土的压缩性用压缩系数 a 表示：

a＜0.1MPa^{-1}：低压缩性土；

a＝0.1～0.5MPa^{-1}：中压缩性土；

a＞0.5MPa^{-1}：高压缩性土。

黄土多为中压缩性土，近代黄土为高压缩性土，老黄土压缩性较低。

（5）黄土的抗剪强度

一般黄土的内摩擦角ϕ＝15°～25°，凝聚力 c＝30～40kPa，抗剪强度中等。

（6）黄土的湿陷性和黄土陷穴

天然黄土在一定的压力作用下，浸水后产生突然的下沉现象称为湿陷。这个一定的压力称为湿陷起始压力。在饱和自重压力作用下的湿陷称为自重湿陷，在自重压力和附加压力共同作用下的湿陷称为非自重湿陷。

黄土湿陷性评价多采用浸水压缩试验的方法，将原状黄土放入固结仪内，在无侧限膨胀条件下进行压缩试验。当变形稳定后，测出试样高 h_2，再测当浸水饱和、变形稳定后的试样高度 h_2，计算相对湿陷性因数 δ_s：

δ_s<0.015：非湿陷性黄土；

0.015≤ δ_s ≤0.03：轻微湿陷性黄土；

0.03< δ_s ≤0.07：中等湿陷性黄土；

δ_s >0.07：强湿陷性黄土。

此外，黄土地区常常有天然或人工洞穴，由于这些洞穴的存在和不断发展扩大，往往引起上覆建筑物突然塌陷，称为陷穴。黄土陷穴的发展主要是由于黄土湿陷和地下水的侵蚀作用造成的。为了及时整治黄土洞穴，必须查清黄土洞穴的位置、形状及大小，然后有针对性地采取有效整治措施。

4.6.2 膨胀土的工程性质

膨胀土是一种富含亲水性黏土矿物，并且随含水量增减，体积发生显著胀缩变形的高塑性黏土。其黏土矿物主要是蒙脱石和伊利石，二者吸水后强烈膨胀，失水后收缩，长期反复多次胀缩，强度衰减，可能导致工程建筑物开裂、下沉、失稳破坏。膨胀土在全世界分布广泛，我国是世界上膨胀土分布面积广阔的国家之一，20 多个省、市、自治区都有分布。我国亚热带气候区的广西、云南等地的膨胀土与其他地区相比，胀缩性强烈，形成时代自第三纪的上新世（N_2）开始到上更新世（Q_3），多为上更新统地层。其成因有洪积、冲积、湖积、坡积、残积等。

1. 膨胀土的特征

1）膨胀土多为灰白、棕黄、棕红、褐色等，颗粒成分以黏粒为主，含量在 35%～85%，粉粒次之，砂粒很少。黏粒的矿物成分多为蒙脱石和伊利石，这些黏土颗粒比表面积大，有较强的表面能，在水溶液中吸引极性水分子和水中离子，呈现强亲水性。

2）天然状态下，膨胀土结构紧密、孔隙比小，干密度达 1.6～1.8g/cm^3；塑性指数为 18～23，天然含水量接近塑限，一般为 18%～26%，土体处于坚硬或硬塑状态，有时被误认为是良好地基。

3）膨胀土中裂隙发育，这是不同于其他土的典型特征。膨胀土裂隙可分为原生裂隙和次生裂隙两类，原生裂隙多闭合，裂面光滑，常有蜡状光泽；次生裂隙以风化裂隙为主，在水的淋滤作用下，裂面附近蒙脱石含量增高，呈白色，构成膨胀土中的软弱面，膨胀土边坡失稳滑动常沿灰白色软弱面发生。

4）天然状态下膨胀土抗剪强度和弹性模量比较高，但遇水后强度显著降低，凝聚力一般小于 0.05MPa，有的 c 值接近于零，ϕ 值从几度到十几度。

5）膨胀土具有超固结性。超固结性是指膨胀土在历史上曾受到过比现在的上覆自重压力更大的压力，因而孔隙比小，压缩性低，一旦被开挖外面，卸荷回弹产生裂隙，遇水膨胀，强度降低，造成破坏。膨胀土固结度用超固结比 R 表示：

$$R = P_c / P_0 \tag{4-10}$$

式中，P_c——土的前期固结压力；

P_0——目前上覆土层的自重压力。

正常土层 R=1；超固结膨胀土 R>1，如成都黏土 R=2～4。成昆铁路的狮子山滑坡就是由成都黏土造成的，施工后强度衰减，导致滑坡。

2. 膨胀土的胀缩性指标

常见的膨胀土指标如下。

（1）膨胀率

在室内试验，C_{sw} 是烘干土在一定压力（P_{sw}）下，而且不允许侧向膨胀的条件下浸水膨胀测定的，膨胀率仅反映在高度上的变化。C_{sw} 可用下式计算：

$$C_{sw}=\frac{\Delta h}{h}\times 100\%=\frac{h-h_0}{h_0}\times 100\% \tag{4-11}$$

式中，h_0——土样原始高度，cm；

Δh——土样变形后的高度增量，cm；

h——土样膨胀后的高度，cm。

$C_{sw}>4\%$，$P_{sw}>0.025\text{MPa}$ 时为膨胀土。

（2）自由膨胀率

自由膨胀率是烘干土粒全部浸水膨胀后增加的体积 ΔV 与原体积 V_0 之比，以百分数表示：

$$F_s=\frac{\Delta V}{V_0}\times 100\%=\frac{V-V_0}{V_0}\times 100\% \tag{4-12}$$

式中，V——烘干土样浸水膨胀后的体积。

$F_s\geqslant 40\%$、液限含水量 $W_L>40\%$时为膨胀土。

（3）线缩率

饱水土样收缩后高度减小量（h_0-h）与原高度（h_0）之比即为线缩率：

$$e_{si}=\frac{h_0-h}{h_0}\times 100\% \tag{4-13}$$

式中，h_0——饱水土样高度，cm；

h——收缩后土样高度，cm。

$e_{si}\geqslant 50\%$时为膨胀土。

3. 膨胀土危害的防治措施

（1）地基危害的防治措施

1）防水保湿措施。防止地表水下渗和土中水分蒸发，保持地基土湿度稳定，控制胀缩变形。在建筑物周围设置散水坡，设水平和垂直隔水层；加强上下水管道防漏措施及热力管道隔热措施；建筑物周围合理绿化，防止植物根系吸水造成地基二不均匀收缩；选择合理的施工方法，基坑不宜暴晒或浸泡，应及时处理夯实。

2）地基土改良措施。地基土改良的目的是消除或减少土的胀缩性能，常采用：①换土法，挖除膨胀土，换填砂、砾石等非膨胀性土；②压入石灰水法，石灰与水相互作用产生氢氧化钙，吸收周围水分，氢氧化钙与二氧化碳形成碳酸钙，起胶结土粒的作用；③阴离子与土粒表面的阳离子进行离子交换，使水膜变薄脱水，使土的强度和抗水性提高。

（2）边坡危害的防治措施

1）地表水防护。防止水渗入土体，冲蚀坡面，设置排水天沟、平台纵向排水沟、侧沟等排水系统。

2）坡面加固。植被防护，植草皮、小乔木、灌木，形成植物覆盖层，防止地表水冲刷。

3）骨架护坡。采用浆砌片石方形及拱形骨架护坡，骨架内植草效果更好。

4）支挡措施。采用抗滑挡墙、抗滑桩、片石垛等。

4.6.3 软土的工程性质

1. 软土及其特征

软土是天然含水量大、压缩性高、承载力和抗剪强度很低的呈软塑-流塑状态的黏性土。软土是一类土的总称，还可以将它细分为软黏性土、淤泥质土、淤泥、泥炭质土和泥炭等。我国软土分布广泛，主要位于沿海平原地带、内陆湖盆、洼地及河流两岸地区。我国软土成因类型主要有：①沿海沉积型（滨海相、潟湖相、溺谷相、三角洲相）；②内陆湖盆沉积型；③河滩沉积型；④沼泽沉积型。

软土主要是静水或缓慢流水环境中沉积的以细颗粒为主的第四纪沉积物。通常在软土形成过程中有生物化学作用参与，这是因为在软土沉积环境中生长有喜湿植物，植物死亡后遗体埋在沉积物中，在缺氧条件下分解，参与软土的形成。我国软土有下列特征：

1）软土的颜色多为灰绿、灰黑色，有滑腻感，能染指，有机质含量高时有腥臭味。

2）软土的颗粒成分主要为黏粒及粉粒，黏粒含量高达 60%～70%。

3）软土的矿物成分，除粉粒中的石英、长石、云母外，黏土矿物主要是伊利石，高岭石次之。此外软土中常有一定量的有机质，可高达 8%～9%。

4）软土具有典型的海绵状或蜂窝状结构，其孔隙比大，含水量高，透水性小，压缩性大，是软土强度低的重要原因。

5）软土具层理构造，软土、薄层粉砂、泥炭层等相互交替沉积，或呈透镜体相间沉积，形成性质复杂的土体。

2. 软土的性能指标

（1）软土的孔隙比和含水量

软土的颗粒分散性高，联结弱，孔隙比大，含水量高，孔隙比一般大于 1，可高达 5.8，如云南滇池淤泥，含水量大于液限达 50%～70%，最大可达 300%。沉积年代久、埋深大的软土，孔隙比和含水量降低。

（2）软土的透水性和压缩性

软土孔隙比大，孔隙细小，黏粒亲水性强，土中有机质多，分解出的气体封闭在孔隙中，使土的透水性很差，渗透系数 $k<10^{-6}$cm/s；荷载作用下排水不畅，固结慢，压缩性高，压缩系数 $a=0.7\sim20\text{MPa}^{-1}$，压缩模量 E_s 为 1～6MPa。软土在建筑物荷载作用下容易发生不均匀下沉，而且下沉缓慢，完成下沉的时间很长。

（3）软土的强度

软土强度低，无侧限抗压强度在 10～40kPa。不排水直剪试验的 $\phi=2°\sim5°$，$c=10\sim15$kPa；排水条件下 $\phi=10°\sim15°$，$c=20$kPa。所以在确定软土抗剪强度时，应根据建筑物加载情况选择不同的试验方法。

（4）软土的触变性

软土受到振动，颗粒联结破坏，土体强度降低，呈流动状态，称为触变，也称振动液化。触变可以使地基土大面积失效，导致建筑物破坏。触变的机理是吸附在土颗粒周围的水分子的定向排列被破坏，土粒悬浮在水中，呈流动状态。当振动停止时，土粒与水分子相互作用的定向排列恢复，土强度可慢慢恢复。软土触变性用灵敏度 S_τ 表示：

$$S_\tau = \frac{\tau_f}{\tau_f'} \tag{4-14}$$

式中，τ_f——天然结构的抗剪强度；

τ_f'——结构扰动后的抗剪强度。

S_τ 一般为 3～4，个别达 8～9，灵敏度越大，强度降低越明显，造成的危害也越大。

（5）软土的流变性

在长期荷载作用下，变形可延续很长时间，最终引起破坏，这种性质称为流变性。破坏时土强度低于常规试验测得的标准强度。软土的长期强度只有平时强度的 40%～80%。

3. 软土的变形破坏和地基加固措施

（1）软土的变形破坏

软土地基变形破坏的主要原因是承载力低，地基变形大或发生挤出。建筑物变形破坏的主要形式是不均匀沉降，使建筑物产生裂缝，影响正常使用。修建在软土地基上的公路、铁路路堤高度受软土强度的控制，路堤过高，将导致挤出破坏，产生坍塌。

（2）软土地基的加固措施

软土地基采用的加固措施主要有以下几种：

1）砂井排水。在软土地基中按一定规律设计排水砂井（图 4-1），井孔直径多在 0.4～2.0m，井孔中灌入中、粗砂，砂井起排水通道作用，加快软土排水固结过程，使地基土强度提高。

2）砂垫层。在建筑物（如路堤）底部铺设一层砂垫层（图 4-2），其作用是在软土顶面增加一个排水面。在路堤填筑过程中，由于荷载逐渐增加，软土地基排水固结，渗出的水可以从砂垫层排走。

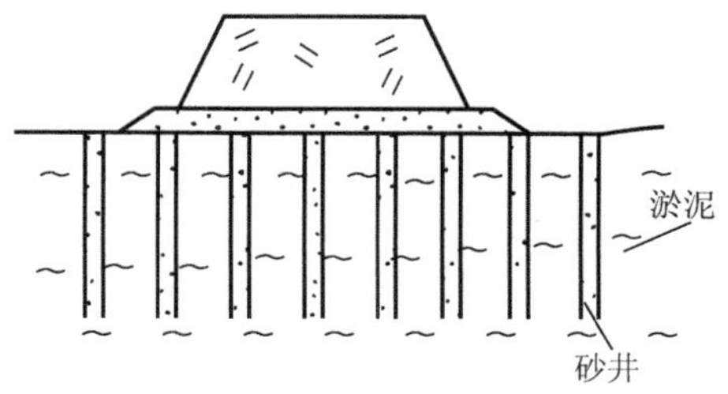

图 4-1　砂井

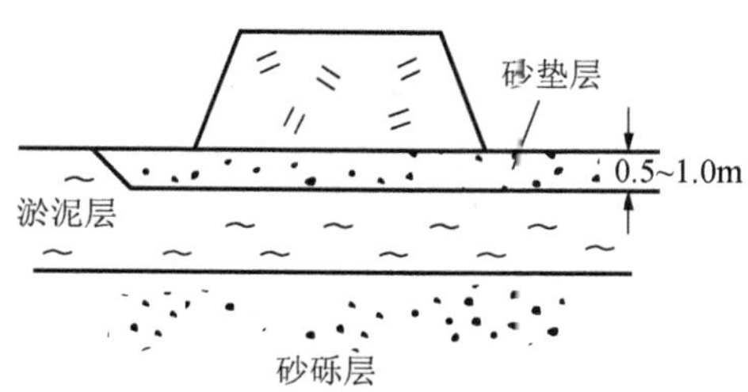

图 4-2　砂垫层

3）生石灰桩。本加固措施的原理是，生石灰水化过程中强烈吸水，体积膨胀，产生热量，桩周围温度升高，使软土脱水、压密和强度增大。

4）强夯法。强夯法是目前加固软土常用的方法之一。强夯法采用 10～20t 重锤，从 10～40m 高处自由落下，夯实土层，强夯法产生很大的冲击能，使软土迅速排水固结，加固深度可达 11～12m。

5）旋喷注浆法。将带有特殊喷嘴的注浆管置入软土层的预定深度，以 20MPa 左右压力高压喷射水泥砂浆或水玻璃和氯化钙混合液，强力冲击土体，使浆液与土搅拌混合，经凝结固化，在土中形成固结体，形成复合地基，提高地基强度，加固软土地基。

6）换填土。将软土挖除，换填强度较高的黏性土、砂、砾石、卵石等渗水土。这一方法从根本上改善了地基土的性质。此外，还有化学加固、电渗加固、侧向约束加固、堆载预压等加固方法。

4.6.4 冻土的工程性质

冻土是指温度不大于 0℃，并含有冰的各类土。冻土可分为季节冻土和多年冻土。季节冻土是随季节变化周期性冻结融化的土，多年冻土是冻结状态持续三年以上的土。

1. 季节冻土及其冻融现象

我国季节冻土主要分布在华北、西北和东北地区。随着纬度和地面高度的增加，冬季气温越来越低，季节冻土厚度增加。季节冻土对建筑物的危害表现在冻胀和融沉两个方面。冻胀是冻结时水分向冻结部位转移、集中、体积膨胀，对建筑物产生危害。融化时，地基土局部含水量增大，土呈软塑或塑流状态，出现融沉，严重时使建筑物开裂变形。季节冻土的冻胀和融沉与土的颗粒成分和含水量有关。按土的颗粒成分可将土的冻胀性分为四类，见表 4-16；土的冻胀性分级见表 4-17。

表 4-16　土的冻胀性分类

分类	土的名称	冻胀性		融化后土的状态
		冻结期内胀起/cm	为 2m 冻土层厚的百分数/%	
不冻胀土	碎石、砾石层、胶结砂砾层			固态外部特征不变
稍冻胀土	小碎石、砾石、粗砂、中砂	3～7	1.5～3.5	致密的或松散的，外部特征不变
中等冻胀土	细砂、粉质黏土、黏土	10～20	5～10	致密的或松散的，可塑结构常被破坏
极冻胀土	粉土、粉质黄土、粉质黏土、泥炭土	30～50	15～20	塑性流动，结构扰动，在压力下变为流砂

表 4-17　土的冻胀性分级

土的名称	天然含水量ω/%	潮湿程度	冻结期间地下水位低于冻深的最小距离 h_w /m	冻胀性分级
粉、黏粒含量≤15%的粗颗粒土	ω≤12	稍湿、潮湿	不考虑	不冻胀
	ω>12	饱和		弱冻胀
粉、黏粒含量为 15%的粗颗粒土、细砂、粉砂	ω≤12	稍湿	>1.5	不冻胀
	12<ω≤17	潮湿		弱冻胀
	ω>17	饱和		冻胀
黏性土	$\omega<\omega_p$	半坚硬	>2.0	不冻胀
	$\omega_p<\omega\leq\omega_p+7$	硬塑		弱冻胀
	$\omega_p+7<\omega\leq\omega_p+15$	软塑		冻胀
	$\omega>\omega_p+15$	流塑	不考虑	强冻胀

从表 4-16 和表 4-17 可知，土的细颗粒（粉粒和黏粒）含量越多、含水量越大，冻胀越严重，对建筑物危害越大。在地下水埋藏较浅时，季节冻土区能得到地下水的不断补充，地面明显冻胀隆起，形成冻胀土丘，又称冰丘，是冻土区的一种不良地质现象。

2. 多年冻土及其工程性质

（1）多年冻土的分布及其特征

我国多年冻土可分为高原冻土和高纬度冻土。高原冻土主要分布在青藏高原及西部高山（天山、阿尔泰山、祁连山等）地区；高纬度冻土主要分布在大、小兴安岭，满洲里-牙克石-黑河以北地区。多年冻土埋藏在地表面以下一定深度。从地表到多年冻土，中间常有季节冻土分布。高纬度冻土由北向南厚度逐渐变薄。从连续的多年冻土区到岛状多年冻土区，最后过渡到非多年冻土区，其分布剖面示意图见图 4-3。

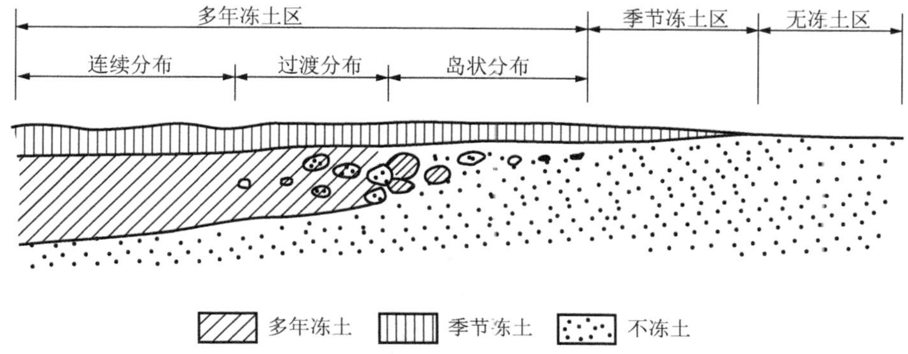

图 4-3　多年冻土分布剖面示意图

多年冻土具有以下特征：

1）组成特征。冻土由矿物颗粒、冰、未冻结的水和空气组成。其中矿物颗粒是主体，它的大小、形状、成分、比表面积、表面活动性等对冻土性质及冻土中发生的各种作用都有重要影响。冻土中的冰是冻土存在的基本条件，也是冻土各种工程性质的形成基础。

2）结构特征。冻土结构有整体结构、网状结构和层状结构三种。

① 整体结构是由于温度降低很快，冻结时水分来不及迁移和集中，冰晶在土中均匀分布，构成整体结构。

② 网状结构是在冻结过程中，由于水分转移和集中，在土中形成网状交错冰晶，这种结构对土原状结构有破坏，融冻后土呈软塑和流塑状态，对建筑物稳定性有不良影响。

③ 层状结构是在冻结速度较慢的单向冻结条件下，伴随水分转移和外界水的充分补给，形成土层、冰透镜体和薄冰层相间的结构，原有土结构完全被分割破坏，融化时产生强烈融沉。

3）构造特征。多年冻土的构造是指多年冻土层与季节冻土层之间的接触关系，见图 4-4。衔接型构造是指季节冻土的下限，达到或超过了多年冻土层的上限的构造，这是稳定的和发展的多年冻土区的构造。非衔接型构造是季节冻土的下限与多年冻土上限之间有一层融土，这种构造属退化的多年冻土区。

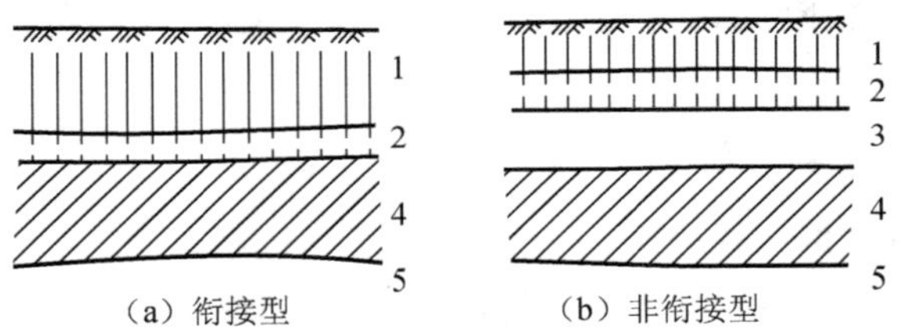

图 4-4 多年冻土构造类型

1. 季节冻土层；2. 季节冻土最大冻结深度变化范围；3. 融土层；4. 多年冻土层；5. 不冻层

（2）多年冻土的工程性质

1）物理及水理性质。为了评价多年冻土的工程性质，必须测定天然冻土结构下的重度、密度、总含水量，采用下式计算：

$$\omega_c = K\omega_p \tag{4-15}$$

式中，ω_c——未冻结水含量；

ω_p——土的塑限含水量；

K——温度修正因数（由表 4-18 选用）。

总含水量 ω_n 和相对含水量 ω_i 按下式计算：

$$\omega_n = \omega_b + \omega_c$$

$$\omega_i = \omega_b / \omega_n$$

式中，ω_b——在一定温度下冻土中的含冰量，%；

ω_c——在一定温度下冻土中的未冻水量，%。

表 4-18　温度修正因数 *K* 值表

土的名称	塑性指数 I_p	地温/℃							
		-0.3	-0.5	-1.0	-2.0	-4.0	-6.0	-8.0	-10.0
砂类土、粉土	$I_p \leqslant 2$	0	0	0	0	0	0	0	0
粉土	$2< I_p \leqslant 7$	0.6	0.5	0.4	0.35	0.3	0.28	0.26	0.25
黏质粉土	$7< I_p \leqslant 10$	0.7	0.65	0.6	0.5	0.45	0.43	0.41	0.4
粉质黏土	$10< I_p \leqslant 17$		0.75	0.65	0.55	0.5	0.48	0.46	0.45
黏土	$I_p >17$		0.95	0.9	0.65	0.6	0.58	0.56	0.55

2）力学性质。多年冻土的强度和变形主要反映在抗压强度、抗剪强度和压缩系数等方面。由于多年冻土中冰的存在，冻土的力学性质随温度和加载时间而变化的敏感性大大增加。在长期荷载作用下，冻土强度明显衰减，变形显著增大。温度降低时，土中含冰量增加，未冻结水减少，冻土在短期荷载作用下强度大增，变形可忽略不计。

（3）多年冻土的分类

多年冻土的冻胀和融沉是重要的工程性质，按冻土的冻胀率和融沉情况对其进行分类。

冻胀率 n 是土在冻结过程中土体积的相对膨胀量，以百分数表示：

$$n = \frac{h_2 - h_1}{h_1} \times 100\% \tag{4-16}$$

式中，h_1、h_2——土体冻结前、后高度，cm。

按冻胀率 n 值的大小，可将多年冻土分为四类：

强冻胀土：$n>6\%$；

冻胀土：$6\% \geqslant n > 3.5\%$；

弱冻胀土：$3.5\% \geqslant n > 2\%$；

不冻胀土：$n \leqslant 2\%$。

冻土融沉包括两部分：一是外力作用下的压缩变形，二是温度升高引起的自身融沉。

（4）多年冻土的工程地质问题

1）道路边坡及基底稳定问题。在融沉性多年冻土区开挖道路路堑，使多年冻土上限下降，由于融沉可能产生基底下沉，边坡滑塌；如果修筑路堤，则多年冻土上限上升，路堤内形成冻土结核，发生冻胀变形，融化后路堤外部沿冻土上限发生局部滑塌。

2）建筑物地基问题。桥梁、房屋等建筑物地基的主要工程地质问题包括冻胀、融沉及长期荷载作用下的流变，以及人为活动引起的热融下沉等问题。

3）多年冻土区主要不良地质现象——冰丘和冰锥。多年冻土区的冰丘、冰锥和季节冻土区类似，但规模更大，而且可能延续数年不融。它们对工程建筑有严重危害，基坑工程和路堑应尽量绕避。

3. 冻土危害的防治措施

（1）排水

水是影响冻胀融沉的重要因素，必须严格控制土中的水分。在地面修建一系列排水沟、排水管，用以拦截地表周围流来的水，汇集、排除建筑物地区和建筑物内部的水，防止这些地表水渗入地下。在地下修建盲沟、渗沟等拦截周围流来的地下水，降低地下水位，防止地下水向地基土集聚。

（2）保温

应用各种保温隔热材料，防止地基土温度受人为因素和建筑物影响，最大限度地防止冻胀融沉。例如，在基坑或路堑的底部和边坡上或在冻土路堤地面上铺设一定厚度的草皮、泥炭、苔藓、炉渣或黏土，都有保温隔热作用，使多年冻土上限保持稳定。

（3）改善土的性质

1）换填土。用粗砂、砾石、卵石等不冻胀土代替天然地基的细颗粒冻胀土，是最常采用的防治冻害措施。一般基底砂垫层厚度为0.8～1.5m，基侧面为0.2～0.5m。在铁路路基下常采用这种砂垫层，但在砂垫层上要设置0.2～0.3m厚的隔水层，以免地表水渗入基底。

2）物理化学法。在土中加某种化学物质，使土粒、水和化学物质相互作用，降低土中水的冰点，使水分转移受到影响，从而削弱和防止土的冻胀。

思考与习题

1．简述岩石孔隙率的概念。

2．风化作用可分为哪几种类型，其影响因素有哪些？

3．岩石的风化等级在野外如何鉴定？

4．土的主要成因类型有哪些？各自的堆积特征如何？

5．膨胀土危害的防治措施有哪些？

6．常见的特殊土有哪些？简述它们的工程性质。

第 5 章　不良地质现象及防治

本章导读

不良地质现象通常也称地质灾害，是指自然地质作用和人类活动造成的恶化地质环境，降低环境质量，直接或间接危害人类安全，并给社会和经济建设造成损失的地质事件。我国是地质灾害较多的国家，每年因地质灾害造成的经济损失为 200 亿～500 亿元，给人民生命财产造成了极大的危害，其中主要是崩塌、滑坡、泥石流、岩溶、地面沉降造成的损失。随着国民经济的发展，特别是西部大开发战略的实施，人类工程活动的数量、速度及规模越来越大，由人类工程诱发的地质灾害的损失已超过自然地质灾害，因此研究人类工程诱发的地质灾害及防治具有重要意义。本章将重点介绍在工程建设中常见的几种地质灾害。

本章重点

（1）崩塌的概念、形成条件、影响因素与防治；
（2）滑坡的概念、形成条件、影响因素与防治；
（3）泥石流的概念、形成条件、影响因素与防治；
（4）岩溶的防治方法；
（5）地面沉降形成的原因及处理措施。

5.1　崩　　塌

5.1.1　崩塌的定义、形成条件和影响因素

1. 崩塌的定义

陡坡上的岩体或土体在重力或其他外力作用下，突然向下崩落的现象称为崩塌。崩塌的岩体（或土体）顺坡猛烈地翻滚、跳跃、相互撞击，最后堆积于坡脚。

2. 崩塌的形成条件和影响因素

崩塌的形成条件和影响因素很多，主要有地形地貌条件、岩性条件、地质构造条件，以及降雨和地下水的影响、地震的影响、风化作用和人为因素的影响等。

（1）地形地貌条件

1）崩塌多发生在海、湖、河、冲沟岸坡、高陡的山坡和人工斜坡上，地形坡度通常大于 45°。

2）峡谷陡坡是崩塌、落石密集发生的地段，因为峡谷岸坡陡峻，卸荷裂缝发育，易崩塌、落石。

3）山区河谷凹岸也是崩塌、落石较集中分布的地段，因河曲凹岸遭受侧蚀，易造成崩塌落石。

4）冲沟岸坡和山坡陡崖岩体直立，不稳定岩体较多，时有崩塌、落石发生。

5）丘陵和分水岭地段崩塌、落石较少，原因是地形相对平缓，高差较小，如果开挖高边坡也会产生崩塌、落石。

（2）岩性条件

崩塌绝大多数发生在岩性较坚硬的基岩区，因为只有较坚硬的岩石才可能形成高陡的边坡地形。

（3）地质构造条件

1）当建筑物的延伸方向和区域构造线一致，而且采用深挖方案时，崩塌落石较多。

2）褶皱核部由于岩层强烈弯曲，岩石破碎，地表水渗入，易于产生崩塌、落石，其规模主要取决于褶皱轴向与临空面走向的夹角。

3）沿构造节理常发生滑移式崩塌、落石；构造节理面以上的潜在崩塌体的稳定性与节理倾角的大小有关，与节理面的粗糙度和充填物有关，当有黏土或其他风化物充填时，易受水浸润软化，促进了崩塌、落石的产生。

（4）降雨和地下水的影响

1）降雨的影响。崩塌有 80%发生在雨季，特别是雨中和雨后不久。连续降雨时间越长，暴雨强度越大，崩塌、落石次数越多；阴雨连绵天气及较短的暴雨天气，崩塌、落石多；长期大雨比连绵细雨时崩塌落石多。

2）地下水的影响。边坡和山坡中的地下水往往可以直接从大气降水中得到补给，使其流量大大增加，地下水和雨水联合作用，更进一步促进了崩塌、落石的发生。

（5）地震的影响

地震时由于地壳强烈震动，边坡岩体各种结构面的强度会降低；同时，水平地震动也会使边坡岩体的稳定性会大大降低，导致崩塌发生。山区的大地震都伴随有大量的崩塌产生。

此外，岩体风化及人类工程活动对崩塌也有一定影响。

5.1.2 崩塌的形成机理

崩塌的规模大小、物质组成、结构构造、活动方式、运动途径、堆积情况、破坏能力等千差万别，但其形成机理是有规律的，常见的崩塌模式有五种。

1. 倾倒-崩塌

在河流经过峡谷区、岩溶区、冲沟地段及其他陡坡上，常见巨大而直立的岩体，以垂直节理或裂缝与稳定岩体分开，其断面形式见图 5-1。这类岩体的特点是高而窄，横向稳定性差，失稳时岩体以坡脚的某一点为转点发生转动性倾倒，这种崩塌模式的产生有多种途径：

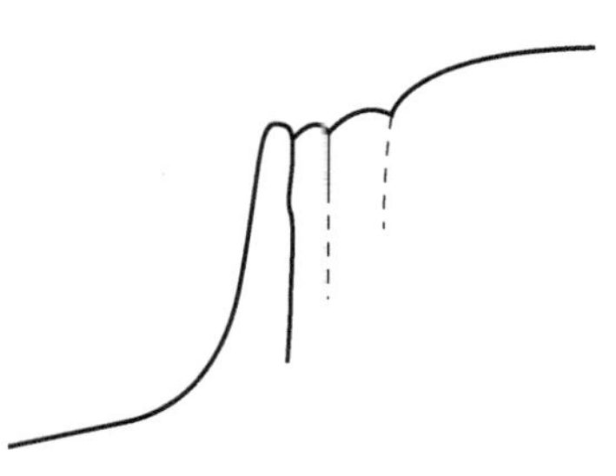

图 5-1 倾倒-崩塌

1）长期冲刷淘蚀直立岩体的坡脚，由于偏压，直立岩体产生倾倒式蠕变，最后导致倾倒-崩塌。

2）当附加特殊水平力（地震作用、静水压力、动水压力、冻胀力和根劈力等）时，岩体可能倾倒破坏。

3）当坡脚由软岩组成时，雨水软化坡脚，产生偏压引起这类崩塌。

4）直立岩体在长期重力作用下，产生弯折也能导致这种崩塌。

2. 滑移-崩塌

在某些陡坡上，在不稳定岩体下部有向坡下倾斜的光滑结构面或软弱面时，其形式有三种情况，见图 5-2。

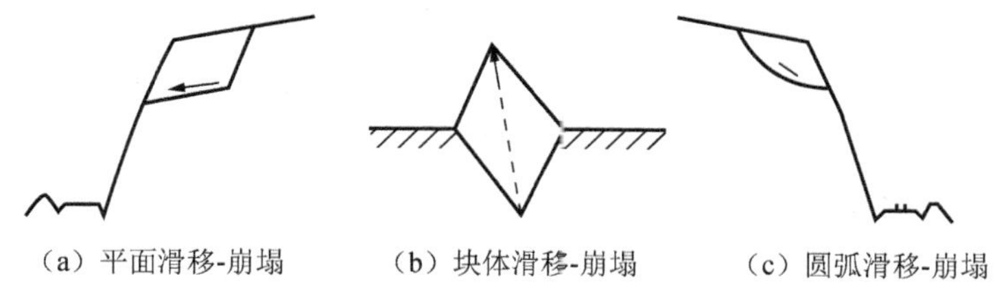

（a）平面滑移-崩塌　（b）块体滑移-崩塌　（c）圆弧滑移-崩塌

图 5-2 滑移-崩塌

这种崩塌能否产生，关键在于开始时的滑移，岩体重心一经滑出陡坡，突然崩塌就会产生。这类崩塌的产生，除重力之外，连续大雨渗入岩体裂缝，产生静水压力和动水压力，以及雨水软化软弱面，都是岩体滑移的主要原因。在某些条件下，地震也可能引起这类崩塌。

3. 鼓胀-崩塌

当陡坡上不稳定岩体之下有较厚的软弱岩层，或不稳定岩体本身就是松软岩层，而且有长大节理把不稳定岩体和稳定岩体分开时，在有连续大雨或有地下水补给的情况下，下部较厚的软弱层或松软岩层被软化。在上部岩体的重力作用下，当压应力超过软岩天然状态下的无侧限抗压强度时，软岩将被挤出，向外鼓胀。随着鼓胀的不断发展，不稳定岩体将不断地下沉和外移，同时，发生倾斜，一旦重心渗出坡外，崩塌即会产生，见图 5-3。因此，下部较厚的软弱岩层能否向外鼓胀，是这类崩塌能否产生的关键。

4. 拉裂-崩塌

当陡坡由软硬相间的岩层组成时，由于风化作用和河流的冲刷淘蚀作用，上部坚硬岩层在断面上常以悬臂梁形式突出来，见图 5-4。图中 *AB* 面上剪力弯矩最大，在 *A* 点附近承受拉应力最大。所以在长期重力作用下，*A* 点附近的节理会逐渐扩大发展。拉应力更进一步集中在尚未产生节理的硬岩部位，一旦拉应力大于这部分岩石的抗拉强度，拉裂缝就会迅速向下发展，突出的岩体就会突然向下崩落。除重力长期作用外，震动、各种风化作用，特别是根劈和寒冷地区的冰劈作用等，都会促使这类崩塌发生。

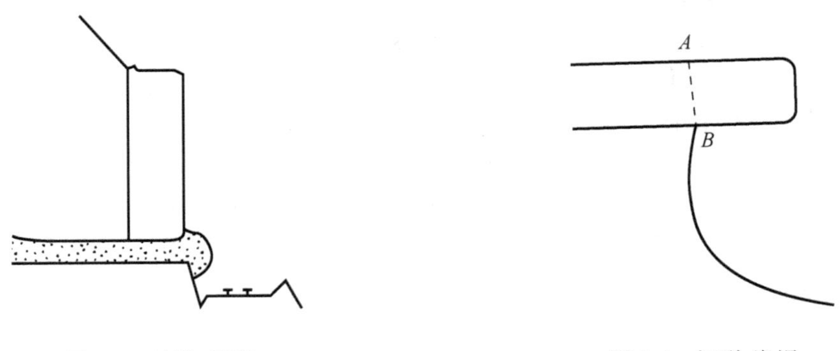

图 5-3　鼓胀-崩塌　　　　图 5-4　拉裂-崩塌

5. 错断-崩塌

陡坡上的长柱状和板状的不稳定岩体，在某些因素作用下，或因不稳定岩体的质量增加，或因其下部断面减小，都可能使长柱状或板状不稳定岩体的下部被剪断，从而发生错断-崩塌。这种崩塌取决于岩体下部因自重所产生的切应力是否超过岩石的抗剪强度，一旦超过，崩塌将迅速产生。通常有以下几种途径：

1）由于地壳上升，河流下切作用加强，使垂直节理裂隙不断加深，因此，长柱状和板状岩体自重不断增加。

2）在冲刷和其他风化剥蚀应力的作用下，岩体下部的断面不断减小，从而导致岩体被剪断。

3）由于人工开挖边坡过高、过陡，下面岩体被剪断，产生崩塌。

5.1.3　崩塌的防治

根据崩塌的规模和危害程度，所采用的防治措施有绕避、加固山坡和路堑边坡、修筑拦挡建筑物、清除危岩及做好排水工程等。

1. 绕避

对可能发生大规模崩塌地段，即使是采用坚固的建筑物，也经受不了这样大规模崩塌的巨大破坏力，故铁路线路必须设法绕避。对河谷沿线来说，绕避有两种情况：

1）绕到对岸，远离崩塌体。

2）将线路移向山侧，移至稳定的山体内，以隧道通过。在采用隧道方案绕避崩塌时，要注意使隧道有足够的长度，使隧道进出口避免受崩塌的危害，以免隧道运营以后，由于长度不够，受崩塌的威胁而在洞口又接长明洞，造成浪费和增大投资。

2. 加固山坡和路堑边坡

在临近建筑物边坡的上方，如有悬空的危岩或巨大块体的危石威胁行车安全，则应采用与其地形相适应的支护、支顶等支撑建筑物，或是用锚固方法予以加固；对坡面深凹部分可进行嵌补；对危险裂缝可进行灌浆。各种加固措施见图 5-5。

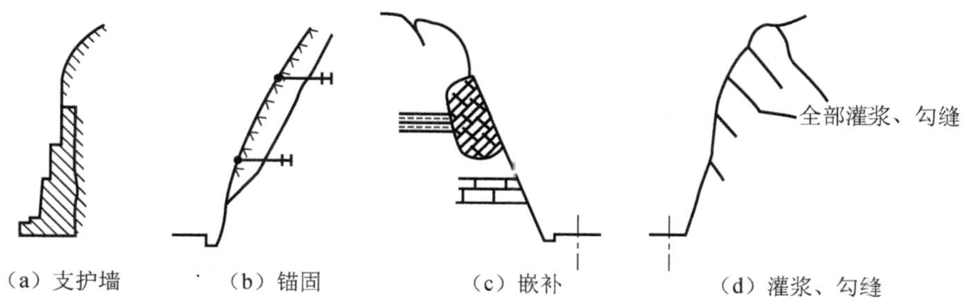

图 5-5　加固措施

3. 修筑拦挡建筑物

对中、小型崩塌可修筑遮挡建筑物和拦截建筑物。

（1）遮挡建筑物

对中型崩塌地段，如绕避不经济时，可采用明洞、棚洞等遮挡建筑物（图 5-6）。

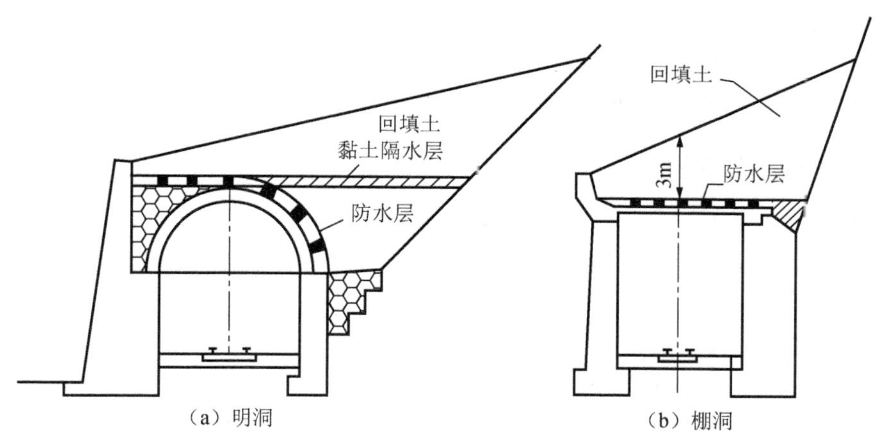

图 5-6　遮挡建筑物

（2）拦截建筑物

若山坡的母岩风化严重，崩塌物质来源丰富，或崩塌规模虽然不大，但可能频繁发生，则可采用拦截建筑物，如落石平台、落石槽、拦石堤或拦石墙等措施（图 5-7）。

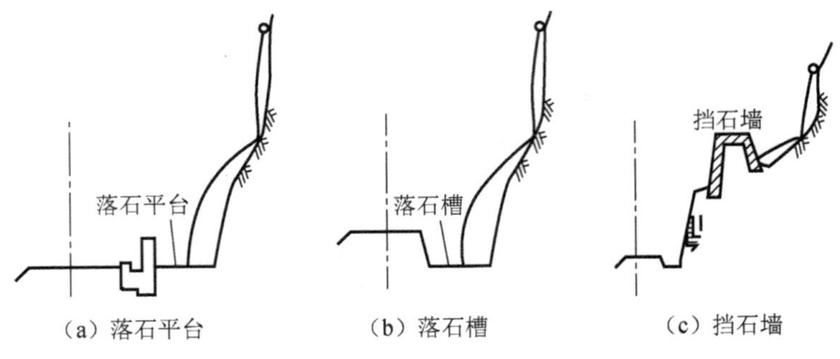

图 5-7　拦截建筑物

4. 清除危岩

若山坡上部可能的崩塌物数量不大，而且母岩的破坏不甚严重，则以全部清除为宜。并在清除后，对母岩进行适当的防护加固。

5. 做好排水工程

地表水和地下水通常是崩塌落石产生的诱因，在可能发生崩塌落石的地段，务必还要做好地面排水和对有害地下水活动的处理。

5.2　滑　　坡

滑坡的分布极为广泛，不仅可以发生在陆地上，而且也可以发生在海洋中。正因为其广为分布，且与人类工程-经济活动密切相关，所以受到各国学者的高度重视。滑坡研究最早的报道是海姆（Heim）在 1882 年发表的一篇关于瑞士阿尔卑斯山区某处滑坡的文章。100 余年来滑坡研究方兴未艾，目前正形成为一门成熟的独立学科，即以滑坡现象、滑坡作用过程及滑坡防治为研究对象的滑坡学。

5.2.1　滑坡形态要素

滑坡现象常以自己独有的地貌形态与其他类型的坡地地貌形态相区别。滑坡形态既是滑坡特征的一部分，又是滑坡力学性质在地表的反映。不同的滑坡有不同的形态特征，滑坡的不同发育阶段也有各自的形态特征。因此在滑坡工程地质研究中，识别滑坡形态特征是认识滑坡极其重要的方面。

滑坡形态要素见图 5-8，各部位特点如下：

1）滑坡体（简称滑体）：它是指与母体脱离经过滑动的岩土体。因系整体性滑动，岩土体内部相对位置基本不变，故还能基本保持原来的层序和结构面网络，但在滑动动力作用下又产生了新的裂隙，使岩土体明显松动。

2）滑动面（简称滑面带）：它是滑坡体与滑坡床之间的分界面，也就是滑体沿之滑动而与滑坡床相接触的面。滑动面一般是光滑的，由于滑动时的摩擦，有时还可看到擦痕。滑动面上的土石破坏比较剧烈，形成一个破碎带，土石受到揉皱，发生片理和糜棱化的现象，其厚度可达数十厘米，甚至达数米，故常称之为滑动带。

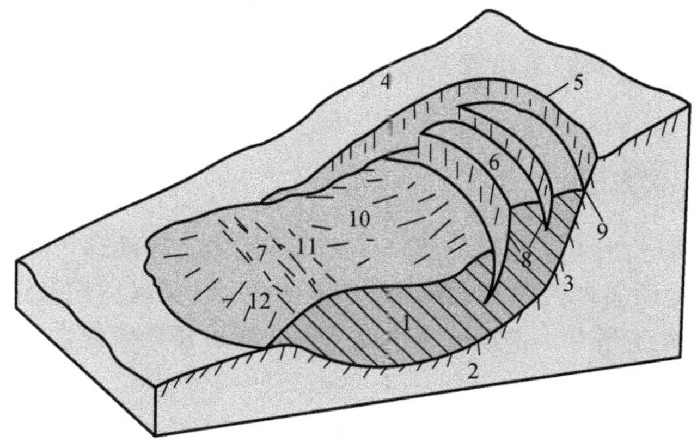

图 5-8 滑坡形态要素示意图

1. 滑坡体；2. 滑动面；3. 滑坡床；4. 滑坡周界；5. 滑坡壁；6. 滑坡台阶；7. 滑坡舌；8. 张裂隙；9. 主裂隙；10. 剪裂隙；11. 横向裂隙；12. 交叉裂隙

3）滑坡床（简称滑床）：它是指滑坡体之下未经滑动的岩土体。它基本上未发生变形，完全保持原有结构。只有在前缘部分因受滑坡体的挤压而产生一些挤压裂隙，在滑坡壁后缘部分出现弧形张裂隙，两侧有剪裂隙发育。

4）滑坡周界：滑坡体与其周围不动体在平面上的分界线称为滑坡周界。它圈定了滑坡的范围。

5）滑坡壁：滑坡后部滑下所形成的陡壁。对新生滑坡而言，这实际上是滑动面的露出部分。平面呈圈椅状，其高度视位移与滑坡规模而定，一般数米至数十米，有的达 200 多米，陡度多为 36°～80°，形成陡壁。

6）滑坡台阶：又称滑坡台地，即滑体因各段下滑的速度和幅度不同而形成的一些错台，常出现数个陡坎和高程不同的平缓台面。

7）滑坡舌：滑坡体前部伸出如舌状的部位，前端往往伸入沟谷河流。舌根部隆起部分称为滑坡鼓丘。

8）滑坡裂隙：滑坡体在滑动过程中各部位受力性质和移动速度不同，受力不均而产生力学属性不同的裂隙系统。一般可分为拉张裂隙、剪切裂隙、羽状裂隙、鼓张裂隙和扇形张裂隙等。拉张裂隙主要出现在滑坡体后缘，受拉而形成，延伸方向与滑动方向垂直，往往呈弧形分布。剪切裂隙分布在滑坡体中下部两侧，因滑坡体与其外的不动体之间产生相对位移，在分界处形成剪力区并出现剪切裂隙，它与滑动方向斜交，其两边常伴生有羽状裂隙。鼓张裂隙又称隆张裂隙，常分布在滑体前缘，受张力而形成，其延伸方向垂直于滑动方向。扇形张裂隙也分布在滑坡体的前缘，尤以舌部为多，是由土石体扩散而形成的，作放射状分布，呈扇形。

应该注意的是，上述的形态要素一般在发育完全的新生滑坡才具备。自然界许多新老滑坡由于要素发育不全或经过长期剥蚀及堆积作用，常常会消失一种或多种要素，应注意观察。

滑坡的形态特征是判断斜坡是否受过滑动的重要标志，是滑坡研究的一项重要内容。

5.2.2 滑坡识别方法

滑坡的识别是研究滑坡最基础的工作，在此基础之上才能探讨形成机制并提出合理的整治措施。由于地质条件的差异，滑坡形态繁多，同时又因后期改造而使其更趋复杂，但是，对滑坡的研究还是有一定规律可循的。人们通过长期研究，目前对滑坡识别已逐步形成了一套行之有效的方法。

滑坡识别方法主要有三种：利用遥感资料，如航空相片（简称航片）、彩虹外相片来解释；通过地面调查测绘来解决；采用勘探方法来查明。

应用遥感图像识别滑坡，主要应用航空遥感所提供的大比例尺[（1∶15000）～（1∶10000）]全色、彩虹外相片。另外也辅之以其他航空遥感图像，如多光谱摄影、多光谱扫描、侧视雷达扫描等。航片上的色调、色彩、阴影所构成的各种形态、大小、结构、纹影图案，把一定范围内的地表景观按一定比例尺真实地、客观地显示出来，使我们能够迅速判别此地是否存在滑坡及其规模和性质等。

在航片上识别滑坡，实质上就是识别滑坡的形态要素，然后结合收集研究地区的地质资料进行综合分析，从而确认滑坡。据研究，由于滑坡过程是由陡坡变为缓坡的位能释放过程，因此滑坡体的总体坡度较周围山体平缓，有的甚至成为平地地形或凹地。由于岩性、构造、地下水活动和滑坡体积等条件不同，滑坡以不同形状下滑，最典型的是滑坡体与后壁两侧壁构成的圈椅状地形，其他如舌形、梨形、三角形、不规则形等也很普遍。滑坡体的这些形状在航片上均有清晰的影像，容易被识别。滑坡体在滑动前及滑动过程中，滑体前、后缘，两侧及中部均会产生裂缝；首次滑动以后这些裂缝在地表水和其他应力作用下发育成大小不同的冲沟。这些冲沟在航片上表现为明显的带状阴影和色调差异。因而，在航片上可以判读滑坡体上沟谷的展布规模、条数、切割深度、宽度、沟内分布物等。同理，滑坡体上的其他水体如水田、沼泽、池塘等在航片上也都容易识别。

在航片上可以看到滑坡体上不规则的阶梯状地面，即平台与陡坎相间的地形。因此，根据航片上滑坡台地的形状、大小、级数和位置，可以间接地推测滑坡体上再次滑动次数、滑动区段、范围等情况。滑坡在向前滑动时如果受阻就会形成隆起的丘状地形，即滑坡鼓丘，鼓丘在航片上常较清楚。

当然，多数滑坡不一定具备所有这些判读特征。各项判读特征在各个具体情况下的表现也不尽相同。因此必须综合判读各要素才能确定一个滑坡。例如，雅砻江下游的大坪子滑坡，在航片上，明显的缓坡地形与陡直的后壁、侧壁组成簸箕状缓坡的前缘向前推出，雅砻江呈明显的异常弯道。缓坡上有三级、四处明显的陡坎、台地相间地形。台地上均有深浅不同的蓝色水体（水田）分布，部分呈红色，表明有作物生长。坡体上可见到顺坡方向展布的九条冲沟，最长一条几乎贯通整个坡体，沟边植物茂盛。结合地质资料又知该处为风化破碎的砂、页、泥岩互层地层，有三条断层在坡体上通过。至此可以判断出大坪子为一滑坡。

利用遥感图像进行滑坡判读，特别是区域性滑坡群的识别，效率高、视野广且准确度高，是一种先进的工作方法。但是也应指出，滑坡是一种复杂的动力地质现象，航空遥感不可能完全代替滑坡的地面调查工作，特别在详细研究阶段，它更不能代替物探、钻探、槽探等勘探工作及岩土力学试验工作。

滑坡地面调查由于可直接观察到滑坡各要素，并可收集到滑动的证据，因此仍是滑坡研究中的主要工作方法。斜坡经过滑动破坏之后，地形特征比较明显，特别是站在滑坡对岸高处瞭望滑坡区时更清楚。在整个较为顺直的山坡上出现圈椅形的陡坎或陡壁，其下为槽沟或封闭形洼地，再向下则地形突出，表现出上凹下凸的坡形，还可见有台阶状平地。更低一些的部位则为坑洼起伏的舌形坡地，其前端逼近河岸或将河流向对岸推移。两侧有沟谷发育并有双沟同源的趋势。沟谷若深切至完整基岩，则在沟壁上常可见到滑动面（带）物质，也可观察到岩层层序的扰动，因此滑坡侧沟的调查在识别滑坡中起着重要的作用。新生滑坡体上的植被情况与周围有所不同，树木歪斜零乱，可见到醉汉林和马刀树。

阶地形成期，常因下切减缓侧蚀显著而导致滑坡发育。因此滑坡剪出口常与河流阶地标高相吻合。野外调查中应注意识别与阶地相对应标高的滑坡剪出口，滑坡剪出口处的岩层常较破碎，可见反翘现象（图 5-9），即滑体中岩层的产状与正常产状截然不同。此现象对识别顺层滑坡常有重要意义，因顺层滑坡层序一般不紊乱，同时滑坡壁不明显，识别起来较困难。

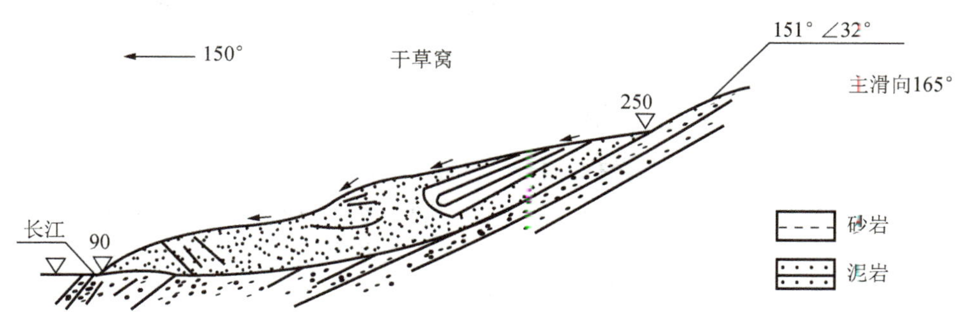

图 5-9　滑坡前缘岩层反翘现象示意图（单位：m）

通过遥感判读和地面调查仍不能确定的滑坡，或已识别出来尚需深入研究的滑坡，则应采取勘探和物探等方法来进行。勘探、物探工作的目的除了确定滑坡体的结构、岩石破碎程度、含水性、地下水位等外，主要是找到滑动面（带）。有关这方面的内容后面还要专门介绍。勘探、物探工作应该根据航片和地表测绘所了解的滑坡体的大小、形状和地质条件进行布置。勘探地区应采用不同方向的勘探线（图 5-10）。如果坡体结构及地质条件简单，则仅用纵、横两条勘探线即可；当地质条件复杂时，可增加若干条勘探线。此外，在同一条勘探线上可联合应用不同类型的勘探、物探方法，便于分析比较。

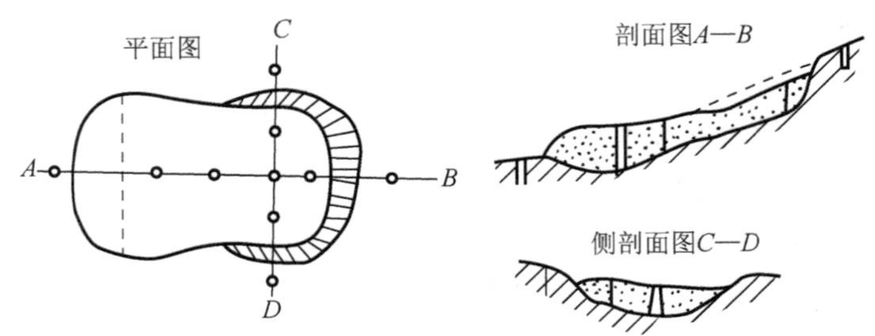

图 5-10　滑坡勘探线布置

5.2.3　滑动面（带）研究

在滑坡的工程地质研究中，一个重要的课题就是确定滑动面（带）的位置和形状。因为在斜坡稳定性计算和防治措施的制定中都必须首先确定滑动面（带），才能取得正确结果。

1. 滑动面（带）的一般特征

滑动面（带）由于遭受剪切破坏，形成厚度不大的摩擦破碎带，其特征与断层破碎带有相似之处。该带岩土一般扰动严重，磨碎的细粒有定向排列的趋势，比较软弱，略有片理化，并可见到磨光面及擦痕。因摩擦而变细的滑带土与上下层岩土在粒度成分上和颜色上有所不同，其含水量也比上下岩层高，往往呈软塑状态。

2. 滑动面（带）位置确定方法

正确确定滑坡的滑动面（带）位置、形态及滑动面（带）物质的物理力学性质，是滑坡稳定分析及评价的必要条件，特别是滑动面（带）位置的确定更为重要。实际工作中，按照工作精度和要求可采用不同的方法。

（1）根据作图法估计滑动面（带）位置

当只进行地表测绘，未进行勘探工程时，只能借助于作图方法大致估计滑动面（带）位置。作图方法如下：①假定滑动面（带）为一圆弧形，根据地表测绘找出滑坡后缘陡壁并测定陡壁的产状及擦痕产状，同时找出滑坡前缘位置及产状。在滑坡主轴剖面上，过后缘陡壁及前缘两点，按其产状画 *AC* 及 *BC* [图 5-11（a）]，过 *A* 及 *B* 分别作垂线 *OA* 及 *OB* 交于 *O* 点，以 *O* 为圆心，以 *OA*（或 *OB*）为半径作圆，即为假想滑动面（带）位置。②在滑坡主轴剖面上连接后缘陡壁坡脚 *A* 和滑动面（带）出口 *B* 点[图 5-11（b）]，作 *AB* 的垂直二等分线 *CO*，在 *CO* 上选一点，以 *OA* 为半径作圆，使此圆能与任一点的滑动面（带）倾向线相切，此圆弧即为所求的滑动面（带）。

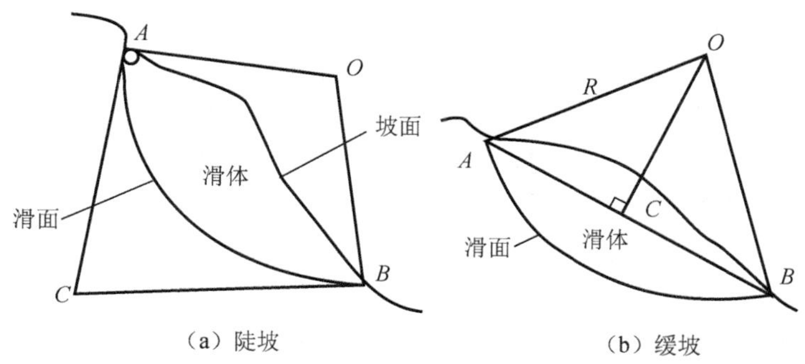

图 5-11　滑动面（带）作图法

（2）根据位移观测资料推求滑动面（带）位置

在有滑坡位移观测资料时，可根据滑坡的位移数据来推求滑动面（带）。可采用应变管法确定滑动面位置。该方法是将以一定间距贴一对电阻应变片的硬质聚氯乙烯管置于钻孔中，通过应变片的应变来测定聚氯乙烯管的弯曲。应变片按 2m 间距贴一片。应变片贴在应变测管的中间，并把它和同质的过滤管的中间管连接起来，见图 5-12，电缆从管的外侧引出。测管下至钻孔内，由于斜坡的滑动就会受到岩土体收缩和伸张变形的影响而发生弯曲（图 5-13），应变片就会产生应变。在滑动面（带）处弯曲最大，应变也最显著。应变的传递距离不大，只有几毫米的滑动位移，其应变只能传递到滑动面上下 50cm 左右的地方，所以现在采用的应变计测管，其应变片贴附间距已缩至 25cm。这种装置的精度可达 10～100μm，越向深处，精度越低。

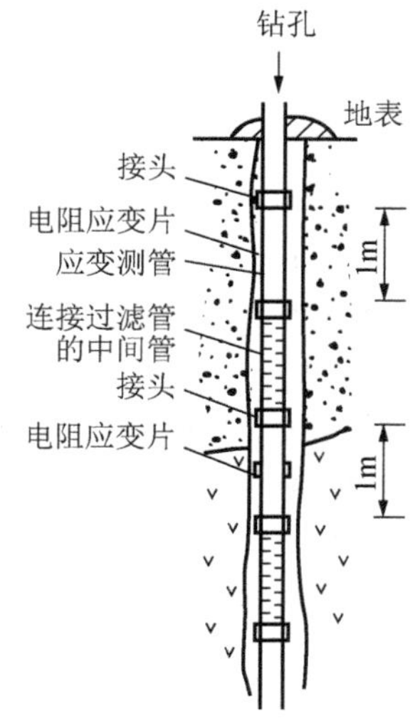

图 5-12　应变管装置示意图

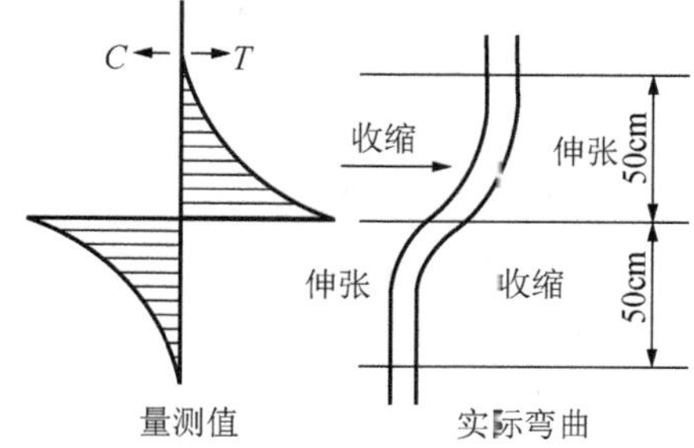

图 5-13　应变测管的弯曲

（3）根据钻探资料判断滑动面（带）位置

钻探是滑动面(带)研究中常用方法之一，根据钻探资料可较准确地确定滑动面(带)的位置。钻探中可做滑动面（带）分析的资料包括：①在基岩滑坡滑动面（带）以上钻进时，钻孔跳动，易卡钻，回水漏失严重，滑动面（带）以下钻进平稳，透水性正常。②由基岩滑坡滑动面（带）以上岩芯量得的岩层倾角变化较大，岩石风化剧烈，裂隙中多有泥质充填，滑动面（带）处常有泥夹碎屑。滑动面（带）以下岩层产状正常，风化状态也正常。③在滑动面（带）附近钻进时，如速度突快或发现孔壁收缩，孔身错断，套管弯曲，上下钻孔困难，此处可能为滑动面（带）位置。在这种情况下，除可直接测量钻孔弯曲部分外，还可在孔内下入塑料管，定期用略小于塑料管内径的金属棒下入孔内，测棒受阻处可能为滑动面（带）位置。④土质滑坡滑动面（带）沿钻进岩芯剥开后，可见滑动形成的微斜层理、擦痕和镜面，滑动面（带）土中有上部土层的夹杂物，颜色和土质比较复杂，岩芯的微细结构也有错动现象。含细粒物质时，其表面比较光亮。⑤基岩滑坡滑动面（带）进行压水或注水试验时，漏水严重，栓塞常封堵不严，水泵不起压，一般测不到地下水位，钻孔无回水。滑动面（带）以下基岩透水正常，可测得地下水位。下套管至基岩顶面，则钻进有回水。此外尚可根据钻孔中的地下水位进行判断。钻穿滑动面（带）时，地下水位常有显著变化。

（4）根据坑探工程查明滑动面（带）位置

通过坑探工程查明滑动面（带）（带）的位置是行之有效的方法，特别是大型滑坡有多个滑动面（带）时常可直接观察到。

（5）根据物探资料判断滑动面（带）位置

当滑动面（带）与上下层有较大电性差异时，可利用电测深曲线确定滑动面（带）位置；也可根据弹性波资料、电测井或充电法资料确定滑动面（带）。

用上述方法初步确定滑动面（带）位置时，尚须结合地表形态和其他地质因素进行分析判断。必须注意的是，大型滑坡常有几个滑动面（带），要区分主滑动面（带）和次级滑动面（带）。

5.2.4 滑坡分类

滑坡形成于不同的地质环境，并表现为各种不同的形式和特征。滑坡分类的目的就在于对滑坡作用的各种环境和现象特征及产生滑坡的各种因素进行概括，以便正确反映滑坡作用的某些规律。在实际工作中，可利用科学的滑坡分类去指导勘察工作，衡量和鉴别给定地区产生滑坡的可能性，预测斜坡的稳定性及制定相应的防滑措施。

目前滑坡的分类方案很多，各方案所侧重的分类原则不同。有的根据滑动面与层面的关系，有的根据滑坡的动力学特征，有的根据规模、深浅，有的根据岩土类型，有的根据斜坡结构，还有的根据滑动形状甚至根据滑坡时代等。由于这些分类方案各有优缺点，因此仍沿用至今。同时也有人提出不少综合分类方案，但是这些方案尚未得到公认，滑坡分类有待进一步探讨。下面仅重点介绍以下几类。

1. 按滑动面与层面关系的分类

这种分类应用很广，是较早的一种分类，可分为均质滑坡（无层滑坡）、顺层滑坡和切层滑坡三类。

（1）均质滑坡

这是发生在均质的、没有明显层理的岩体或土体中的滑坡。滑动面不受层面的控制，而是取决于斜坡的应力状态和岩土的抗剪强度的相互关系。滑动面（带）呈圆柱形或其他二次曲线形。在黏土岩、黏性土和黄土中较常见。例如，陕西省阳安铁路中段的西乡路堑滑坡即为此例（图 5-14）。路堑边坡由均质的棕红色膨胀土组成，边坡高 23m，1981 年 11 月 20 日发生滑动，滑体长 72m，宽 42m，最大厚度 15m，线路被堵塞高达 6m。滑动面为圆弧形，后滑壁倾角约 70°，高 4～5m，平面上形成圈椅状。

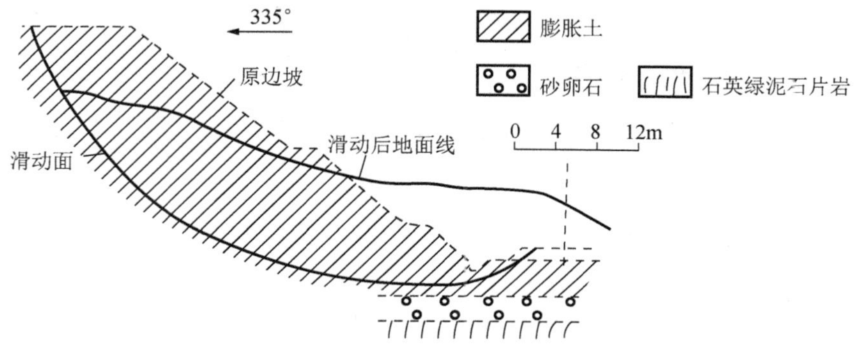

图 5-14　西乡滑坡纵剖面图

（2）顺层滑坡

顺层滑坡一般是指沿着岩层层面发生滑动。特别是有软弱岩层存在时，易成为滑坡面。那些沿着断层面、大裂隙面的滑动，以及残坡积物顺其与下部基岩的不整合面下滑的均属于顺层滑坡的范畴。顺层滑坡是自然界分布较广的滑坡，而且规模较大。1963 年 10 月 9 日发生在意大利的 Vaiont 水库滑坡（图 5-15）即为一大型顺层滑坡，滑动体积为 $2.6\times10^{8}m^{3}$。该滑坡使当时世界上最大的双曲拱坝失效，并造成水库下游 2600 人丧生。

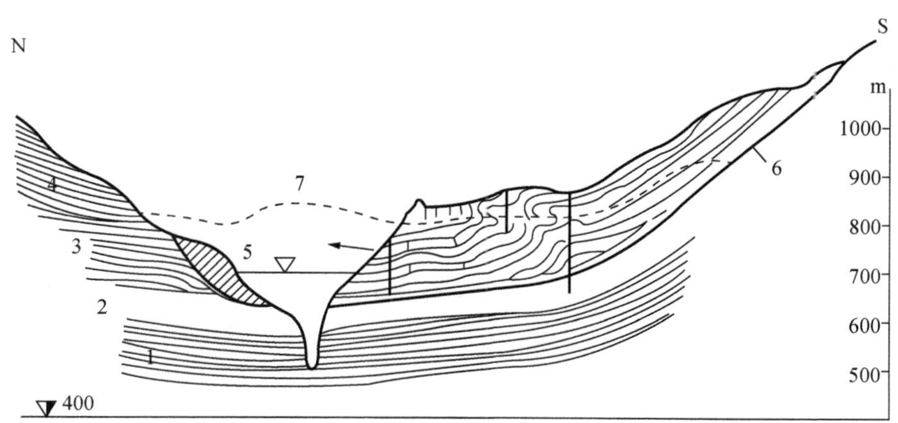

图 5-15　Vaiont 水库滑坡剖面图

1. 灰岩；2. 含黏土岩夹层的薄层灰岩（侏罗系）；3. 含燧石的厚层灰岩（白垩系）；4. 泥灰质灰岩；5. 老滑坡；6. 滑动面；7. 滑动后地面线

（3）切层滑坡

滑坡面切过岩层面而发生的滑坡称为切层滑坡。其滑坡面常呈圆柱形，或对数螺旋曲线，见图 5-16。

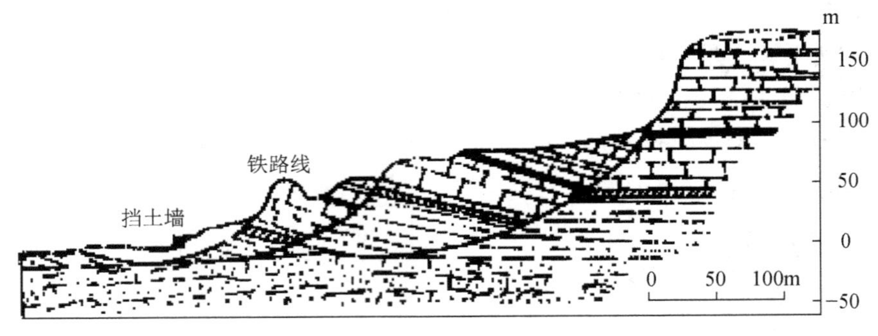

图 5-16 切层滑坡

2. 按滑动力学性质分类

滑坡主要按始滑位置（滑坡源）所引起的力学特征进行分类。这种分类对滑坡的防治有很大意义。一般根据始滑部位不同而分为推落式滑坡、平移式滑坡、牵引式滑坡（图 5-17）和混合式滑坡。

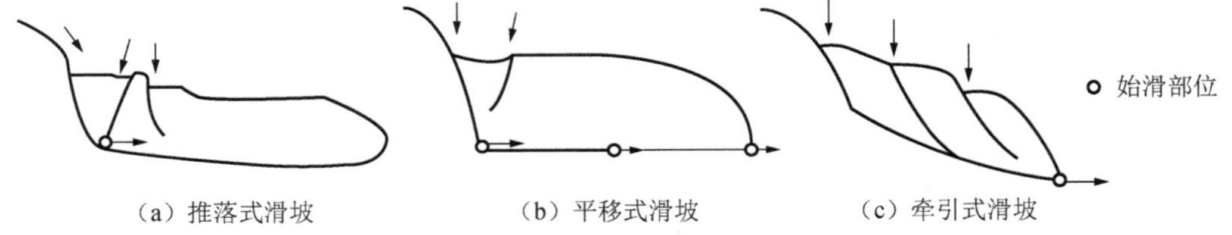

图 5-17 始滑部位不同的各类滑坡

（1）推落式滑坡

这种滑坡主要是由于斜坡上部张开裂缝发育或因堆积重物和在坡上部进行建筑等，引起上部失稳始滑而推动下部滑动。例如，湖北省秭归县境内土凤岩-马家坝滑坡，该处原为一古滑坡体，高 30～50m 的后缘陡壁崩塌，约 $1.5\times10^5 m^3$ 崩塌体崩落到古滑坡体上，造成压力急剧增加，从而引起古滑坡复活。

（2）平移式滑坡

这种滑坡滑动面一般较平缓，始滑部位分布于滑动面的许多点，这些点同时滑移，然后逐渐发展连接起来。例如，包头矿务局的白灰厂滑坡，该处为侏罗系煤系地层，主要为砂岩、砂页岩、灰岩、油页岩及粉砂岩，并夹有黏土岩层，倾角 4°～6°，坡体为平缓山坡。滑坡体沿黏土层滑出，最大滑动速度每天有 10cm，半年期间覆盖 10m 宽的公路路面，迫使公路改线［图 5-18（a）］。该滑坡的变形特点以水平位移为主，观测期间水平位移为 1060～1234mm，垂直位移仅 67～100mm。

（3）牵引式滑坡

这种滑坡首先是在斜坡下部发生滑动，然后逐渐向上扩展，引起由下而上的滑动，这主要是由于斜坡底部受河流冲刷或人工开挖而造成的。例如，四川省云阳镇大桥沟内侧长江阶地沉积的黄褐色黏性土，由于东西两沟流水掏蚀坡脚，引起黏土滑动，由下至上逐渐形成五个滑动面和五个滑坡台阶，这类滑坡是近临空面的前部自行下滑后，后部失去支撑而接着下滑［图 5-18（b）]。

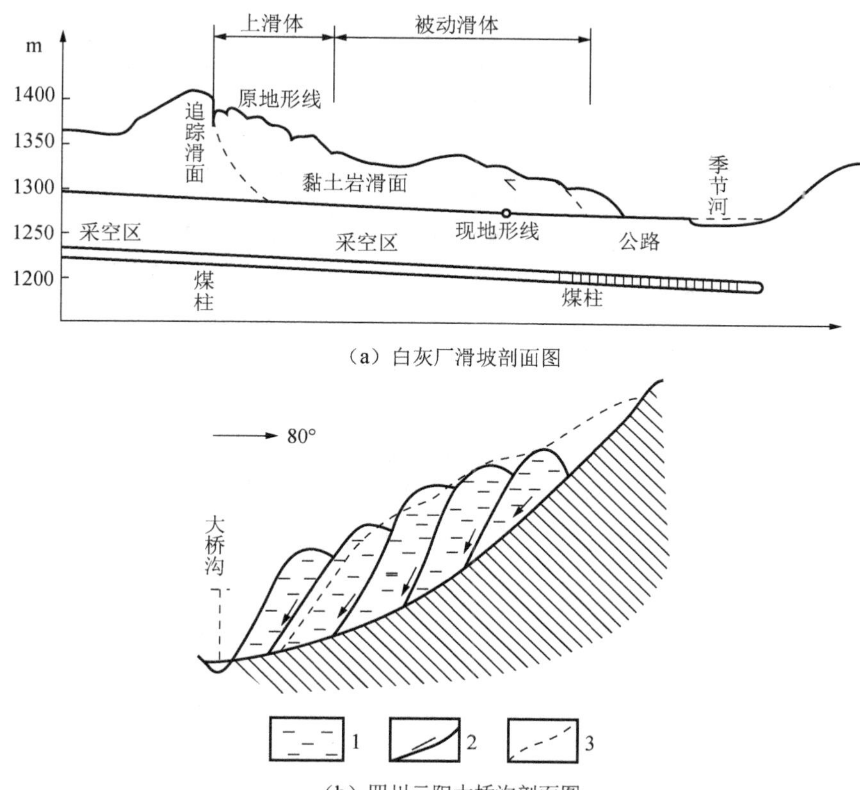

（a）白灰厂滑坡剖面图

（b）四川云阳大桥沟剖面图

图 5-18 平移式滑坡和牵引式滑坡

1. 黏土；2. 滑动面；3. 原坡面线

（4）混合式滑坡

这种滑坡是始滑部位上、下结合，共同作用形成的。混合式滑坡比较常见。

3. 按滑坡时代分类

鉴于大量自然滑坡的发育与河流侵蚀期紧密相关（河流侵蚀为绝大多数自然滑坡的发育提供了有效临空面），本书建议主要以河流侵蚀期作为区分滑坡发生时代的依据，分类方案详见表 5-1。

表 5-1　滑坡时代分类方案

滑坡类型（亚类）	划分依据	基本特征	稳定性（别称）
新滑坡	发生于河漫滩时期，具有现代活动性	① 现代活动性； ② 滑坡形态特征完备	不稳定（或滑坡）
老滑坡	发生于河漫滩时期，目前（暂时）稳定	① 目前不活动，但滑坡堆积物掩覆在河漫滩之上，或滑坡前缘被河漫滩时期堆积物所掩叠； ② 滑坡形态特征基本完备，但有局部改造	暂时稳定或稳定，很易复活（隐滑坡）
古滑坡（一级阶地时期滑坡、二级阶地时期滑坡……）	发生在河流阶地侵蚀时期或稍后，目前稳定	① 滑坡出口高程与河流阶地的侵蚀基准面相当；或滑坡体掩覆在阶地堆积物之上，或后期的阶地堆积物掩叠在滑坡体之上、之前； ② 一般已不再保存明显的滑坡形态特征，但在地层叠置、层序上和地层变位、松动等方面有明显反映，常形成反常层次和反常构造现象	稳定，不易复活（稳滑坡）
始滑坡（……二级夷平面时期滑坡、一级夷平面时期滑坡）	发生在当地现今水系形成之前，或以夷平面相关划分或以上、下界线地层时代划分	① 无法找到滑坡与当前水系的相关关系，仅能依据滑坡堆积特征及其与夷平面或老地层的叠置关系予以稳定； ② 一般已不再保存明显的滑坡形态特征，但在地层叠置、层序上和地层变位、松动等方面有明显反映，常形成反常层次和反常构造现象	极稳定，几乎完全不会复活（死滑坡）

滑坡与河漫滩、河流阶地的相关性是通过滑坡剪出口高程或滑坡堆积物与各时期河流堆积物的叠置关系确定的。如图 5-19 中的 A、B、C、D 滑坡分别定为一级阶地时期、二级阶地时期、三级阶地时期和河漫滩时期滑坡。

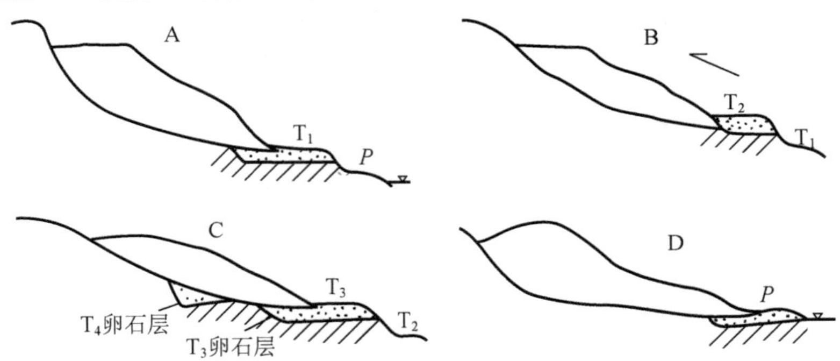

图 5-19　滑坡时代的确定

A. 一级阶地时期古滑坡；B. 二级阶地时期古滑坡；

C. 三级阶地时期古滑坡；D. 河漫滩时期滑坡（老滑坡）

4. 按斜坡岩土类型分类

斜坡的物质成分不同，滑坡的力学性质和形态特征也就不一样，特别是滑动面的形状及滑体结构等有所不同。所以按岩土类型来划分滑坡类型能够综合反映其特点，是比较好的分类方法。我国铁道部门按组成滑体的物质成分提出了分类方案，可分为黏性土滑坡、黄土滑坡、堆填土滑坡、堆积土滑坡、破碎岩石滑坡、岩石（基岩）滑坡六大类，其中基岩适当详细划分，有人认为可分为软硬互层岩组滑坡、软弱岩岩组滑坡、坚硬-半坚硬岩岩组滑坡和碎裂岩岩组滑坡等。

5. 其他分类

其他分类主要包括以下几种：

1）按滑坡主滑面成因类型分类：堆积面滑坡、层面滑坡、构造面滑坡、同生面滑坡。

2）按滑坡深度分类：浅层滑坡（厚度小于 6m）、中层滑坡（厚 6～20m）、厚层滑坡（厚 20～50m）、巨厚层滑坡（厚度大于 50m）。

3）按滑动形式分类：转动式滑坡、平移式滑坡。

4）按滑动历史分类：首次滑坡、再次滑坡。

5.2.5　滑坡的防治

1. 避开滑坡的危害

对于大型滑坡或滑坡群的治理，由于工程量大、工程造价高、工期较长，因此在工程勘测设计阶段以绕避为主。例如，成昆线牛日河左岸一处滑坡，滑体厚度大并正在滑动中，故在勘测后定线时两次跨越牛日河来避开滑坡的危害。

2. 排除地表水和地下水

滑坡的滑动多与地表水或地下水有关，因此在滑坡的防治中往往要排除地表水或地下水，以减少水对滑坡岩土体的冲蚀，减少水的浮托力和增大滑带土的抗剪强度等，从而增加滑坡的稳定性。在整治初期，采取一些排除地表水或地下水的措施，往往能收到防止或减缓滑坡发展的效果。

地表排水的目的是拦截滑坡范围以外的地表水流入滑体，使滑体范围内的地表水排出滑体。地表排水工程可采用截水沟（图 5-20）和排水沟等。

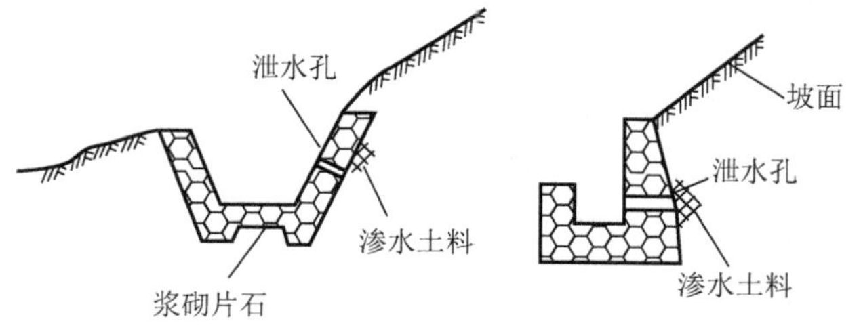

图 5-20　截水沟

排除地下水是用地下建筑物拦截、疏干地下水及降低地下水位等来防止或减少地下水对滑坡的影响。根据地下水的类型、埋藏条件和工程的施工条件，可采用的地下排水工程有截水盲沟、支撑盲沟、边坡渗沟、排水隧洞及没有水平管道的垂直渗井、水平钻孔群和渗管疏干等。截水盲沟排水见图 5-21，平孔排水见图 5-22。

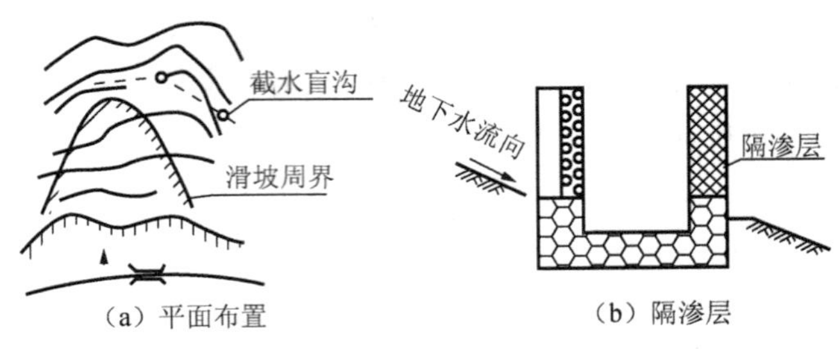

（a）平面布置　　（b）隔渗层

图 5-21　截水盲沟排水

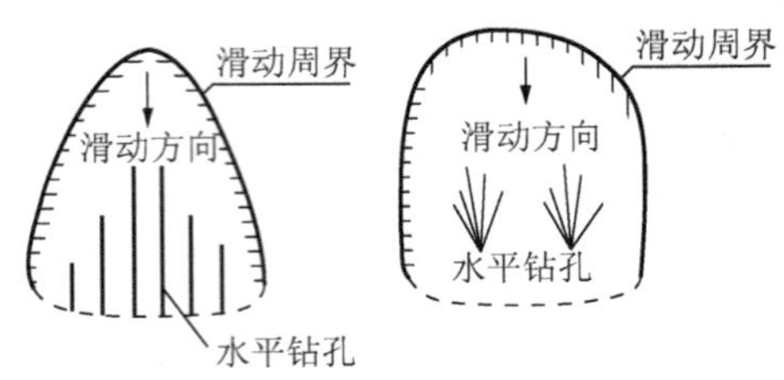

图 5-22　平孔排水平面布置

3. 抗滑支挡

根据滑坡的稳定状态，用减小下滑力、增大抗滑力的方法来改变滑体的力学平衡条件，使滑坡稳定，这是防止某些滑坡继续发展而立即生效的措施。常用的方法有支撑抗滑工程、抗滑明洞、抗滑挡墙、抗滑桩等。

（1）抗滑挡墙

抗滑挡墙由于施工时破坏山体平衡小，稳定滑坡收效较快，因此在整治滑坡中是经常采用的一种有效措施。对于中小型滑坡可以单独采用；对于大型复杂滑坡，抗滑挡墙可作为综合措施的一部分，同时还要做好排水等措施。设置抗滑挡墙时必须弄清滑坡的滑动范围、滑动面层数及位置、推力方向及大小等，并要查清挡墙基底情况，否则会造成挡墙变形，甚至挡墙随滑体滑动，使工程失效。

抗滑挡墙按其受力条件、墙体材料及结构可分为片石垛工式、混凝土式、实体式、装配式和桩板式等。在以往山区滑坡整治中，采用重力式挡墙的较多，近年来，在一些工程中也采用了桩板式挡墙，取得了较好的效果。

抗滑挡墙与一般挡土墙的主要区别在于它所受的压力大小、方向和合力作用点不同。由于滑坡的滑动面已形成，因此抗滑挡墙受力与挡墙高度和墙背形状无关，主要由滑坡推力所决定。其受力方向与墙背较长一段滑动面方向有关，即平行墙后的一段滑动面的倾斜方向。推力的分布为矩形，合力作用点为矩形的中点。因此，重力式抗滑挡墙有胸坡缓、外形矮胖的特点。为了保证施工安全，修筑抗滑挡墙最好在旱季施工，并于施工前做排水工程，施工时必须跳槽开挖，禁止全拉槽。开挖一段应立即砌筑回填，以免引起滑动。施工时应从滑体两边向中间进行，以免中部推力集中，推毁已成挡墙。

（2）抗滑桩

抗滑桩是以桩作为抵抗滑坡滑动的工程建筑物。这种工程措施像是在滑体和滑床间打入一系列铆钉，使两者成为一体，从而使滑坡稳定，所以有人称之为锚固桩。桩的材料有木桩、钢管桩、混凝土桩和钢筋混凝土桩等。近几年来在滑坡整治中，还采用了锚索抗滑桩等新型支挡结构。它已成为一种主要工程措施，应用较广泛，取得了良好的效果。

抗滑桩的布置取决于滑体密实程度、含水情况、滑坡推力大小等因素，通常按需要布置成一排和数排。目前我国多采用钢筋混凝土的挖孔桩，截面多为方形或矩形，其尺寸取决于滑坡的推力和施工条件。由于分排间隔设桩，截面小，分批开挖，因此具有工作面多、互不干扰、施工简便、安全等优点。

4. 减重反压

经过地质调查、勘探和综合分析之后，确认滑坡性质为推动式或者是错落转化而成的滑坡，具有上陡下缓的滑动面，并经过技术经济比较之后，认为减重方法确属有效并无后患时才采用，有的情况下减重反压也可起到根治滑坡的作用。但对牵引式滑坡和顺层滑坡，后部减重只能减少滑坡推力，起不到根治作用。

减重需经过滑坡推力计算，求出沿各滑动面的推力，才能判断各段滑体的稳定。减重不当，不但不能稳定滑坡，反而可能加剧滑坡的发展。减重后还要验算是否有可能沿某些软弱处重新滑出。采用减重时也要做好排水和地表的防渗工作。

滑坡前缘必须确有抗滑地段存在，才能在此段加载，增加抗滑能力，否则将起到相反的作用。尤其不可在牵引地段加载，增加下滑力促使滑动加剧。前部加载也和减重一样，也要经过反复计算，使之能达到稳定滑坡的目的。

5. 其他方法

其他方法主要是改变滑带土的性质、提高滑带土强度，这些方法包括钻孔爆破、焙烧、化学加固和电渗排水等。从理论上来说，这些方法都能起到加固作用，但由于技术和经济的原因，在实践中还很少应用。

5.3 泥 石 流

5.3.1 概述

泥石流是一种含大量泥砂、石块等固体物质的特殊洪流。它与挟砂洪流的本质区别在于流体中固体物质的含量。试验表明，当流体密度大于 1420kg/m^3 时，流体性质将发生质的改变，表露出某些泥石流的特征，如形成龙头、堆积成泥石流垄岗、产生束流现象、直进性爬高、弯道超高、具有较大撞击能力和对沟槽有较大侵蚀能力等。所以，不少学者将密度 1420kg/m^3 作为划分泥石流与挟砂洪流的界线。通常泥石流密度在 1420kg/m^3（泥流 1220kg/m^3）～2440kg/m^3（泥流 2240kg/m^3）。

泥石流爆发具有突然性，常在集中暴雨或积雪大量融化时突然爆发。一旦泥石流爆发，顷刻间大量泥砂、石块形成的“洪流”像一条“巨龙”一样，沿沟谷迅速奔泻而出，有时尘烟腾空、巨石翻滚、泥浆飞溅、山谷雷鸣、地面震动，直到沟口平缓处堆积下来，将沿途遇到的村镇房屋、道路、桥梁瞬间摧毁、掩埋，甚至堵河断流，造成严重的自然灾害，给人民生命财产带来巨大损失。

泥石流是一种山区地质灾害，主要分布在北纬 30°～50°的山地。这一纬度带中的中国、日本、美国、俄罗斯南部、法国、意大利等，都是泥石流发育的主要国家。在这一纬度带中，又主要发育在挤压造山带和地震带，特别是构造破碎带，如太平洋山系、喜马拉雅山脉、阿尔卑斯山脉等。我国是一个多山国家，山区面积达 70%左右，是世界上泥石流发育的国家之一。我国西南、西北、华北、华东、中南、东北等山区均有泥石流发育，遍及 23 个省区，尤以西南、西北山区最多。天山-阴山山脉、昆仑-秦岭山脉、横断山脉、大凉山、雪峰山、大别山、长白山等山脉，都是泥石流发育地带，如成昆铁路沙湾至禄丰段 800km 线路内，就有 249 条泥石流沟。甘肃全省 82 个县市就有 40 个县内有泥石流发育，泥石流分布范围约占全省面积的 15%。

泥石流具有强大的破坏性。例如，1981 年 7 月 9 日凌晨 1 点，四川省甘洛县利子依达沟爆发泥石流，泥石流密度达 $2340kg/m^3$、流速达 13.4m/s、最大泥深 10.6m，84 万 m^3 固体物质冲入大渡河，将宽 120m、水湍流急的大渡河拦腰截断，冲毁两端桥台，剪断 2 号桥墩，冲毁桥梁 2 孔，将行驶至此的 442 次列车的机车及两节客车车厢冲入大渡河，数百人丧生，直接经济损失 2000 多万元。1990 年，西藏东部章尤乔巴沟爆发泥石流，泥石流冲出沟口，横穿 80m 宽的易贡藏布江，向对岸推进 300m，形成一座高达 60～80m 的拦江大坝，将上游围成一个长 20km 的巨大湖泊，淹没大片农田和村庄。1970 年 5 月 31 日，秘鲁乌阿斯卡雷山区大地震引起大规模山崩，巨石同泥砂、冰水形成泥石流，从 3570m 的高度奔泻而下，以 30km/h 的速度冲毁了山下一些城镇，5 万居民丧生，80 多万人无家可归。

5.3.2 泥石流的形成条件

泥石流形成必须具备三个基本条件，即丰富的松散固体物质、充足的突发性水源和陡峻的地形条件。

1. 松散固体物质

组成泥石流松散固体物质的类型、数量和位置取决于泥石流沟流域内的地质环境条件。松散固体物质的来源包括岩体风化破碎堆积物、崩滑物质、洪积物等。

泥石流松散固体物质的来源是多方面的，一条泥石流沟可能具有多种松散固体物质来源。此外，松散固体物质所处的位置和自身的固结程度也非常重要，靠近沟尾的松散固体物质一般不易搬动，靠近沟口的松散固体物质则相对容易搬动。固结程度高的松散固体物质在靠近沟口也不一定能被搬动。有多少松散固体物质能参加泥石流运动，应具体情况具体分析。

2. 水源条件

水不仅是泥石流的组成部分和搬运介质，同时也是起动松散固体物质（如浸泡软化松散固体物质，降低其抗剪强度，产生浮力，挂动瓦解松散固体物质等）和产生松散固体物质（如诱发崩塌、滑坡等）的主要因素，所以水是形成泥石流的基本条件之一。

形成泥石流的突发性水源主要来自集中暴雨、冰雪融水和湖库溃决三种形式。我国大部分地区降雨量都集中在 5～9 月份，雨季降雨量占全年降雨量的 60%～90%，并且常以集中暴雨的形式出现。例如，东川支线老干沟，1963 年一次暴雨，一小时降雨 55.2mm，爆发了 50 年一遇的泥石流。又如，成昆铁路三滩泥石流沟，1976 年 6 月 29 日，一小时降雨 55.1mm；7 月 3 日，一小时降雨 86.7mm，也爆发了 50 年一遇的泥石流。再如，西藏东部古乡沟，1959 年 9 月 29 日，大量冰雪融水卷起冰碛物，形成泥石流，排出固体物质 14 万 m^3，泥石流先堵断谷口，然后以高 9.5m 的龙头冲出，方圆几千米成为一片石海，毁坏大片森林和村庄，泥石流还冲入波斗藏布江，把上游堵成一个宽 2km、长 5km 的湖泊。

3. 地形条件

泥石流常发生在地形陡峻、沟床纵坡坡度大的山地，流域形态多呈瓢形、掌形或漏斗形，这种地形因山坡陡峭，植被不易发育，风化、剥蚀、崩塌、滑坡等现象严重，可为泥石流提供丰富的松散物质，并且有利于地表水迅速汇集，形成洪峰，以及对泥石流具有较大的动能。一条典型的泥石流沟，从上游到下游一般可以分为三个区段，即形成区、流通区和沉积区，见图 5-23。

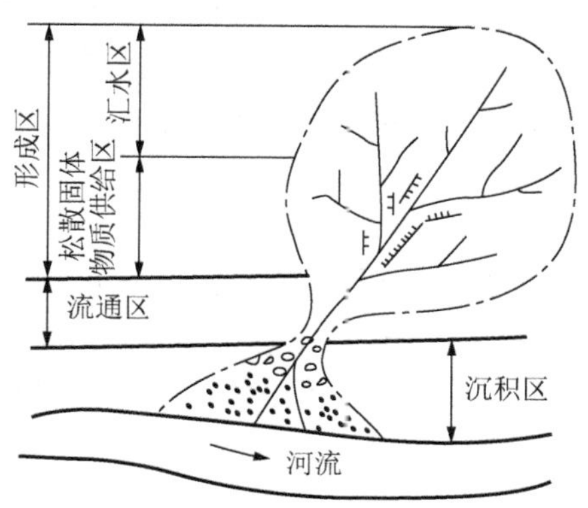

图 5-23 泥石流沟分区

（1）形成区

形成区一般在泥石流沟的中上游，由汇水区和松散固体物质供给区组成。汇水区山坡坡度常在 30° 以上，是迅速汇集水源，形成洪峰径流的地方。地形越陡，植被越少，水流汇集越快。供给水位于汇水区下部，常常坡面侵蚀强烈，两岸岩体破碎，崩塌、滑坡等不良地质发育，可提供大量泥石流松散固体物质。其沟床纵坡一般大于 14°，松散固体物质稳定性差，当遇特大洪峰时，可能形成泥石流。

（2）流通区

流通区一般位于泥石流沟中下游，为泥石流流通通道。一般沟床纵坡降大，相对狭窄顺直，两岸岩坡稳定，能约束泥石流使之保持较大泥深和流速，并使泥石流不易停积。该段沟床常有陡坎。由于泥石流一旦发生则不需要太陡的沟坡也能运动，因此该段沟床纵坡有时仅 8° 左右，也能通过泥石流。

（3）沉积区

沉积区一般位于沟口一带，地形开阔平坦的地段。泥石流到此流速变缓，流体分散，迅速失去动能而停积下来，多形成扇形堆积，称为泥石流扇。有的泥石流扇则为多次泥石流改道堆积形成。

在山区，有时沟口被主河床弯道冲刷，使泥石流沟无沉积区。但在主河床下游不远处，一般可见泥石流物质形成的大面积边滩或心滩。

5.3.3 泥石流的分类

为深入研究和有效整治泥石流，必须对泥石流进行合理分类。多年来，各相关研究单位和相关行业部门，大多建立有自己的泥石流分类及分类标准。常见的泥石流主要分类形式如下。

1. 按泥石流流体性质分类

（1）黏性泥石流

黏性泥石流一般指泥石流密度大于 1800kg/m^3（泥流大于 1500kg/m^3），流体黏度大于 0.3Pa • s，体积浓度大于 50%的泥石流。该类泥石流运动时呈整体层流状态，阵流明显，固、液两相物质等速运动，堆积物无分选性，常呈垄岗状。流体黏滞性强、浮托力大，能将巨大漂石悬移。由于泥浆的铺床作用，泥石流流速快，冲击力大，破坏性强，弯道处常有直进性爬高等现象。

（2）稀性泥石流

稀性泥石流一般指泥石流密度小于 1800kg/m^3（泥流小于 1500kg/m^3），流体黏度小于 0.3Pa • s，体积浓度小于 50%的泥石流。该类泥石流运动时呈紊流状态，无明显阵流，固、液两相物质不等速运动，漂石流速慢于浆体流速，堆积物有明显分选性。其流速和破坏性均小于黏性泥石流。

2. 按泥石流物质组成分类

（1）泥流

泥流中固体物质为泥砂，仅有少量碎石岩屑，液体黏度大，有时出现大量泥球。在我国，泥流主要分布在西北黄土高原地区。

（2）泥石流

泥石流由大量泥砂和巨大块石、漂石组成。在我国主要出现在温暖、潮湿、化学风化强烈的南方地区，如西南、华南等地。

（3）水石流

水石流松散主要由砂、砾、卵石、漂石组成，黏土含量很少。在我国主要分布在干燥、寒冷，以物理风化为主的北方地区和高海拔地区。北京密云山区即为水石流区。

3. 按泥石流地貌特征分类

（1）山坡型泥石流

山坡型泥石流主要沿山坡坡面上的冲沟发育。沟谷短、浅，沟床纵坡常与山坡坡度接近。泥石流流程短，有时无明显的流通区。固体物质来源主要为沟岸塌滑或坡面侵蚀。

（2）沟谷型泥石流

沟谷型泥石流沟谷明显，长度较大，有时切穿多道次级横向山梁，个别甚至切穿分水岭。形成区、流通区、沉积区明显，松散固体物质来源主要为流域崩塌、滑坡、沟岸坍塌、支沟洪积扇等。

此外，还有按泥石流固体物质来源分类，按泥石流发育阶段分类，按泥石流沉积规模分类，按泥石流发生频率分类，按泥石流激发因素分类和按泥石流危险程度分类等多种分类方法。

5.3.4 泥石流的防治措施

泥石流防治是一个综合性工程，在泥石流沟的不同区段，其防治目的和主要防治手段均有所不同。

1. 形成区

形成区防治以水土保持和排洪为主。在汇水区广种植被，延迟地表水汇流时间，降低洪峰流量。在松散固体物质供给区上游，修建环山排洪渠或泄洪隧道，使地表径流不经过松散固体物质堆积场地，或残留的地表径流不足以起动松散固体物质。例如，四川省峨眉水泥厂左侧的干溪沟，该沟下游从厂区通过，中游因山腰采矿区弃渣堆积，沟中停积上百万立方米松散固体物质，也超过拦渣坝高度数米，随时有形成泥石流的可能，但峨眉水泥厂在干溪沟松散固体物质堆积区上游修筑截水坝，右岸修建一截面面积为 9m^2 的泄洪隧道，使地表径流不经过松散固体物质堆积区，从而避免了泥石流发生。在松散固体物质供给区，一般以灌浆、锚固、支挡等形成加固边坡，稳定松散固体物质。

2. 流通区

流通区防治以拦渣坝为主。在流通区泥石流已经形成，一般采用多道拦渣坝的形式，将泥石流物质拦截在沟中，使其不能到达下游或沟口建筑物场地。拦渣坝常见的有重力式挡墙和格栅坝两种，见图 5-24（L 为墙距，H 为有效墙高）。重力式挡墙抗冲击能力强，一般间隔不远，使城内拦挡物质能够停积到上游墙体下部，起到防冲护基作用。挡墙的数量和高度以能全部拦截或大部分拦截泥石流物质为准，以减轻泥石流对下游建筑物的危害。格栅坝则既能截留泥石流物质，又能排走流水，已越来越多地被采用，但注意应使其具有足够的抗冲击能力。

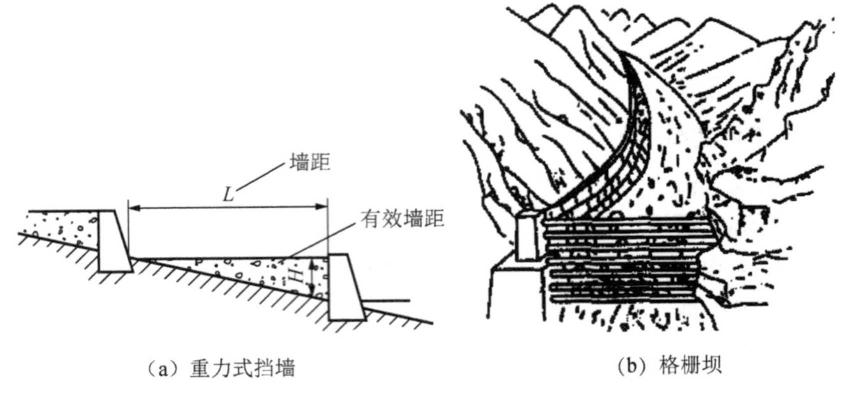

（a）重力式挡墙 （b）格栅坝

图 5-24 拦渣坝

3. 沉积区

沉积区防治以排导工程为主。常见的工程措施有排导槽、明洞渡槽和导流堤。排导槽位于桥下，用浆砌片石构筑而成。槽的底坡应大于泥石流停积坡度，使泥石流在桥下一冲而过。槽的横截面积应大于泥石流洪峰横截面积，排导槽出口常与河流锐角相交，以便河流顺利带走排出物质。明洞渡槽主要用于危害严重、又不易防治的泥石流沟，在桥梁位置修建明洞，在明洞上方修建排导槽，使上游泥石流通过明洞上方排导槽越过线路位置，从而起到保护线路的目的。明洞一定要有足够的长度，以防特大型泥石流从明洞两端洞门灌入明洞内。导流堤主要用于引导泥石流方向，以保护居民点。

上述防治措施应综合运用，以求取得最好效果。

5.4 岩 溶

5.4.1 概述

地下水和地表水对可溶性岩石的破坏和改造作用都称为岩溶作用，这种作用及其所产生的地貌现象和水文地质现象总称为岩溶，国际上通称喀斯特（karst）。

岩溶作用的结果表现在以下两方面：一方面形成地下和地表的各种地貌形态，如石芽、溶沟、溶孔、溶隙、落水洞、漏斗、洼地、溶盆、溶原、峰林、孤峰、溶丘、干谷、溶洞、地下湖、暗河及各种洞穴堆积物。另一方面形成特殊的水文地质现象，如冲沟很少，地表水系不发育；岩体的透水性增大，常构成良好的含水层；岩溶水空间分布极不均匀，动态变化大，流态复杂多变；地下水与地表水互相转化敏捷；地下水的埋深一般较大，山区地下水分水岭与地表分水岭常不一致等。

岩溶在世界上分布十分广泛，从海平面以下几千米的地壳深处，到海拔 5000m 以上的高山区均有发育。据估计，可溶岩在地球上的分布面积为：碳酸盐岩 4×10^7km^2、石膏和硬石膏 7×10^6km^2、盐岩 4×10^6km^2。可见，碳酸盐岩分布最广，研究这类岩石的岩溶也就具有更为重要的理论和现实意义。

据统计，我国碳酸盐岩分布面积约为 $2\times10^6km^2$，约占国土总面积的 1/5，其中裸露于地表的约 $1.3\times10^6km^2$，约占国土总面积的 1/7。碳酸盐岩分布的地理位置包括西南、华南、华东、华北等地及西部的西藏、新疆等省区。在川、黔、滇、桂、湘、鄂诸省呈连续分布，面积竟达 $5\times10^5km^2$，是我国主要的岩溶区。

我国碳酸盐岩形成于不同的地质时代。华南地区自震旦纪至下古生代的寒武、奥陶纪，上古生代的泥盆、石炭、二叠纪和中生代的三叠纪，碳酸盐岩总厚达 3～5km。华北地区则为震旦纪和下古生代，碳酸盐岩总厚 1～2km。这些碳酸盐岩为岩溶的形成提供了雄厚的物质基础。

我国疆域辽阔，地跨热带、亚热带和温带不同气候区，与之相应的岩溶类型也丰富多彩，其中南部诸省的灰岩地区岩溶发育，风景绮丽，早已闻名于世，如“桂林山水甲天下”古今传颂。总之，我国岩溶分布之广，面积之大，类型之多，是世界上其他国家所不及的。

岩溶与工程建设的关系十分密切。在水利水电建设中，由于库坝地址选择不当，岩溶导致库水渗漏，影响水库的效益和正常使用，它是水工建设中主要的工程地质问题。在岩溶地区修建隧道、地下洞库和开采矿产，一旦揭穿高压岩溶管道水时，就会造成大量突水，有时挟有泥沙喷射，给施工带来严重困难，甚至淹没坑道，造成机毁人亡等事故。在地下洞室施工中遇到巨大溶洞时，洞中高填方或桥跨施工困难，造价昂贵，有时不得不另辟新道，因而延误工期。

在覆盖型岩溶区，覆盖在石芽、溶沟之上的第四系松散土厚度不等，可能引起建筑物地基的不均匀沉陷。当松散土中发育土洞时，可能因土洞塌陷引起建筑物的变形破坏。由于采矿或供水引起地下水位大幅度下降，因地表塌陷对农田及各种工程建筑物的破坏影响就更为严重。

必须指出，虽然在岩溶区进行工程建设时困难大、问题多，但并非所有岩溶区都必然产生上述问题。国内外大量工程实践证明，只要充分掌握岩溶的发育规律，查明影响岩溶发育的因素，预测岩溶对建筑物的危害，并采取有效的防治措施，在岩溶地区是能够进行各种工程建筑的。例如，在岩溶区修建水利水电工程时，因地制宜地采取灌、铺、堵、截、导等措施进行防渗处理；利用碳酸盐岩中所夹的页岩、泥质白云岩等相对隔水层作坝基；利用岩溶发育不均匀性的规律，进行工程选址及提出处理措施；利用溶蚀洼地、地下暗河修建水库；对于大型洞穴可以直接用作厂房和仓库；丰富的岩溶水可以用作城镇工矿供水和农田灌溉的水源。

总之，为了运用岩溶发育规律来指导岩溶区的工程建设，真正做到兴利除害，开展对岩溶的研究有着重要的理论和实际意义。

5.4.2　碳酸盐岩的溶蚀机理

参与岩溶过程中的营力及其所引起的岩溶作用较为复杂，如地下水和地表水的溶蚀和沉淀，地表水的侵蚀、剥蚀和堆积，地下洞穴高压空气的冲爆和低压空气的吸蚀，地下水的机械潜蚀、冲蚀与堆积，地下洞穴的重力崩坍、塌陷与堆积。其中以地表水和地下水的溶蚀作用最为经常和积极。溶蚀作用不仅直接塑造了各种地表和地下岩溶地貌，同时又是其他岩溶作用的先导和条件。因此，溶蚀是岩溶作用的本质和关键。同时，自然界分布的可溶盐岩以碳酸盐岩为主。因此，从工程地质观点研究岩溶的形成机理，应以地下水对碳酸盐岩的溶蚀作用为主。

碳酸盐是化学上的难溶盐，如碳酸钙在纯水中的溶解度很低。在常压下，温度为8.7℃时，方解石的溶解度为10mg/L；温度为16℃时，溶解度为13.1mg/L；温度为25℃时，溶解度为14.3mg/L。而在每升天然地下水中碳酸钙的含量可达数百毫克。据研究，其原因是地下水并非纯水，而是化学成分十分复杂的溶液。水中除了最常见的碳酸外，还有无机酸、有机酸和其他盐类。这些化学成分对碳酸盐岩共同起着溶蚀作用。此外，硫酸盐和卤化物的溶蚀是一种纯溶解过程，在一定温压条件下，其溶解度为一常数。而碳酸盐的溶蚀涉及多相体系的化学平衡的复杂溶解过程；同时，又有某些特殊效应使其溶蚀能力加强，致使岩溶发育既有由表及里的趋势，又有地下岩溶优先并强烈发育现象。为了阐明碳酸盐岩特殊的溶蚀机理，分析其溶蚀过程及各种效应是很有必要的。

1. 碳酸盐岩的溶蚀过程

这里以石灰岩为例来说明这一过程。1960 年，南斯拉夫学者伯格里（Bogli）把石灰岩的溶蚀过程分为四个化学阶段。

第一阶段，与水接触的石灰岩，在偶极水分子作用下发生溶解：

$$CaCO_3 \rightleftharpoons Ca^{2+} + CO_3^{2-} \tag{5-1}$$

这时溶解很快，并立即达到平衡。如果水中存在由碳酸、有机酸、无机酸等酸类所解离的 H^+，则其与 CO_3^{2-} 结合成 HCO_3^-，使式（5-1）右边的 CO_3^{2-} 不断减少而破坏其平衡，进而促进 $CaCO_3$ 的再度溶解。

第二阶段是原溶解于水中的 CO_2 的反应：

$$H_2O+CO_2 \rightleftharpoons H_2CO_3 \rightleftharpoons H^+ + HCO_3^- \tag{5-2}$$

碳酸电离的 H^+与式（5-1）的 CO_3^{2-} 化合成重碳酸根：

$$H^+ + CO_3^{2-} \rightleftharpoons HCO_3^- \tag{5-3}$$

这两个阶段的最终反应是

$$CaCO_3+H_2O+CO_2 \rightleftharpoons Ca^{2+} + 2HCO_3^- \tag{5-4}$$

第三阶段是水中物理溶解的 CO_2 的一部分转入化学溶解，即水中部分游离 CO_2 与水化合成为新的碳酸，这样构成一个链反应，其反应式与式（5-2）相同。其结果是不断补充 H^+的消耗及促进 $CaCO_3$ 的溶解。

第四阶段是由于水中 CO_2 含量和外界（土壤和大气）CO_2 含量也有一个平衡关系，水中 CO_2 减少，平衡就受到破坏，必须吸收外界 CO_2 以便使水中 CO_2 含量重新达到新的平衡，这样又构成一个链反应。

如果在封闭系统中，石灰岩的溶解总量取决于水中最原始的CO_2含量，当达到平衡后溶解作用就停止，甚至使$CaCO_3$从水中析出。但自然界多为开放系统，即水中CO_2因溶解石灰岩减少后，可由外界不断得到补充。因此，总地来说，岩溶作用是不可逆的过程。这就是碳酸盐岩在水的作用下，形成各种地表和地下地貌形态的根本原因。

可见水中CO_2的存在对碳酸盐岩的溶蚀起着决定性的作用。因此，必须了解水中CO_2的来源问题。一般来说，水中CO_2的来源问题很复杂。它来源于大气、土壤中的生物化学作用、变质作用，火山活动及岩层中某些化学作用所产生的CO_2。在岩溶过程中起着重要作用的地下水，其主要来源是大气降水的补给，因此大气和土壤中CO_2的含量决定着地下水中CO_2的含量。过去曾一度认为地下水中的CO_2主要来源于大气。近年来大量研究成果表明：地下水中的CO_2主要来源于土壤；土壤中的微生物在其新陈代谢过程中强烈的生物化学作用，使有机物分解为各种有机酸，同时产生大量的CO_2。空气中CO_2的正常含量按体积为 0.03%～0.035%。若按气体溶解定律将上述体积含量表示为CO_2的分压（P_{CO_2}），则其分压P_{CO_2}为 0.0003～0.00035Pa。但在土壤中，通常P_{CO_2}为 0.01～0.02Pa，最高可达 0.1Pa。特别是热带、亚热带森林区，土壤中的CO_2含量更高。

2. 混合溶蚀效应

不同成分或不同温度的水混合后，其溶蚀性有所增强，这种增强的溶蚀效应称为混合溶蚀效应。它是地下洞穴发育不均匀性的重要原因。

（1）饱和溶液的混合溶蚀效应

饱和溶液的混合溶蚀效应是指两种或两种以上已失去溶蚀能力的饱和水溶液，在碳酸盐岩体内相遇，并发生混合作用，混合后的溶液由原先的饱和状态变成不饱和状态，从而产生新生溶蚀作用，继续溶解碳酸盐岩石。

据试验研究：当溶蚀达饱和状态时，被溶解的$CaCO_3$与平衡的CO_2的关系为一非线性函数曲线（图 5-25）。曲线上任意一点表示溶解的$CaCO_3$与水中的CO_2恰处于平衡状态；曲线的右下方表明水中CO_2含量多于平衡所需的含量，对$CaCO_3$有侵蚀性；曲线左上方代表水中溶解的$CaCO_3$已达过饱和，必须沉淀出一定数量的碳酸盐才能重新达到平衡。如图上 *A*、*B* 两点都恰位于曲线上，表明两种溶液都处于平衡状态，但两者的成分各不相同，其成分分别如下：

溶液中CO_2总量：溶液 A 为 100mg/L，溶液 B 为 700mg/L。

溶液中溶解的$CaCO_3$总量：溶液 A 为 110mg/L，溶液 B 为 510mg/L。

如果两者以相等体积相混合，则每升含CO_2为 400mg，含$CaCO_3$为 310mg，即相当于图上 *A*、*B* 点连线的中点 *C*。由于平衡曲线为上凸曲线，因此 *A*、*B* 连线上任一点均位于平衡曲线之下，因此混合后的溶液对碳酸盐岩又重新有了侵蚀性。如图 5-25 *C* 点的情况，可以再多溶 20%的$CaCO_3$。当饱和溶液与非饱和溶液相混合后，侵蚀性CO_2也有所增加，如图 5-25 中的 *B* 与 *D* 点以等体积相混合而形成的 *E* 点溶液。

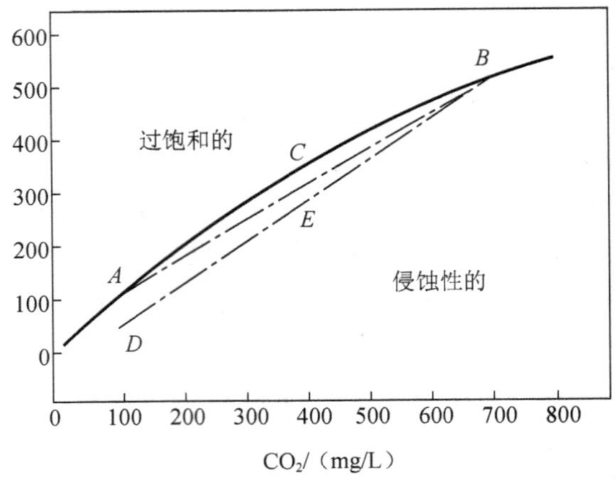

图 5-25　混合溶蚀效应图解

凡有利于水混合的地带，岩溶发育总是比其他地带强烈。这些地带包括垂直渗入水与地下水相混合的地下水域附近；地下水面以下能使不同成分的水向它汇集的强径流带，如大的溶蚀裂隙或溶蚀管道；不同方向的溶蚀裂隙交汇带；灰岩区地下水的排泄区，如河谷边岸地下水与地表水的混合带等处。

（2）温度混合溶蚀效应

如果有两股温度不同而饱和度相同的水相混合，或一股水的温度由高温变为低温时，都可产生新的侵蚀性 CO_2，继续加强溶蚀作用，这种温度和 $CaCO_3$ 之间的反比关系称为温度混合溶蚀效应。前者由试验可知：当温度降低 T_2-T_1 时，补充溶解 $CaCO_3$ 的量见表 5-2。

表 5-2　温度降低 T_2-T_1 时补充溶解 $CaCO_3$ 的量

$CaCO_3$/（mg/L）	在下列温度冷却时补充溶解 $CaCO_3$ 的量						
	（6−0）℃	（10−6）℃	（15−10）℃	（20−15）℃	（24−20）℃	（24−15）℃	（15−6）℃
120	1.0	0.9	1.2	1.5	1.4	2.8	2.1
160	2.3	1.9	2.7	2.2	3.0	6.3	6.4
200	4.2	3.5	5.0	5.9	5.5	11.4	8.5
240	6.9	5.7	8.1	9.6	8.8	19.2	12.8
280	10.3	8.5	12.0	14.3	12.9	27.1	20.7

实际观察证明，在一般情况下，温度混合溶蚀主要表现在恒温层以上的包气带内。该带内温度的昼夜变化及季节性变化都较大，在一定地质条件下，降水渗入包气带后，潜水面附近冷却，可促进潜水面附近的洞穴发育。

在温泉地区，从地下深处上升的饱和高温地下水，因温度降低产生大量的游离 CO_2，其中一部分 CO_2 则产生补充溶蚀作用。由表 5-3 可知：温泉上升过程中温度不断降低，则溶蚀作用不断加强。温泉的温度越高，补充溶蚀量也越大。

表 5-3 热水冷却时补充溶解 $CaCO_3$ 的量

$CaCO_3$/(mg/L)	在下列温度冷却时补充溶解 $CaCO_3$ 的量			
	(30−20)℃	(40−20)℃	(50−20)℃	(50−10)℃
120	1.60	4.04	7.49	8.7
160	3.36	9.17	16.91	19.65
200	7.35	17.78	32.32	37.05
240	11.40	27.90	53.20	61.80
280	17.60	44.50	82.10	95.50

3. 其他离子的作用

（1）酸效应（acid effect）

任何酸所解离出的 H^+ 都能与 $CaCO_3$ 溶解后所形成的 CO_3^{2-} 结合成 HCO_3^-，从而增加 $CaCO_3$ 的溶解度。在自然界中，除了 CO_2 溶于水所形成的碳酸对碳酸盐岩的溶蚀有强烈影响外，其次为硫酸的作用，特别是在硫化矿床氧化带中这种效应最为显著。这是因为在某些铁细菌的作用下，黄铁矿通过以下反应而生成硫酸，即

$$4FeS_2+15O_2+14H_2O \longrightarrow 4Fe(OH)_3+8H_2SO_4 \tag{5-5}$$

所生成的硫酸与 $CaCO_3$ 相互作用，一方面加强 $CaCO_3$ 的溶蚀，同时生成新的 CO_2，使水中侵蚀性 CO_2 大为增加。其反应式如下：

$$CaCO_3+H_2SO_4 \longrightarrow CaSO_4+H_2CO_3 \tag{5-6}$$

$$H_2CO_3 \longrightarrow H_2O+CO_2 \tag{5-7}$$

与硫化矿床氧化带类似，在石灰岩与黑色页岩接触带岩溶发育往往较强烈，其原因是页岩隔水底板造成渗透水流沿接触带集中，更重要的是黑色页岩中往往含有分散状的黄铁矿颗粒，因其氧化形成硫酸，从而加强碳酸盐的溶蚀。

（2）同离子效应（common ion effect）

水中如溶有与碳酸盐相同的某种离子的物质，如 $CaCl_2$，则由于 Ca^{2+} 浓度增加，就会使 $CaCO_3$ 的溶解度按质量作用定律而有所减小，从而抑制了 $CaCO_3$ 的溶蚀。

（3）离子强度效应（ionic strength effect）

溶液中有与碳酸钙不相关的强电解质离子时，这些离子就会以较强的吸引力吸引 Ca^{2+} 和 CO_3^{2-}，实质上也就使 Ca^{2+} 与 CO_3^{2-} 之间的吸引力有所降低。这时，Ca^{2+} 与 CO_3^{2-} 的实际浓度超过其在纯水中的溶度积时仍不沉淀出来，也即其溶解度有所增大，故可溶解更多的 $CaCO_3$。

5.4.3 影响岩溶发育的因素

在讨论影响岩溶发育的因素之前，首先介绍岩溶发育的基本条件。索科洛夫（Андрей Соколов）认为岩溶发育的基本条件有四个：①具有可溶性岩石；②岩石是透水的；③水必须具有侵蚀性；④水在岩石中应处于不断运动的状态。这四个条件实质上反映了可

溶性岩石与具侵蚀能力的水这一对矛盾的两个方面。但是，不能把岩溶简单地理解为以室内试验为基础的溶蚀作用，应理解为岩溶作用及其所形成的地貌和水文地质现象的综合。这样，必须把形成岩溶的条件与具体的地质环境结合起来。从这个观点出发，岩溶发育的基本条件应为三个：①具可溶性岩石；②具溶蚀能力的水；③具良好的水的循环交替条件，即具有良好的地下水的补给、径流和排泄条件。而岩溶发育中最为活跃、积极的是地下水的循环交替条件，它受控于气候、地形地貌、地质结构、地表非可溶岩覆盖及植被发育条件等。本节讨论影响岩溶发育的基本条件及控制岩溶发育速度、规模、形态组合、空间分布规律的主要因素。

1. 碳酸盐岩岩性的影响

可溶性岩石是岩溶发育的物质基础，这里仅讨论意义最大的碳酸盐岩的化学成分、矿物成分和结构等方面对岩溶发育的影响。

（1）碳酸盐岩成分与岩溶发育的关系

碳酸盐岩是碳酸盐矿物含量超过50%的沉积岩。其成分比较复杂，主要由方解石、白云石和酸不溶物（泥质、硅质等）组成。

不同类型的碳酸盐岩，其溶解度相差很大。因此，直接影响岩体的溶蚀强度和溶蚀速度。为了阐明这个问题，在岩溶研究中，可用比溶蚀度和比溶解度这两个指标来表征碳酸盐岩类相对溶蚀的强度和速度。这两个指标的含义如下：

$$\text{比溶蚀度}K_{\mathrm{v}}=\frac{\text{试样溶蚀量（试样试验前后的质量差）}}{\text{标准试样溶蚀量（标准试样试验前后的质量差）}}$$

$$\text{比溶解度}K_{\mathrm{ev}}=\frac{\text{试样溶解速度（试样单位时间内被溶蚀的量）}}{\text{标准试样溶解速度（标准试样单位时间内被溶蚀的量）}}$$

以上指标的应用条件是：①标准试样为方解石或轻微大理岩化的亮晶灰岩；②所有试样块件的尺寸相同，或粉碎到相同的粒度；③循环水为高浓度 CO_2 的蒸馏水；④在求 K_{v} 时，作用的时间一样。

很显然，比溶蚀度 K_{v} 及比溶解度 K_{ev} 越大，则岩石的溶蚀强度和溶蚀速度也越大。1984 年，中国科学院地质研究所张寿越等，通过 72 块样品的室内溶蚀试验，测得碳酸盐成分与比溶蚀度的关系，见图 5-26。比溶蚀度 K_{v} 由大到小所对应的碳酸盐岩性依次为：灰岩→云灰岩→泥灰岩→方解石→大理岩→泥质灰岩→灰云岩→白云岩→泥质白云岩。其他学者也有类似的研究成果。中国地质科学院岩溶地质研究所还做过不同岩性、不同结构、不同环境下碳酸盐岩的野外溶蚀试验。这些研究成果的共同认识是：①方解石含量越多的岩石，其 K_{v} 值越高，岩溶发育越强烈；相反，白云石含量越多的岩石，其岩溶发育越弱。②酸不溶物含量越大，K_{v} 值越小，特别是硅质含量越高时，岩石越不溶蚀。③含有石膏、黄铁矿等的碳酸盐岩，K_{v} 值增大，对岩溶发育有利；含有有机质、沥青等杂质的碳酸盐岩，其 K_{v} 值降低，不利于岩溶发育。

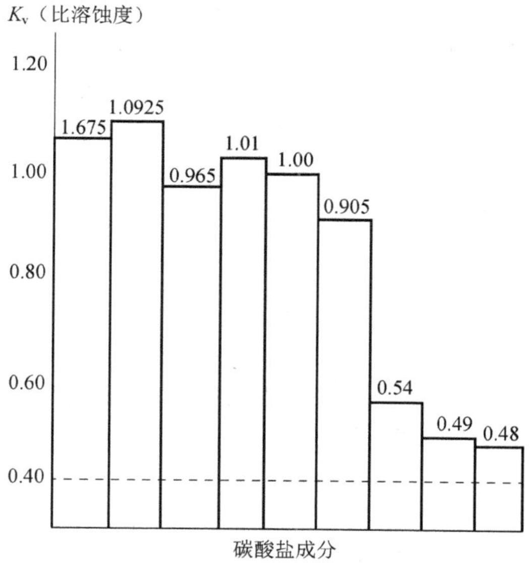

图 5-26　碳酸盐成分与 K_v 值的关系

（2）岩石结构与岩溶发育的关系

实践中发现，有些地区的白云岩、白云质灰岩的岩溶比纯灰岩中的岩溶更发育。此外，有的地区灰岩的成分相近，其他条件也相近，但岩溶发育的层位也有选择性，说明仅用岩石成分来解释碳酸盐岩的溶蚀性有一定的片面性。

张寿越等人的室内试验所测定的不同结构碳酸盐岩与比溶蚀度 K_v 的关系见图 5-27。

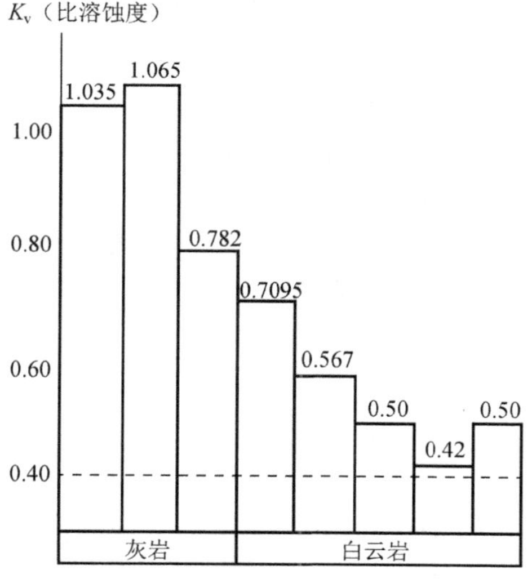

图 5-27　碳酸盐岩结构与 K_v 的关系

从目前室内试验研究的成果来看，碳酸盐岩的比溶蚀度 K_v 具有以下特点：①碳酸盐岩的成分是比溶蚀度大小的主要控制因素，一般来说灰岩类皆比白云岩类的比溶蚀度高。当酸不溶物含量较低时，对比溶蚀度的影响极不明显。②泥晶碳酸盐岩的比溶蚀度值一般较高，而成岩交代或重结晶亮晶碳酸盐岩的比溶蚀度值普遍较低。灰岩类依次为泥晶＞粒屑＞亮晶，白云岩类依次为泥晶＞细晶＞中晶＞粗巨晶。③变质碳酸盐岩的比溶蚀度最低，其中变质灰岩类最为明显，可以比非变质灰岩低一半左右。

碳酸盐岩结构对其溶蚀性的影响问题已被室内试验所证实，其根本原因目前还没有合理的理论上的解释，尚待深入研究。

2. 气候的影响

气候是岩溶发育的一个重要因素，它直接影响着参与岩溶作用的水的溶蚀能力和速度，控制着岩溶发育的规模和速度。因此，各气候带内岩溶发育的规模和速度、岩溶形态及其组合特征是大不相同的。气候类型的特征表现在气温、降水量、降水性质、降水的季节分配及蒸发量的大小和变化。其中以气温高低及降水量大小对岩溶发育的影响最大。

水是生物新陈代谢过程中必需的物质，也是岩溶作用中各种化学反应的介质。降水（主要是降雨）量大小影响地下水补给的丰缺，进而影响地下水的循环交替条件。降水通过空气，尤其是通过土壤渗透补给地下水的过程中所获得的游离 CO_2 能够大大加强水对碳酸盐岩的溶蚀能力。因此，降水量大的地区比降水量小的地区岩溶发育强烈。

温度高低直接影响各种化学反应速度和生物新陈代谢的快慢，因而对岩溶的发育起着十分重要的作用。据研究，在一个大气压时，溶解于雨水中的 CO_2 随气温升高而减少，如在 1℃时为 2.92%，10℃时为 2.46%，20℃时为 2.14%。这种现象符合亨利-多尔顿定律，似乎与热带区域岩溶发育比温带、寒带区域强烈的事实有矛盾，实际并非如此。从水对碳酸盐岩溶蚀能力的成因来看，除了来自大气中的 CO_2 外，还有生物成因和无机成因的 CO_2，同时还有无机酸和有机酸的参与。从碳酸盐岩的溶蚀速度来看，它不仅取决于水中所含游离 CO_2 的数量，同时还取决于水中化学反应的速度。据试验，温度每增加 20～30℃时，水中所含溶解 CO_2 的数量将减少一半；但温度每增加 10℃，化学反应的速度却增加一倍或一倍以上。因此温度增高时，碳酸盐岩的溶蚀量总是增加的。

必须指出，气候对岩溶发育的影响是区域性的因素。因此，气候带可以作为岩溶区划中一级单元考虑的主要因素。但对某一确定地区，甚至某一工程建筑场地内，气候对岩溶发育差异性的影响就不明显了。

3. 地形地貌的影响

地形地貌条件是影响地下水的循环交替条件的重要因素，进而间接影响岩溶发育的规模、速度、类型及空间分布。

区域地貌表征地表水文网的发育特点，反映了局部的和区域性的侵蚀基准面和地下水排泄基准面的性质和分布，控制了地下水的运动趋势和方向，从而也控制了岩溶发育的总趋势。

地面坡度的大小直接影响降水渗入量的大小。在比较平缓的地段，降水所形成的地表径流缓慢，则渗入量就较大，有利于岩溶发育。相反，地面坡度较陡的地段，地表径流较快，渗入量小，岩溶发育就较差，如谷坡地段的地面坡度大于分水岭地段。垂直渗入带内的岩溶发育较分水岭地段要弱。

不同地貌部位上发育的岩溶形态也不相同。在岩溶平原区，垂直渗入带较薄，在地下不深处就是水平流动带，因此容易形成埋深较浅的溶洞和暗河。在宽平微切割的分水岭地带，垂直渗入带也较薄，可在不深处发育水平洞穴。在深切的山地、高原或高原边缘地区，垂直渗入带很厚，地下水埋藏很深，以垂直岩溶形态为主，只在很深的地下水面附近才发育水平岩溶形态。

在平坦的岩溶化地面或分水岭地段，若有细沟或坳沟发育，由于沟底低洼，容易集水下渗。因此，在沟底发育的岩溶形态远比沟间地段要多。

在地层岩性、地质构造等条件相同时，岩溶水的补给区与排泄区高差越大，则地下水的循环交替条件越好，岩溶发育越强烈，深度也越大。

地形地貌条件还影响地区小气候及区域气候的变化。在低纬度的高山区这种现象比较显著，如位于赤道带的太平洋中的新几内亚岛，该岛上的高山随着高程的变化，岩溶具有明显的垂直分带性。

4．地质构造的影响

这里所讨论的地质构造是指断裂、褶皱及岩层组合特征，它们与岩溶发育的关系十分密切。

（1）断裂的影响

在可溶盐岩中，由于成岩、构造、风化、卸荷等作用所形成的各种破裂面，是地下水运动的主要通道。它使得岩石中原生孔隙互相沟通，使具有侵蚀能力的水深入可溶岩内部，为岩溶发育提供了有利的条件。各种成因的破裂面中以构造作用所形成的断裂（断层和节理裂隙）意义最大。断裂系统的位置、产状、性质、密度、规模及相互组合特点，决定着岩溶的形态、规模、发育速度及空间分布，如沿一组优势裂隙可发育成溶沟、溶槽；沿两组或两组以上裂隙可发育成石芽及落水洞。大型溶蚀洼地的长轴、落水洞与溶斗的平面分带、溶洞和暗河的延伸方向，常与断层或某组优势节理裂隙的走向一致。大型地下溶洞及暗河系，其主、支洞的形态和延伸方向主要受控于断裂的产状及组合特点。规模较大的断层常可构成小型或次级断裂的集水通道，其水源补给充沛，岩溶作用得以不断进行。同时，又能接受不同成分地下水的混合。混合溶蚀的作用加剧断层带附近的岩溶作用，易于形成规模巨大的洞穴。这就是岩溶作用的差异性和岩溶空间分布的不均匀性的重要成因。有时，在有利条件下，具溶蚀能力的地下水沿断层面向下运动时，可加强深循环带中岩溶的发育。

（2）褶皱的影响

不同构造部位断裂的发育程度是不同的，一般地说，褶皱核部比翼部的断裂发育强烈。因此，核部的岩溶比翼部发育强烈，这一结论已为大量的勘探和试验资料所证实。

褶皱的形态、性质及展布方向控制着可溶盐岩的空间分布。因此，也控制了岩溶发育的形态、规模、速度及空间分布。溶蚀洼地的长轴、溶洞和暗河的延伸方向常与褶皱轴向或翼部岩层的走向一致。

褶皱开阔平缓时，碳酸盐岩在地表的分布较广泛，岩溶的分布也较广泛；在紧密褶皱区，可溶盐岩与非可溶盐岩相间分布，地表侵蚀与溶蚀地貌景观也呈相间分布，地下洞穴系统横向发展受限，岩溶主要沿岩层走向发育。

（3）岩层组合特征的影响

碳酸岩盐与非可溶盐岩组合特点不同，就会形成各具特色的水文地质结构，从而控制着岩溶的发育和空间分布。自然界中，碳酸盐岩与非碳酸盐岩的组合关系十分复杂，大致可分为以下四类。

1）厚而纯的碳酸盐岩。当碳酸盐岩厚百米至数百米时对岩溶发育最为有利。索科洛夫在这种条件下将地下水的动力特征分为四个带（图 5-28），各带岩溶发育的类型、规模和速度是不同的，在剖面上形成岩溶发育的垂直分带现象。

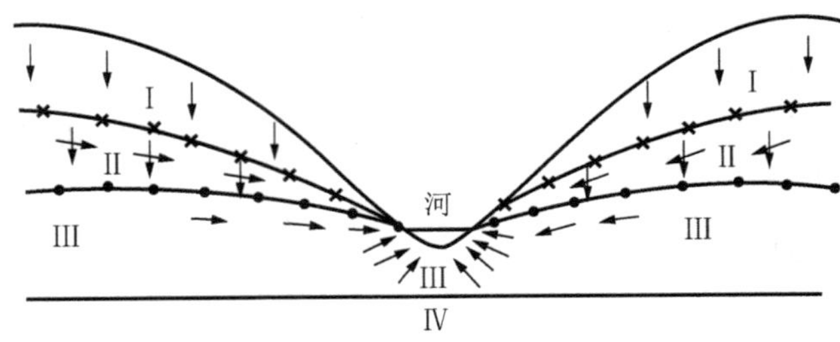

图 5-28　厚而纯的碳酸盐岩区岩溶地下水动力分带

Ⅰ. 包气带；Ⅱ. 地下水位季节变化带；Ⅲ. 受河流排泄影响的饱水带；Ⅳ. 深循环带（箭头表示地下水的运动方向）

包气带（Ⅰ）：也称垂直循环带，在地表至地下水高水位之间，降水沿裂隙垂直间歇下渗，常形成溶隙、落水洞、溶斗等垂直岩溶，各溶蚀通道间的连通性一般较差。本带厚度取决于当地气候与地形条件，最厚可达数百米。

地下水位季节变化带（Ⅱ）：在地下水的高水位与低水位之间。地下水做周期性水平与垂直运动，低水位时本带地下水做垂直运动，高水位时地下水大致呈水平运动。因此，本带水平和垂直方向的岩溶均较发育。其厚度取决于当地潜水位的变幅，由数米到数十米。

饱水带（Ⅲ）：在最低地下水位以下，经常饱水，常年受当地水文网排泄影响。在河谷两岸地下水大致做水平运动，常形成规模较大、连通性较好的水平洞穴；在河谷底部地下水呈收敛状曲线运动，可形成低于河床以下的深岩溶，其发育深度随水力坡度加大而增加。尤其是在河谷底部有较大的断裂破碎带存在的条件下，在谷底以下数十米甚至上百米仍发育有大型溶洞。

深循环带（Ⅳ）：在当地排泄基准面以下一定深度，地下水不受当地水文网的影响，而受区域地貌和地质构造的控制，向更远更低的区域排泄基准面运动。本带位置较深，水的循环交替迟缓，除局部构造断裂等径流特别有利的部位外，岩溶发育很弱。

2）非可溶岩夹碳酸盐岩。砂页岩中夹少量碳酸盐岩属于这一类型。例如，我国北方石炭系本溪组（C_2^b）的砂页岩中夹有 1～3 层灰岩，每层厚仅数米。因砂页岩透水性差，构成相对隔水层，所夹灰岩中地下水的循环交替条件很差，因而岩溶发育极弱。

3）碳酸盐岩夹非可溶岩。以碳酸盐岩为主，其中所夹非可溶岩的层次少，厚度很薄，一般厚数十厘米至数米。由于非可溶岩的存在影响了地下水的运动，其不一定像 1）类那样在剖面上同时形成四个水动力分带现象，岩溶发育不如 1）类充分。当碳酸盐岩厚度较大，所夹非可溶岩埋藏较深时，则对岩溶发育的抑制作用不大。总之，这种组合类型中的岩溶虽不及 1）类，但较其他各类型的岩溶发育，这种类型在自然界较为常见。

4）碳酸盐岩与非可溶岩互层。由于非可溶岩岩层较多，可形成多层含水层的水动力剖面。每一稳定的非可溶岩层构成相对隔水层，并起局部溶蚀基准面的作用，因而在平缓岩层地区同一地质历史时期中可形成多层岩溶。这时将成层分布的洞穴与侵蚀地貌进行高程对比时应予注意。

在线状褶皱区，因横向岩溶作用受非可溶岩的限制，岩溶主要沿岩层走向发育，因而在平面上岩溶呈条带状分布。总之，该类岩溶发育程度介于 2）类与 3）类之间。

最后必须指出：影响岩溶水循环交替条件的自然因素很多，如气候、地形地貌、地质构造、岩层组合、上部第四系覆盖及地表植被土壤发育情况等。其中以地形地貌和地质构造的影响最大，二者构成地下水循环交替条件的基本骨架。由于地形地貌与地质构造以不同情况相组合，因此就会形成补给排泄条件通畅程度和径流途径长短各不相同的各种类型的水循环交替条件。

5. 新构造运动的影响

新构造运动的性质是十分复杂的，从对岩溶发育的影响来看，地壳的升降运动关系最为密切。其运动的基本形式有上升、下降、相对稳定三种。地壳运动的性质、幅度、速度和波及范围，控制着地下水循环交替条件的好坏及其变化趋势，从而控制了岩溶发育的类型、规模、速度、空间分布及岩溶作用的变化趋势。

地壳处于相对稳定时，当地局部排泄基准面与地下水面的位置都比较固定，水对碳酸盐岩长时间进行溶蚀作用，地下水动力分带现象及剖面上岩溶垂直分带现象都十分明显，有利于侧向岩溶作用，岩溶形态的规模较大。在地表形成溶盆、溶原、溶洼及峰林地形；在地下各种岩溶通道十分发育，尤其在地下水面附近，可形成连通性较好、规模巨大的水平溶洞和暗河。地壳相对稳定的时间越长，则地表与地下岩溶越强烈。

当地壳上升时，控制碳酸盐岩地区的侵蚀基准面，如流经碳酸盐岩分布区的河流的河水位相对下降，则地下水位也相应下降。这时，虽然地下水的径流排泄条件较好，但因地下水位不断下降，侧向岩溶作用时间短暂；同时，地下水动力分带现象不明显。因此，岩溶不如前者发育，水平溶洞和暗河规模小而少见，而以垂直形态的岩溶（如溶隙、垂直管道）为主，岩溶作用的深度大，岩溶作用的差异性和岩溶空间分布的不均匀性都不显著。当地壳上升越快时，岩溶发育的不均匀性越不显著。

处于上升运动的灰岩山区，有时发现河谷中的地下水位低于河水位，甚至有的地方地下水位在河床以下数十米至数百米。这种河流称为悬托河，它对水工建筑物渗漏的影响极大，在这种河谷中修建水库时必须谨慎从事。事实证明，并非岩溶发育的上升山区一定存在悬托河，它是在特殊条件下岩溶作用的结果。据研究，形成悬托河的基本条件有三个：①具深厚的碳酸盐岩；②地下水向排泄区运动过程中径流通畅；③地下水排泄基准面不断下降。前两个条件是形成悬托河的必要条件，二者反映了一个地区碳酸盐岩的地层岩性和地质构造特点；第三个条件是形成悬托河的充分条件。悬托河谷区地下水的排泄基准面可能包括海平面、内陆盆地或山前平原的河水位或湖水位、山区的干流河水位等。其下降原因可能是干流河水的垂直侵蚀速度大于支流，它与水文气象因素的变化有关。此外，新构造断陷或大陆区地壳不均衡上升，地下水的排泄区位于断陷的下降盘或相对上升微弱的地区，在断陷的上升盘或相对上升强烈的地区可能形成悬托河。

当地壳下降时，研究区与地下水排泄区之间，水的循环交替条件减弱，岩溶不大发育。当地壳下降幅度较大时，地下水的活动变得十分迟缓。地表可能为第三纪或第四纪的沉积物所覆盖，覆盖层厚度为数米至数十米者为覆盖型岩溶；覆盖层厚度为数十米至数百米者为掩埋型岩溶。这时已形成的岩溶被深埋于地下，新岩溶作用微弱以致停止发育。

从某一更长的地质历史时期来看，与岩溶发育有关的地壳升降运动的三种基本形式可以构成各种复杂的组合运动形式，如间歇性上升、振荡性升降、间歇性下降等。

当新构造运动处于间歇性上升，即上升—稳定—再上升—再稳定的地区时，就会形成水平溶洞成层分布。各层溶洞间高差越大，则地壳相对上升的幅度越大；水平溶洞的规模越大，则地壳相对稳定的时间越长。同时，这种成层分布的溶洞还可与当地相应的侵蚀地貌，如河流阶地进行对比，以了解岩溶的演变历史。这种类型在山区比较常见，可形成裸露型岩溶。

经历振荡性升降运动的地区，岩溶作用由弱到强、由强到弱反复进行，以垂直形态的岩溶为主，水平溶洞规模不大，且其成层性不明显。

处于间歇性下降的地区，岩溶多被埋藏于地下，其规模虽不大，但具成层性，洞穴中有松散物充填，从层状洞穴的分布情况及充填物的性质可以查明岩溶发育特点及形成的相对时代，进而了解岩溶的演变历史。这种类型多见于平原或大型盆地区，并能形成覆盖型岩溶或掩埋型岩溶。

5.5 地面沉降

5.5.1 概述

地面沉降（land subsidence）是指地面高程的降低，又称地面下沉或地沉，均指地壳表面某一局部范围内的总体下降运动。地面沉降的特点是以缓慢的、难于察觉的向下垂直运动为主，只有少量的或基本没有水平方向的位移，可能影响的平面范围可大至几千平方千米。在某些实例中地面沉降是一种自然动力地质现象，而在多数实例中这种现象是由人类活动所引起的，常以地壳表层一定深度内岩土体的压密固结或下沉为主要形式。近年来的研究成果表明，地面沉降产生于特定的地质环境中并受到多种诱发因素的制约和影响。

引起地面沉降的因素包括自然地质因素和人类工程活动因素两大类。地面沉降可以由单一因素诱发，但在许多情况下是由几种因素综合作用的结果。在诸因素中，人类工程活动因素常起着重要的作用。

自 19 世纪末以来，随着世界范围内人类工程活动强度和规模的不断增大，在许多具备适宜的地质环境的地区陆续出现了地面下沉现象。在诸多实例中，由于人类抽取地下液体的工程活动而引起的地面沉降的情况最为普遍。意大利的威尼斯城是最早被发现因抽取地下水而产生地面沉降的城市。之后，日本、美国、墨西哥、中国、欧洲和东南亚一些国家和地区中的许多位于沿海或低平原上的城市地区，由于抽取地下液体的工程活动，均先后出现了较严重的地面沉降问题。

由于地面沉降与人类工程活动有着直接的联系，它常常产生于具备了特定地质环境的工业化和城市化地区，给这些地区的社会经济发展、城市建设、环境保护和人类生活带来危害。地面沉降所引起的不良后果包括沿海城市低地面积扩大、海堤高度下降而引起海水倒灌、海港建筑物破坏和装卸能力降低、油田区地面运输线和地下管线扭曲断裂、城市建筑物基础脱空开裂、桥梁净空减小、城市供水及给排水系统失效及因长期过量抽取地下水而导致的地下水资源枯竭和水质恶化等。它是一种威胁人类生活和生存的环境工程地质问题或地质灾害。

地面沉降是由多种动力地质因素特别是人类活动因素所引起的工程动力地质作用。这种作用的后果无论对城市环境还是各种类型工程建筑物的稳定都是不利的。该问题的严重性已越来越引起有关学科专家的重视，因而近年来人们已把地面沉降问题列为工程地质学及环境地质学的重要课题加以研究。

5.5.2　地面沉降的诱发因素及地质环境

地面沉降的发生和发展应具备必要的地质环境和诱发因素。弄清产生地面沉降的地质环境，有助于在区域规划中及时判定这种灾害可能产生的地域部位；而对诱发因素的分析则有利于地面沉降机制的研究、发展过程的预测、制订合理的资源开发计划和采取灾害的防治措施。

1. 地面沉降的诱发因素

这里所说的诱发因素是指可能引起地面产生沉降的潜在或触发性因素，其形式和性质是多种多样的。不同因素所诱发的地面沉降的范围、速率及持续时间不同。一个地区的地面沉降可由单一因素所诱发，也可是多种因素综合诱发的结果。总括各种诱发因素，大致可归纳为两大类。

（1）自然动力地质因素

1）地球内营力作用：包括地壳近期下降运动、地震、火山运动等。由地壳运动所引起的地面下降是在漫长的地质历史时期中缓慢地进行的，其沉降速率较低，一般不构成灾害性后果。例如，我国天津地区第四纪以来的地壳年平均沉降速率为 0.17～0.2mm，近期的年平均沉降速率为 1～2mm。但是在地壳沉降区内的不同地点沉降速率并非完全一致，常常表现出相对不均一性。这种相对沉降差可能对某些地区的水准基点产生影响，从而影响到地面沉降量的测量精度。

2）地球外营力作用：包括溶解、氧化、冻融等作用。地下水对土中易溶盐类的溶解、土壤中有机组分的氧化、地表松散沉积物中水分的蒸发等，均可能造成土体孔隙率或密度的变化，促进土体自重固结过程而引起地面下降。就全球范围而言，大气圈的温度变化可以引起极地冰盖和陆地小冰川的融化或冻结。其后果除在气候上的累积效应外，还将引起海水体积的变化和海平面的升降。据有关研究资料，目前的地球大气平均温度比一个世纪以前约高 0.55℃，1985～2025 年间，全球气温将再升高 0.5～1℃，大气变暖将引起冰川融化和海水的热膨胀。100 年来，世界海平面上升了 10.16～12.7cm，平均每年上升 1～1.2mm。这一方面导致了大陆沿海地带地面相对降低，出现现代海浸和海岸后退现象；另一方面，由于海水基准面的变化给陆地水准测量带来误差，直接影响对地面沉降的精确测定。

（2）人类活动因素

人类活动因素是诱发高速率地面沉降的重要因素。在诸多人类活动因素中，与地面沉降的发生和发展关系最为密切的因素是抽取地下液体的活动。由于各种形式的抽取地下液体而导致地面沉降的实例，几乎占当前世界范围内地面沉降全部实例的绝大部分。由于这种情况下的地面下沉是逐渐演变的，其后果往往在已明显地表现为灾害之后才被认识，因而其危害性也最大。抽取地下液体活动包括以下几种典型情况：

1）持续性超量抽取地下水。在松散介质含水系统中长期地、周期性地开采地下水，当开采量超过含水系统的补给资源（动储量）限额时，将导致地下水位的区域性下降，从而引起含水砂层本身的压密及其顶底部一定范围内饱水黏性土层中的孔隙水向含水层运移（越流作用）。在渗流的动水压力和土层孔隙水排出所导致的附加有效应力作用下，黏土层发生压密固结，从而综合影响导致了地面沉降。

2）开采石油。开采石油是人工抽取地下液体的另一种重要形式，在某些埋藏较浅的半固结砂岩含油层中，抽取石油可引起砂岩孔隙液压的下降，未完全固结的砂岩在上覆岩层自重压力作用下继续固结，引起采油区地段下降。典型实例是美国长滩威明顿油田，该地区含油气层位于地下 600～1500m 深度内，自 1926～1968 年期间共钻 2800 口油井，采出油气 $5.2\times10^9m^3$，其地面总沉降量达 9.0m，使油田设施遭到严重破坏。此外，某些封闭油藏中存在着异常孔隙压力（超孔隙液体压力），当采油过程导致超孔隙液压消散时，含油砂岩孔隙结构将发生调整，孔隙率下降，岩层总体积减小，在上覆地层随之“松动”的条件下，可能导致油田地面沉降。

3）开采水溶性气体。日本新隅因开采水溶性天然气——甲烷而持续地大量抽水，导致开采层地下水位下降及含气层的压缩，产生了大幅度的地面沉降。

人类活动对地面沉降的诱发因素还包括：大面积农田灌溉引起敏感性土的水浸压缩；地面高荷载建筑群相对集中时，其静荷载超过土体极限荷载而引起的地面持续变形；在静荷载长期作用下软土的蠕变引起的地面沉降；地面振动荷载引起的地面沉陷等。

2. 地面沉降的地质环境

世界许多实例表明，地面沉降一般发生在未完全固结成岩的近代沉积地层中，其密实度较低，孔隙度较高，孔隙中常为液体所充满。地面沉降过程实质上是这些地层的渗透固结过程的继续。基于这一观点可将产生地面沉降的主要地质环境模式归纳为以下几种。

（1）近代河流冲积环境模式

该模式以河流中下游高弯度河流沉积相为主。属于这种模式的河流常处于现代地壳沉降带中，河床迁移频率高，因而沉积物特征为多旋回的河床沉积土——下粗上细的粗粒土和泛沉积土，并以细粒黏性土为主的多层交错叠置结构。一般地说，粗粒土层平面分布呈条带状或树枝状，侧向连续性较差。

（2）近代三角洲平原沉积环境模式

三角洲位于河流入海地段，介于河流冲积平原与滨海大陆架的过渡地带。随着地壳的节奏性升降运动，河口地段接受了陆相和海相两种沉积物。其沉积结构具有由陆源碎屑——以中细砂为主夹有机黏土与海相黏土交错叠置的特征（图 5-29）。在没有强大潮流和波浪能量作用时，三角洲前缘不断向海洋发展形成建设性三角洲。在平面上可分为三角洲平原、三角洲前缘和前三角洲。

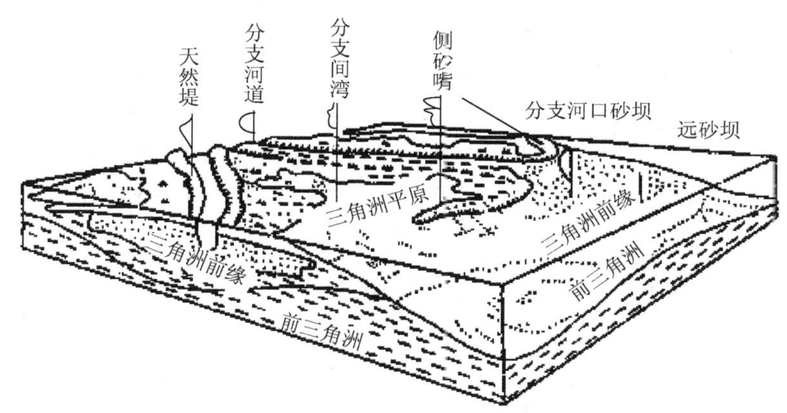

图 5-29　三角洲平原沉积环境模式

我国长江三角洲主体部分属于建设性三角洲，并继续向外淤积扩展形成广阔的三角洲平原，位于其上的上海、常州、无锡等城市地面沉降的发生和发展均受这种地质环境模式的控制。

（3）断陷盆地沉积环境模式

该模式一般位于三面环山，中部以断块下降为主的近代活动性地区。盆地下降过程中不断接受来自周围剥蚀区的碎屑物质，堆积了多种成因的粒度不均一的沉积层。沉积物结构受断陷速率和节奏的控制。在这类地质环境中两大类诱发因素均可能导致较严重的地面沉降。按其地理位置可分为两种类型。

1）临海式断陷盆地。这类盆地位于滨海地区，常受到近期海浸影响。其沉积结构由海陆交互相地层组成。我国台北和宁波盆地均属于这种模式，并已产生了地面沉降现象。

2）内陆式断陷盆地。这类盆地位于内陆高原的近代断陷活动地区。盆地内接受来自周围物源区的多种成因的陆相沉积。断陷运动的不均一性造成沉积物粒度变化和不同的旋回韵律。我国汾渭地堑中的盆地属于此种类型。其新生界沉积层总厚度自北向南增厚，最大厚度达 8.0m 左右。其中的大同盆地新生界厚 2.0～3.0m，由第四系冲、洪积砂砾层及湖相黏土层交错沉积而成，下部为第三系半固结砂岩、黏土岩或玄武岩，由太古界变质岩构成基底。近年来，随着该区采煤工业及坑口电厂的建设，工业抽用地下水量与日俱增。地下水位大幅度下降，地面沉降速率约 2mm/a，表明这类地质环境中由于人类工程活动引起地面沉降问题的可能性和敏感性。

5.5.3 地面沉降的机制分析

1. 多层含水系统中承压水位下降引起的应力变化

图 5-30 所示为美国 Sunyvale（森内维尔）和 Pixley（皮克斯利）地面沉降区的观测实例。该含水系统由潜水和承压水多层含水层组成，包括潜水含水层 A，承压含水层 C、E，它们之间的隔水层为饱和黏性土 B、D。在初始条件下，C、E 层承压水位与 A 层潜水位保持一致。在对 C 层进行连续抽水条件下，其承压水位下降 z_2，与 A 层的水头差值为Δh［图 5-30（a）］。该地层剖面中有两个压力分布线。一个分布线标记为地层自重压力或总应力的分布。该线表示沿垂向任一深度作用于饱水土柱底面上的总压力（p）。另一分布线标记为地层中静水压力，即孔隙水压力（p_ω）沿深度的分布［图 5-30（b）］。

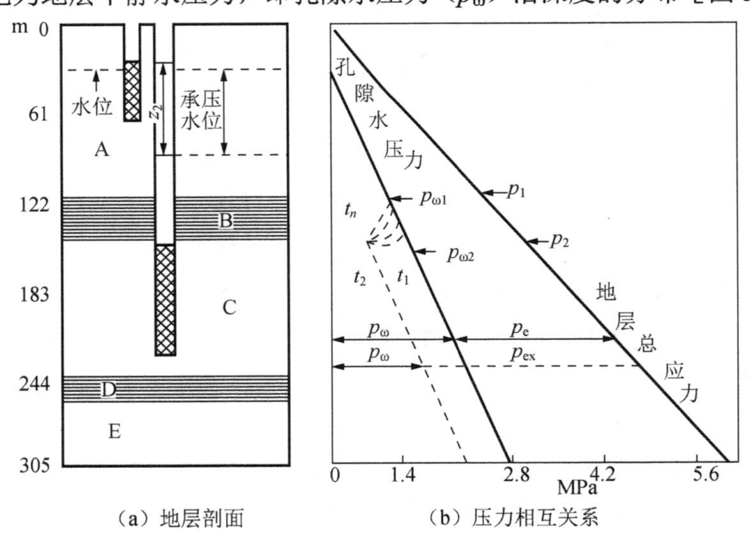

图 5-30 承压含水层系统中单层抽水压力关系图解

相对隔水层 B 层顶及底部地层总压力初始值为 p_1 及 p_2，水压力初始值为 $p_{\omega1}$ 及 $p_{\omega2}$。承压含水层中承压面降低值 z_2 导致的水压力变化由虚线表示，有效应力由虚线 p_{ex} 标出这一应力体系的重要特征是孔隙水压力 p_{ω} 在总应力 p 中的独立性。其含义是从饱和含水层中抽水时引起的含水层静水压力的下降不影响地层的总应力，即在抽水过程中孔隙水压力的变化将转化为土体骨架上的有效应力 p_e。这一原则可作为抽取液体和地面沉降之间的基本关系。

图 5-30 中，B 层为主要压缩层。最初，该层顶部和底部总应力分别为 p_1 及 p_2，并测得 p_1=2.35MPa，p_2=2.93MPa，相应的初始孔隙水压力分别为 $p_{\omega 1}$=1MPa，$p_{\omega 2}$=1.38MPa。B 层初始厚度 H_0=30.48m。在初始条件下，B 层保持稳定，上覆地层荷载分别由地层中矿物颗粒构成的骨架结构及粒间孔隙水压力承担。此时，作用在骨架上的有效应力 p_e 为

$$p_e = p - p_{\omega} \tag{5-8}$$

当 B 层中孔隙水压力下降时，由土粒骨架承担的有效应力将相应增加。当 $p_{\omega}\to 0$ 时，$p_e\to p$。不论 B 层固结状态如何，只有当有效应力 p_e 超过 B 层的预固结压力 p 时，B 层才开始压缩，其变形增量Δs 由下式确定：

$$\Delta s = H_0 m \Delta p_e \tag{5-9}$$

式中，H_0——B 层初始厚度；

m——平均体积压缩系数；

Δp_e——有效应力增量。

据实际观测，当深井中抽降水位为 z_2 时，C 层承压水头压力减至 0.4MPa，含水层中新的水压力分布如图 5-30（b）中虚线所示。地层总应力不受影响，结果 C 层（砂土含水层）的有效应力立即增加到 p_{ex}，并产生瞬时压密过程。

不过，应特别予以注意的是作为承压含水层顶板的 B 层，即黏性土层。B 层中孔隙水压力的变化按该层顶、底面水头压力及压力差Δh 所产生的附加压力Δp 进行调整。由于黏性土层微小孔隙中的释水过程进行缓慢，孔隙压力消散过程不能在短时间内完成。其孔隙水压力随时间的变化由图 5-30（b）中 t_1、t_2 等过程线表示。最终，在平衡状态下，B 层中任一点水压力如 t_n 线所示，其顶部水压力不变，而底部水压力最终减少到 0.4MPa，即与承压水位下降值相适应。在整个过程中，有效应力相应地增加，有效应力增量的力学图形为 $p_{\omega 1}$、$p_{\omega 2}$ 及 t_n 组成的三角形。显然，B 层孔隙水的排出属于单向（向下）排水。

与此同时，B 层中孔隙水向含水层 C 的渗流运动所引起的渗透应力对 B 层中矿物颗粒的重新排列也起一定的作用，促进了 B 层的压密过程。

如果在图 5-31 所示地层结构模式中同时对 C、E 两承压含水层抽水，其承压水位降低值分别为 z_2 及 z_3，相对隔水层 D 层顶、底部初始地层总应力分别为 p_3 及 p_4，初始孔隙水压力分别为 $p_{\omega 3}$ 及 $p_{\omega 4}$。水位下降后，D 层顶、底部孔隙水压力下降过程如图 5-31（b）中虚线所示，在初始阶段，D 层中部孔隙水压力高于顶、底部水压力，于是产生向上（C 层）及向下（E 层）的双向排水过程。随时间变化，D 层孔隙水压力线自 t_1' 逐渐过渡为 t_n' 的最终位置。此时作用于 D 层顶部有效应力为 p_{e3}，底部有效应力为 p_{e4}。D 层中总有效应力增量图形为由 $p_{\omega 3}$、$p_{\omega 4}$ 及 t'_n 所构成的梯形。

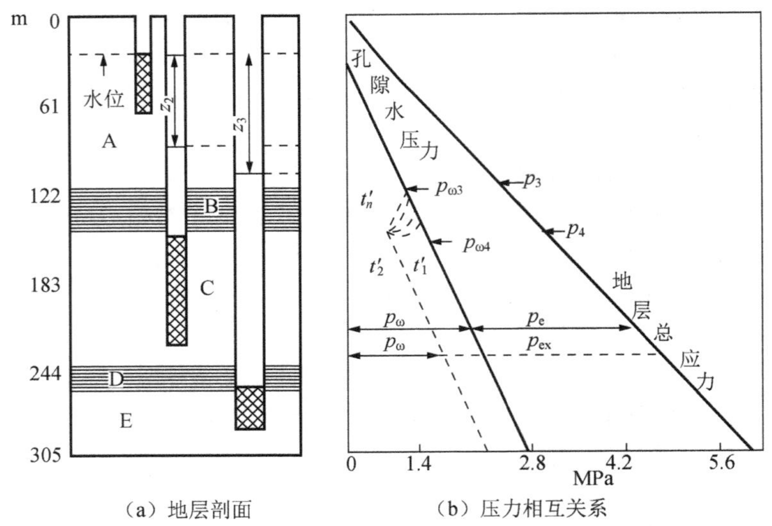

(a) 地层剖面　　(b) 压力相互关系

图 5-31　承压含水系统中分层抽水压力关系图解

2. 黏性土层的变形机理

从微观结构的研究可知，土体压缩过程是土颗粒间距离和孔隙空间减小及土粒重新排列的结果。这些变化减少了土体孔隙度，增加了密度，并使土层厚度变小。对黏性土而言，在不同成因的沉积环境中其黏土矿物（片状晶体）的排列方式或微结构可分四种类型：①絮凝型（颗粒呈端对面接触）；②分散型（颗粒呈面对面接触）；③片架型（颗粒杂乱排列）；④片堆型（颗粒高度定向排列）。絮凝型结构孔隙较大，而分散型结构孔隙较小。此外，黏性土层孔隙水压力的调整需要较长的时间，即有效应力增长与黏性土相应的压密变形过程之间存在着时间滞后。因此，地面沉降的开始可能与抽水所引起的水位下降同步，但沉降过程的结束则常滞后于该地下水位的下降期。这就是地面沉降过程常较抽液过程时间滞后的原因。

3. 黏性土层的固结历史

土体自沉积后在各种自然地质作用下所经历的固结变形过程称为土体的固结历史，可以由密度与应力之间的相关曲线形式来反映。图 5-32 表示了黏性土层在天然沉积荷载条件下的一般固结变形及成岩过程，以及由于地壳上升而带来的侵蚀或冰退作用产生的卸荷回弹过程。该过程由含水量（孔隙比）与垂直有效应力的关系表示，并同时表示了相应过程中土体强度及水平有效应力与垂直有效应力之间的关系。未完全固结成岩的黏性土体的固结历史相当于（a）→（b）→（c）过程，即天然（原始）固结过程；或（a）→（b）→（c）→（d）过程，即天然（原始）固结—回弹过程。已固结成岩的地层其固结历史相当于（a）→（b）→（c）→（c′）过程。成岩后的岩体在上覆荷载卸除条件下，因岩石已具强联结结构，其孔隙度将基本保持恒定而不出现明显的回弹[（c′）→（e）过程]。任一黏性土层的原始固结或原始回弹的半对数曲线（e-lg$p$）的斜率（压缩指数

C_c或回弹指数 C_e）反映了该土层的固结历史特征，e-p 或 e-lg$p$ 曲线上的任一点表达了土层固结历史中某一特定阶段的固结状态。

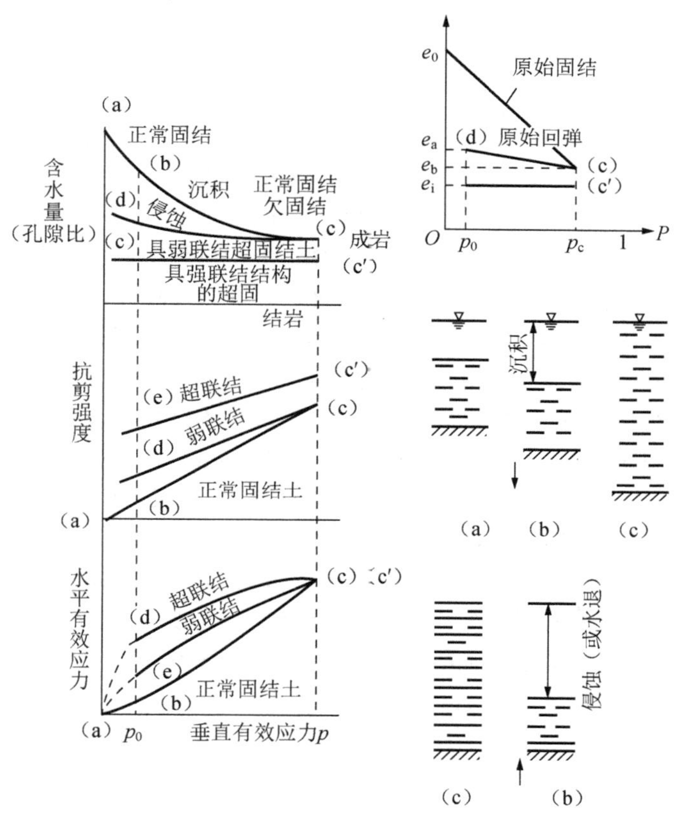

图 5-32　黏性土层固结历史图解

（a）沉积初期，正常固结；（b）地壳下降过程中的连续沉积，正常固结或欠固结；（c）沉积终止；（c′）在地层自重荷载有效应力下固结成岩；（d）因侵蚀冰退等卸荷作用的回弹过程，超固结；（e）成岩后卸荷过程，超固结

4. 黏性土层的固结状态

各种成因的黏性土体所经历的地质历史大致可由其目前所呈现的固结状态反映出来。对固结状态的判别一般通过对土体的先期（预）固结压力 p_c 和现今所受到的有效覆盖压力 p_0 相对比来决定。按前期固结比 OCR=p_c/p_0 可将黏性土固结状态分为三种类型。

（1）正常固结状态

当 OCR=1 或 p_c=p_0 时，表明在现今有效覆盖压力下，地层已完成相应的固结过程。该土层在沉积和压密过程中未受到其他变动。

（2）欠固结状态

OCR <1 或 $p_c < p_0$ 时，表征土层的自重固结过程尚在继续。产生欠固结状态的原因之一是上覆土层的堆积速率超过土层本身的固结速率；另外的原因是土层的物理化学条

件的变化。例如，当土的含水量降低时，胶体颗粒减少，离子分散度降低。因而，土粒扩散层厚度减少，粒间孔隙度增加。在这种条件下，正常固结或超固结土有可能因孔隙度的增加而转变为欠固结状态。此外，土中生物造孔活动、冰融作用等也可能导致土层欠固结状态。

（3）超固结状态

OCR>1 或 $p_c>p_0$ 时，表征土层在历史上曾经受过高于现今地层覆盖压力的有效应力。形成土层超固结的原因有以下几方面：①由于地质作用引起的土层上覆荷载的减小。例如，由于地壳上升，上部土层被侵蚀或剥蚀；大面积冰川覆盖后的冰退作用（卸荷作用）等。②矿化孔隙水的物理化学作用。海相黏性土堆积过程中，由于含钠、钙的矿化水的作用，土粒凝集，颗粒和粒团间胶结作用增强，使固体体积减小，使海相黏性土呈现超固结土的特征。黄土在多次浸水和反复淋滤作用下，其水溶液析出物充填孔隙，粒间胶结强度提高，也常使黄土有较高的 p_c 值而表现为超固结状态。③干缩作用。高含水量的黏性土在干燥环境中因水分蒸发而干化收缩，呈现超固结特点。在其他条件相同的情况下，黏性土的流限越高，土体干化收缩量越大。图 5-33 表示流限及含水量不同的两类土在干化作用和天然压密下的固结曲线。图 5-33（a）表示土流限及含水量均较低，图 5-33（b）表示土流限及含水量均较高。*ab* 线表示各土的理论压密固结过程，*acdfg* 代表各土在经历干化失水过程中的固结曲线。*d*、*e* 点均代表土体固结状态发生变化的临界点，在 *fe* 段中各土呈现超固结特征，在 *eg* 段中各土表现为欠固结特征，*e* 点所对应的压力值 p_e 与高压固结试验测定的 *p* 值相当。比较两种土的固结过程可知，图 5-33（a）土干化收缩量小于图 5-33（b）土，而图 5-33（b）土的超压密状态的范围 *fe* 显然大于图 5-33（a）土。④人类工程活动，如打桩、碾压和振动等也可能引起土体在一定范围内的超固结。

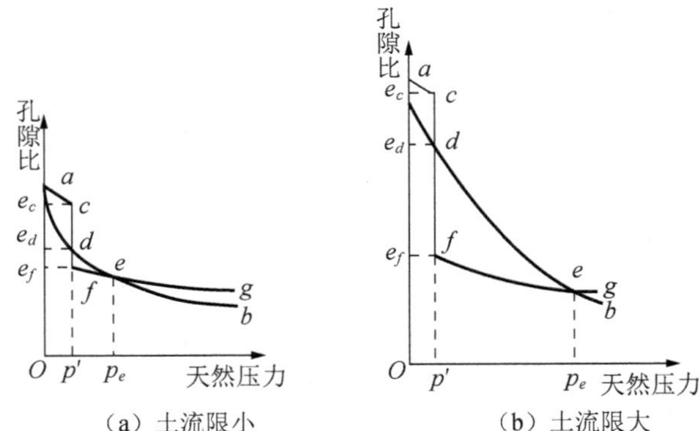

图 5-33　流限及含水量不同的两类土在干化作用和天然压密下的固结曲线

从以上讨论中可以看出，只有在第一种情况下，土层的超固结状态是由于地层静荷载的预压固结作用而形成的，其 p_c 值确切反映了土体固结历史中的最大有效应力值。在其他情况下，黏性土的超固结状态的形成与土的物理化学条件及气候条件有关。此时，由试验测定的 p_c 值仅反映黏性土体固结历史中所具有的最大结构强度。在适当条件下，固结状态可以相互转化。因而，在研究黏性土体固结状态时应结合土体的地质历史对黏性土体的形成机制和固结历史进行全面剖析，从而对其变形趋势做出正确预测。

5.5.4 地面沉降的控制和治理

对地面沉降的研究过程，实质上也是寻求控制或避免地面沉降灾害的有效方法和措施的过程。换言之，解决了地面产生沉降的机制问题，则控制和治理这种灾害的手段和方法也就不难解决了。当前对地面沉降的控制和治理措施可分两类。

1. 表面治理措施

对已产生地面沉降的地区，要根据其灾害规模和严重程度采取地面整治及改善环境，其方法主要如下：

1）在沿海低平原地带修筑或加高挡潮堤、防洪堤，防止海水倒灌，淹没低洼地区。

2）改造低洼地形，人工填土加高地面。

3）改建城市给、排水系统和输油、气管线，整修因沉降而被破坏的交通线路等线性工程，使之适应地面沉降后的情况。

4）修改城市建设规划，调整城市功能分区及总体布局。规划中的重要建筑物要避开沉降区。

2. 根本治理措施

从研究消除引起地面沉降的根本因素入手，谋求缓和直到控制或终止地面沉降的措施。其主要方法如下：

1）人工补给地下水（人工回灌），选择适宜的地点和部位向被开采的含水层、含油层施行人工注水或压水，使含水（油、气）层中孔隙液压保持在初始平衡状态上，使沉降层中因抽液所产生的有效应力增量Δp_e减小到最低限度，总的有效应力p_e低于该层的预固结应力p_c。在抽水引起海水入侵和地下水质恶化的海岸地带，人工回灌井应布置在海水和淡水体的分界线附近，以防止淡水体的缩小或水质恶化。利用不同回灌季节、灌入水的温度不同调整回灌层次及时间，实施回灌水地下保温节能措施。冬灌低温水作为夏季工业降温水源，夏灌高温水作为冬季热水来源。把地表水的蓄积储存与地下水回灌结合起来，建立地面及地下联合调节水库，是合理利用水资源的一个有效途径。一方面利用地面蓄水体有效补给地下含水层，扩大人工补给来源；另一方面利用地层孔隙空间储存地表余水，形成地下水库以增加地下水储存资源。

2）限制地下水开采，调整开采层次，以地面水源代替地下水源。其具体措施如下：①以地面水源的工业自来水厂代替地下水供水源地；②停止开采引起沉降量较大的含水层而改为利用深部可压缩性较小的含水层或基岩裂隙水；③根据预测方案限制地下水的开采量或停止开采地下水。

思考与习题

1. 简述崩塌的形成条件及形成机理。
2. 简述滑坡和崩塌的区别。
3. 按组成物质，滑坡可分为哪几类？简述其特征。滑坡的防治措施主要有哪些？
4. 简述泥石流的概念。泥石流形成条件及主要类型有哪些？
5. 简述岩溶的概念。岩溶发育的基本条件是什么？岩溶发育规律及原因是什么？
6. 简述岩溶渗漏的防治措施。
7. 地面沉降的地质环境有哪几种模式？
8. 地面沉降的防治措施有哪些？

第 6 章　地震工程地质问题

本章导读

地震工程地质的研究内容包括重大工程附近的地震活动规律及其对建筑物的影响，选择较稳定的地段，以及在地震区的建筑如何采取抗震措施等。它也是评价工程建筑地基区域稳定性的一个重要方面。由于地震影响广泛，具有较强的破坏力，因此人类很早就开展了对地震的研究工作，其中工程地质学对地震的研究着重于地震动对建筑物的破坏作用，不同工程地质条件场地的地震效应、地震小区划、地震区建筑场地的选择及抗震措施的工程地质论证等问题，为地震区的城市和各类工程的规划、设计提供依据。为了确保人们正常的日常生活，了解并解决地震工程地质问题是非常有必要的，所以我们要研究地震的发生原因、地震分类、地震的分布、地震所带来的危害等。

本章重点

（1）地震与地震波的概念；

（2）地震震级与地震烈度的概念与区分；

（3）地震效应。

6.1　概　　述

在地壳表层，因弹性波传播所引起的振动作用或现象，称为地震（earthquake）。地震按其发生原因可分为构造地震、火山地震和陷落地震。此外，还有因水库蓄水、深井注水和核爆炸等导致的诱发地震。地壳运动引起的构造地震是地球上规模最大、数量最多、危害最严重的一类地震，世界上90%以上的地震均属此类。它一般分布在活动构造带中，地壳运动所积累的应变能一旦超过了地壳岩体的强度极限，岩体就会发生破裂，应变能突然释放而以弹性波的形式向四周传播，使地壳振动而发生地震。本章即是研究这类地震。

在地壳内部振动的发源地称为震源，震源在地面上的垂直投影称为震中，震中到震源的距离称为震源深度。按震源深度，可将地震分为浅源地震（0～70km）、中源地震（70～300km）和深源地震（>300km）。震源深度最大可达 700km。统计资料说明，大多数地震发生在地表以下数十千米以内的地壳中，破坏性地震一般均为浅源地震。地面上地震所波及的范围称为震域，它的边界往往不易确定。震域的大小与地震时所释放出来的能量及震源的深度有关。释放的能量越大，震源越浅，则震域越大。

据统计，全世界每年发生地震约 500 万次，其中绝大多数是不为人们所感知的小地震，人们能感知的地震约 80000 次；而破坏性地震约 1000 次，其中强烈破坏性的地震有十几次。强烈地震可在顷刻之间在较大地域内酿成严重灾害。地震灾害可分为两类，即一次灾害和次生灾害。前者为地震作用导致建筑物的直接破坏和地基、斜坡的振动破坏，如地裂、地陷、砂土液化、滑坡、崩塌等；后者是由上一类灾害所造成的灾害，如火灾、有毒气体扩散、危险物爆炸、海啸等。

地震灾害是全球性的重大自然灾害。据联合国统计，20 世纪以来全世界因地震而死亡的人数达 260 多万，约占各种自然灾害死亡总人数的 58%。地震灾害在城市中表现尤为突出。例如，1923 年日本关东 M7.8 大地震，东京市民死亡约 10 万人，失踪 4.3 万余人，房屋毁坏 60 万间；1976 年我国唐山 M7.9 大地震，使唐山市市区夷为废墟，死亡 24 万余人，是 20 世纪最惨重的地震灾害；2008 年的四川汶川地震，地震震级达到 8.0 级，波及面非常广，本次地震致使 69229 人遇难，374643 人受伤，失踪 17923 人，带来的直接经济损失达 8451 亿元。有的强烈地震，其破坏范围可波及数千千米以外的地方。例如，1960 年 5 月 22 日智利海边 M8.9 大震，造成巨大海啸，海水震荡传播到太平洋各地；5 月 23 日海浪冲至夏威夷希洛湾，掀起 10m 多高的浪涛，摧毁了岸上各种设施，死伤 200 余人；5 月 24 日海啸到达日本东海岸，浪高 3.4～6.5m，伤亡数百人，沉船 109 艘。可见，地震是破坏性最大的一种自然地质灾害。

我国地处环太平洋地震带和地中海-喜马拉雅地震带这两大地震带间，是世界上最大的一个大陆地震区，地震活动具有分布广、频度高、强度大、震源浅的特点，因而酿成的灾害尤为严重。据记载，世界上最惨重的震例大部分发生在我国。我国已有 3000 多年较可靠的地震记载历史，也是世界上最早发明地震仪的国家。在 20 世纪 50 年代即系统整理了丰富的地震史料，编制全国地震区划图，并制定了建筑抗震规定。自 1996 年邢台地震之后，更重视和加强了地震地质和地震预测、预报的研究，建立了一支专门的科研队伍。丰硕的研究成果充实了地震学、地震地质学和工程地质学的知识宝库。

地震是工程地质学研究的对象之一，它是区域稳定性分析的非常重要的因素。工程地质着重于研究地震动对建筑物的破坏作用，不同工程地质条件场地的地震效应、地震区建筑场地的选择，以及防震抗震措施的工程地质论证等，为不同地震区的城市和各类工程的规划、设计提供了依据。

6.2　地震及地震波基础

1. 地震产生的条件

根据对大陆板块地震分布与活断层关系的分析得知，强烈地震的发生，必须具备一定的介质条件、结构条件和构造应力场条件。

（1）介质条件

一般认为，硬脆性的介质材料能积聚很大的弹性应变能，而当应变能超过了岩体的极限强度时，就会导致突然的脆性破裂，大量释放应变能而产生强烈地震。而软塑性的介质材料在应力作用下多以塑性形变来调节，应变能逐渐释放，所以不可能产生强震。我国地震地质界认为，华北地区的地震活动明显强于华南地区的一个重要因素，就是华北地区前震旦纪结晶基底以硬脆性的花岗质岩石为主，而华南地区的基底岩石大多为较软弱的浅变质岩系。

大多数破坏性地震发生在地下数十千米的地壳范围内，对这一深度介质性质的研究，目前只能限于采用各种地球物理探测手段所获得的地壳内部各项参数，去综合分析震源附近地壳介质可能具有的力学属性及其与破裂的关系。近年来的初步研究表明，由一定介质性质决定的地壳中的低阻层、低速层、高热流带和其他地球物理异常的区域，可能与地震活动有一定联系。例如，贝加尔裂谷带在 15～20km 的深度有一个电阻率仅每米几欧姆的导电层，美国德克萨斯州西部 21.3～23.3km 深处的电阻率为 3.5～20Ω/m，它们均为地震活动带。我国南北地震带北段贺兰山一带的地壳内，普遍存在的两个低阻层中的一个位于 20～30km 深处，呈带状分布，与地震带的延伸方向大致相同。

（2）结构条件

国内外的震例表明，只有在活断层的一定部位才能发生地震。地震发生的实际构造部位虽然很复杂，但都是在活断层上应力高度集中的部位。这些部位是活断层的端点、拐点、交汇点、分支点和错列点，它们被称为活动断裂的锁固段或互锁段。锁固段的岩体强度高，两盘互相黏结，应力集中，能积聚很大的应变能。当应力增长到超过锁固段岩体的强度极限时，就会突然破裂而发生地震。活动断裂的锁固段即成为控制地震发生的震源。光测弹性的破裂模拟试验结果证实了活动断裂的一些特殊部位容易引起应力集中。

（3）构造应力场条件

地震的孕育和发生受控于现代构造应力场的特征。由于不同地质历史时期的构造运动之间往往表现出一定的继承性，因此在研究现代构造应力场的发生、发展演化和形成机制时，需要联系早期的构造应力场特征，特别是晚第三纪以来的新构造应力场特征。强震一般都发生在新构造差异活动强烈的地段，因而对新构造应力场的研究就具有特别重要的意义，它有助于判断现代构造应力场的特征。

目前对现代构造应力场的研究，主要限于寻找区域最大、最小主应力的方向，而应力大小、活动速率等定量指标问题则极少涉及。

2. 地震波

地震发生后会以波的形式向外传播，我们称之为地震波，地震破坏力来自震源所发出的地震波。地震波是一种弹性波，它包括体波和面波两种。体波是通过地球本体传播的波；而面波是由体波形成的次生波，即体波经过反射、折射而沿地面传播的波。

体波分为纵波（P 波）和横波（S 波）两种。纵波是由震源向外传播的压缩波，质点振动与波前进的方向一致，一疏一密地向前推进，其振幅小、周期短、速度快。横波是由震源向外传播的剪切波，质点振动与波前进的方向垂直，传播时介质体积不变但形状改变，其振幅大、周期长、速度慢，且仅能在固体介质中传播。根据弹性理论，纵波和横波的传播速度可分别按式（6-1）和式（6-2）计算：

$$V_P=\sqrt{\frac{E(1-\mu)}{\rho(1+\mu)(1-2\mu)}} \tag{6-1}$$

$$V_S=\sqrt{\frac{E}{2\rho(1+\mu)}} \tag{6-2}$$

式中，V_P、V_S——纵波速度及横波速度；

E、ρ、μ——介质的弹性模量、密度及泊松比。

一般情况下，当 μ=0.22 时，V_P=1.67V_S。显然，纵波速度大于横波速度。所以仪器记录的地震波谱上，总是纵波先于横波到达，故纵波也称初波（primary wave），横波也称次波（secondary wave）。

面波可分为瑞利波（R 波）和勒夫波（Q 波）两种。瑞利波传播时在地面上滚动，质点在波传播方向上和地表面法向组成的平面（xz 面）内做椭圆运动，长轴垂直地面，而在 y 轴方向上没有振动［图 6-1（a）］。勒夫波传播时在地面上做蛇形运动，质点在地面上垂直于波前进方向（y 轴）做水平振动［图 6-1（b）］。面波的振幅最大，波长和周期最长，统称为 L 波（long wave）。面波的传播速度较体波慢，一般情况下，瑞利波速度 V_R=0.914V_S。

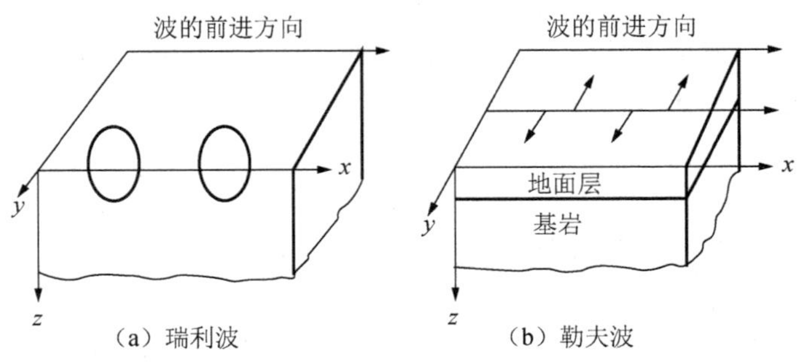

图 6-1　面波质点振动示意图

综上所述，各种地震波的传播速度以纵波最快，横波次之，面波最慢。所以在地震记录图（地震波谱）上，最先记录到的是纵波，其次是横波，最后才是面波。图 6-2 即为典型的地震波记录图。纵波到达与横波到达之间的时间差（走时差），随地震台距震中越远而越大，故可用以测定震中距；并可利用多个地震台的波谱资料，进一步确定震中位置和估算震源深度。

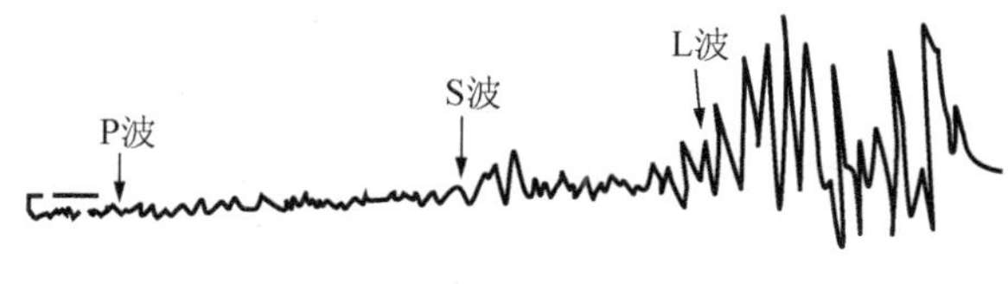

图 6-2　地震波记录图

一般情况下，当横波和面波到达时，地面振动最为强烈，故对建筑物的破坏性最大。

6.3　我国地震的分布及地震地质基本特征

我国地处环太平洋与地中海-喜马拉雅两大地震带之间，地震分布比较普遍。除中国台湾东部、西藏南部和吉林东部地震属板块边缘消减带地震活动外，其余广大地域均属板内地震活动，而且绝大多数强震发生在稳定断块边缘一些规模巨大的区域性深大断裂带上或断陷盆地之内，主要地震区与活动构造带关系密切。

中国科学院地球物理研究所把我国分为 23 个地震带。其中较主要的地震带有台湾与东南沿海地震带、郯城-庐江地震带、南北阳地震带、华北地震带、西藏-滇南地震带、天山南北地震带。

我国地震地质的基本特征可归纳为如下五点：

1）强震活动受活动构造的严格控制。例如，地震活动最为强烈的南北向地震带，自云南东部向北，经四川西部至陇东，越过秦岭，西到六盘山、贺兰山一带，由近南北向的红河断裂、小江断裂、则木河断裂、安宁河断裂、鲜水河断裂、龙门山断裂、六盘山断裂及银川地堑等一系列著名的活动断裂带展布。地震活动的强度大而频率高。呈 S 形展布的汾渭地堑内部，历史上多次的强烈地震活动均受控于该地堑内断裂的活动。

2）我国大陆地震受控于现代构造应力场特征。西部地区地震活动的强度和频度较之东部地区要大得多。这是因印度板块向北推挤所造成的强大的近南北向主压应力使这一地区形成了巨大的活动断裂，有近东西向的逆掩和逆冲断裂，近南北向的正断裂，还有更多的北西及北东向走滑断裂。现代构造活动强烈而复杂，东部地区地震活动主要分布于华北断块的银川地堑、汾渭地堑、河北平原和郯庐大断裂带，因受太平洋板块俯冲所造成的 NEE 向主压应力作用，这些活动构造都做右旋走滑错动。它们都有过发生 8 级地震的历史记载，但地震频度不高；而华南断块则以现代构造活动和地震活动较微弱为其基本特征。

3）强震活动经常发生在断裂带应力集中的特定地段上。这些地段有活动断裂转折部位、端点部位、分支部位及不同方向活动断裂的变汇部位。例如，1920 年宁夏海原 M8.5 地震发生在祁连山北缘大断裂由 NWW 向转为 SSE 向的转折处；1927 年甘肃古浪 M8 地震发生在 NWW 向皇城-塔儿庄断裂和 NNW 向武威-天祝断裂的交汇处；1950 年西藏察隅 M8.5 地震也发生在喜马拉雅褶皱断裂带东缘急剧转折部位；1976 年河北唐山 M7.9 地震也发生在活动强烈的 NE 向沧县-唐山断裂与五条向唐山、丰南聚敛的 NW 向断裂交汇部位。

4）绝大多数强震发生在一些稳定断块边缘的深大断裂带上，而稳定断块内部很少或基本没有强震分布。四川台块、鄂尔多斯台壕、塔里木台块和准噶尔台块等就是这类稳定断块，而围限这些断块的深大断裂带则为强震发生带。

5）裂谷型断陷盆地控制了强震的发生，裂谷型断陷盆地是由张应力作用产生的，有地堑型和断裂型两种，其中形成于晚第三纪和第四纪的新生盆地是强震发生的主要场所。例如，银川地堑和汾渭地堑呈 NE、NNE 走向，地堑内部构造活动复杂，强震都发生在地堑内特殊的构造部位，而其两侧的活动性断裂则极少发生强震。断裂型盆地是由走滑型活动断裂带某些部位由于诱发的张应力产生的串珠式断陷盆地，如川滇的安宁河断裂带和小江断裂带内的盆地、新疆富蕴断裂带内的盆地。这些盆地内同样可以孕育强震。据统计，我国大陆地区与断陷盆地有关的 6 级以上强震，70%发生在这两种盆地内。

6.4 地震震级和地震烈度

地震震级和地震烈度是衡量地震强度的两把标准尺度。它们的含义不同，但相互间有一定的联系。

1. 地震震级

地震震级是衡量地震本身大小的尺度，由地震所释放出来的能量大小决定。释放出来的能量越大，则震级越大。

地震释放的能量大小，是通过地震仪记录的震波最大振幅来确定的。由于仪器性能和震中距离不同，记录的振幅也不同，因此必须要以标准地震仪和标准震中距的记录为准。按李希特（C.F.Richter）1935 年所给出的原始定义，震级（M）是指距震中 100km 处的标准地震仪在地面所记录的微米表示的最大振幅 A 的对数值：

$$M = \lg A \tag{6-3}$$

标准地震仪的自振周期 0.8s，阻尼比 0.8，最大静力放大倍率 2800。

如果在距震中 100km 处标准地震仪记录的最大振幅为 10cm（$10^5\mu$m），则 M=5，是 5 级地震。实际上距震中 100km 处不一定有地震仪，而且地震仪也并非上述的标准地震仪，此时需采用经验公式经修正而确定震级。

一个 1 级地震的能量相当于 2×10^6J。震级每增加 1 级，能量增大 30 倍左右。例如，

6 级地震的能量约为 6.3×10^{13}J，它约与一个两万吨级原子弹所具有的能量相当；而 7 级地震则相当于 30 个两万吨级原子弹的能量。

在理论上，震级是无上限的，但实际上是有限的。因为地壳中岩体的强度有极限，它不可能积累超过这种极限的弹性应变能。目前已记录的最大地震震级是 9.0 级，即 2011 年 3 月 11 日的日本大地震。按照人们对地震的感知及其破坏程度，可做如下的震级划分：2 级以下为微震，人们感觉不到；3～4 级为有感地震；5 级以上就会引起不同程度的破坏，统称为破坏性地震；7 级以上为强烈地震。

2. 地震烈度

地震烈度是衡量地震所引起的地面震动强烈程度的尺子。它不仅取决于地震能量，同时也受震源深度、震中距、地震波传播介质的性质等因素的制约。一次地震只有一个震级，但在不同地点，烈度大小是不一样的。这就好比灯光的辐射范围，一定度数的电灯发出光的亮度是一定的，但随着离开电灯距离的增加，人能感觉到的亮度在逐渐减弱。一般地说，震源深度和震中距越小，地震烈度越大；在震源深度和震中距相同的条件下，坚硬基岩的场地（地基）较之松软土烈度要小些。因此，烈度不能与震级混淆。

地震烈度是根据地震时人的感觉、建筑物破坏、器物振动及自然表象等宏观标志判定的。通过对各类标志的对比分析来划分烈度，并按由小到大的数码顺序排列，就构成了地震烈度表（表 6-1）。

表 6-1 中国地震烈度表（GB/T 17742—2008）

地震烈度	人的感觉	房屋震害			其他震害现象	水平向地震动参数	
		类型	震害程度	平均震害指数		峰值加速度 /（m/s^2）	峰值速度 /（m/s）
Ⅰ	无感	—	—	—	—	—	—
Ⅱ	室内个别静止中的人有感觉	—	—	—	—	—	—
Ⅲ	室内少数静止中的人有感觉	—	门、窗轻微作响	—	悬挂物微动	—	—
Ⅳ	室内多数人、室外少数人有感觉，少数人梦中惊醒	—	门、窗作响	—	悬挂物明显摆动，器皿作响	—	—
Ⅴ	室内绝大多数、室外多数人有感觉，多数人梦中惊醒	—	门窗、屋顶、屋架颤动作响，灰土掉落，个别房屋墙体抹灰出现细微裂缝，个别屋顶烟囱掉砖	—	悬挂物大幅度晃动，不稳定器物摇动或翻倒	0.31（0.22～0.44）	0.03（0.02～0.04）

续表

地震烈度	人的感觉	房屋震害			其他震害现象	水平向地震动参数	
		类型	震害程度	平均震害指数		峰值加速度/（m/s^2）	峰值速度/（m/s）
Ⅵ	多数人站立不稳，少数人惊逃户外	A	少数中等破坏，多数轻微破坏和/或基本完好	0.00～0.11	家具和物品移动；河岸和松软土上出现裂缝，饱和砂层出现喷砂冒水；个别独立砖烟囱轻度裂缝	0.63（0.45～0.89）	0.06（0.05～0.09）
		B	个别中等破坏，少数轻微破坏，多数基本完好				
		C	个别轻微破坏，大多数基本完好	0.00～0.08			
Ⅶ	大多数人惊逃户外，骑自行车的人有感觉，行驶中的汽车驾乘人员有感觉	A	少数毁坏和/或严重破坏，多数中等破坏和/或轻微破坏	0.09～0.31	物体从架子上掉落；河岸出现塌方，饱和砂层常见喷水冒砂，松软土上地裂缝较多；大多数独立砖烟囱中等破坏	1.25（0.90～1.77）	0.13（0.10～0.18）
		B	少数中等破坏，多数轻微破坏和/或基本完好				
		C	少数中等和/或轻微破坏，多数基本完好	0.07～0.22			
Ⅷ	多数人摇晃颠簸，行走困难	A	少数毁坏，多数严重和/或中等破坏	0.29～0.51	干硬土上也有裂缝，饱和砂层绝大多数喷砂冒水；大多数独立砖烟囱严重破坏	2.50（1.78～3.53）	0.25（0.19～0.35）
		B	个别毁坏，少数严重破坏，多数中等和/或轻微破坏				
		C	少数严重和/或中等破坏，多数轻微破坏	0.20～0.40			
Ⅸ	行动的人摔跤	A	多数严重破坏或/和毁坏	0.49～0.71	干硬土上有许多处出现裂缝，可见基岩裂缝、错动，滑坡、塌方常见；独立砖烟囱多数倒塌	5.00（3.54～7.07）	0.50（0.36～0.71）
		B	少数毁坏，多数严重和/或中等破坏				
		C	少数毁坏和/或严重破坏，多数中等和/或轻微破坏	0.38～0.60			
Ⅹ	骑自行车的人会摔倒；处于不稳状态的人会摔离原地，有抛起感	A	绝大多数毁坏	0.69～0.91	山崩和地震断裂出现，基岩上拱桥破坏；大多数独立砖烟囱从根部破坏或倒毁	10.00（7.08～14.14）	1.00（0.72～1.41）
		B	大多数毁坏				
		C	多数毁坏和/或严重破坏	0.58～0.80			
Ⅺ	—	A	绝大多数毁坏	0.89～1.00	地震断裂延续很长；大量山崩滑坡	—	—
		B					
		C		0.78～1.00			
Ⅻ	—	A	几乎全部毁坏	1.00	地面剧烈变化，山河改观	—	—
		B					
		C					

注：表中给出的“峰值加速度”和“峰值速度”是参考值，括号内给出的是变动范围。

我国经多年实践，已制定了一般工程防震抗震的烈度标准。把地震烈度分为基本烈度、场地烈度和设防烈度三种。基本烈度是指在今后一定时间（一般按 100 年考虑）和一定地区范围内一般场地条件下可能遭遇的最大烈度。它是由地震部门根据历史地震资料及地区地震地质条件等的综合分析给定的，是对一个地区地震危险性做出的概略估计，以作为工程防震抗震的一般依据。目前全国和各省、区的地震基本烈度区划图已经编制出来，可作为建设规划的参考。场地烈度至今没有一个明确的定义，一般的理解为根据建设场地具体的工程地质条件而对基本烈度的调整或修正。因为基本烈度所代表的是某一地区的平均烈度，它不可能反映地区由于工程地质条件的不同而产生的烈度差异。而场地烈度正好反映了这一差异。它们之间为面与点的关系。根据具体工程地质条件的影响情况，场地烈度可大于基本烈度，也可小于基本烈度，一般调整范围为半度至一度。但是，这样的调整未考虑工程的结构特性，忽视了不同结构在相同地基上的不同地震反应；并且，在软弱地基上将场地烈度提高，往往通过加强上部结构的抗震强度来进行设计，对防止地基失效又无多大作用。因此，我国目前在工业与民用建筑抗震设计中，大多数已不采用场地烈度的调整方法。设防烈度也称设计烈度，是抗震设计所采用的烈度。它是根据建筑物的重要性、经济性等的需要，对基本烈度的调整。一般建筑物可采用基本烈度为设防烈度；而重大建筑物（如核电站、大坝、大桥），则可将基本烈度适当提高作为设计烈度。我国规定，基本烈度Ⅵ度（包括Ⅵ度在内）以下的地区，建筑物可以不设防，而超过Ⅵ度的必须采取设防措施（表 6-2）。

表 6-2　震害指数等级划分表

序数	震害类型		震害描述	震害指数 i	
Ⅰ	倒平		房屋全部倒塌	1.0	
Ⅱ	墙倒架歪		墙体全部倒塌，房架倾斜显著	0.8	
Ⅲ	墙倒架正		墙体大部分倒塌，房架基本未倾斜	0.6	
Ⅳ	局部墙倒		主要墙体局部倒塌	0.4	
Ⅴ	裂缝	严重	主要墙体无塌落，但严重裂缝，须修复才能使用	0.27	0.20
		轻微	墙体无塌落，但有小裂缝，未经修复仍可使用	0.13	
Ⅵ	完好		基本无损或完好	0	

6.5　地震效应

在地震作用影响所涉及的范围内，于地面出现的各种震害或破坏称为地震效应。地震效应与场地工程地质条件、震级大小及震中距等因素有关，也与建筑物的类型和结构有关。

地震效应大致可以分为振动破坏效应、地面破坏效应和斜坡破坏效应三个方面。

1. 振动破坏效应

地震发生时，地震波在岩土体中传播而引起强烈的地面运动，使建筑物的地基基础及上部结构都发生振动，给它施加了一个附加荷载，即地震力。当地震力达到某一限度时，建筑物即发生破坏。这种由于地震力作用直接引起的建筑物的破坏称为振动破坏效应。在地震效应中振动破坏效应是最主要的。一次强烈地震发生时，建筑物的破坏、倾倒，主要是由地震力的直接作用引起的。地震对建筑物振动破坏作用的分析方法有静力法和动力法两种。

2. 地面破坏效应

地面破坏效应可分为地面破裂效应和地基基底效应两种基本类型。地面破裂效应指的是强震导致地面岩土体直接出现破裂和位移，从而引起附近的或跨越破裂带的建筑物变形或破坏。地基基底效应指的是地震使松软土体压密下沉、砂土液化、淤泥塑流变形等，而导致地基失效，使上部建筑物破坏。

（1）地面破裂效应

强烈地震发生时，在地表一般都会出现地震断层和地裂缝。在宏观上，它仍沿着一定方向展布在一个狭长地带内，绵延数十至数百千米，对工程建设意义重大。

地裂缝是指因强烈地震而在高烈度区（＞Ⅶ度）地面上出现的非连续性变形现象。按形成机制，地裂缝又可分为构造性地裂缝和非构造性地裂缝两种。构造性地裂缝对应于一定的震源机制，具有明显的力学属性和一定的方向性；分布受地震断层控制。非构造性地裂缝是由于地震力作用而使某一部位岩土体沿重力方向产生的相对位移，所以也称重力性地裂缝；它的分布常与微地貌界线吻合。

构造性地裂缝与深部震源断层的地震机制参数大体相符，但它们之间并不连通，因而它不是深部震源断层发生错动时的直接产物。国内外许多强震资料表明，当第四纪覆盖层大于 30m 时，在震中区出现的地裂缝多属这种类型，而不是基岩中的断裂直通地表。由此可以将构造性地裂缝的生成机制做如下分析：当震源断层错动时，由深部基岩向上输入具有明显方向性的 P 波初动或主要震相地震波，使地面土层产生大幅度振动。当质点位移幅值超过了其弹性极限，或质点上的地震力超过了土的抗剪强度时，便产生了永久塑性变形。所以说构造性地裂缝是强震震中地区随激烈振动的结果。

构造性地裂缝的错动效应可引起跨越的某些刚度较小的地面工程设施发生结构性损坏，也可能使某种地基失稳或失效。但这些震害效应不是毁灭性的。不少强震实例表明，由于地裂缝的出现可能会吸收部分地面振动能量，减少振动历时，因此在一定程度上减轻了震害。

非构造性地裂缝的表现形式有两种：①由于斜坡失稳造成土体滑动，在滑动区边缘产生张性地裂缝；②平坦地面的覆盖层沿着倾斜的下卧层层面滑动，导致地面产生张性地裂缝。此种形式大多发生在土质软弱的故河床内填筑土层的边界上，它对建筑物的危害不容忽视。

非构造性地裂缝产生的条件：①故河床堆积松散砂层的震陷；②由于砂层的震陷而引起上覆填土的垂直沉陷、位移；③浅部填土层的振动具有地面运动的放大作用特征，在填土层的倾斜界面上产生斜向滑移（图6-3）。

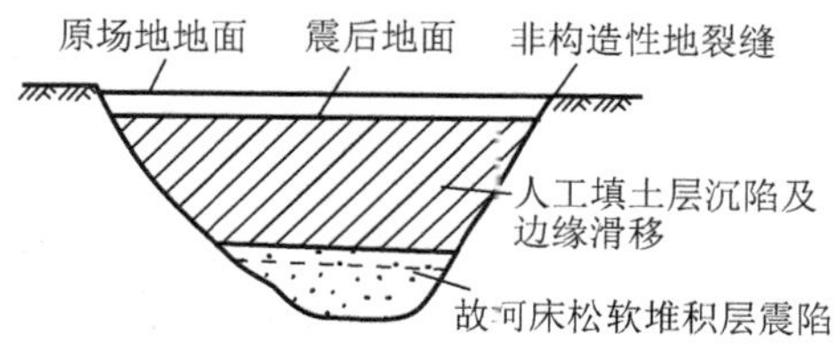

图6-3 故河床填平场地上非构造性地裂缝示意图

非构造性地裂缝的错动效应与构造性地裂缝大致相同，即地裂缝的出现虽可造成跨越其上的建筑物发生难以抵御的破坏，但由于地面产生了大幅度塑性位移，吸收弹性振动能量，使运动速度急剧衰减，减少振动历时，从而减轻了临近建筑物的震害。

（2）地基基底效应

强震时地震加速度很大，如果建筑物地基强度较低，就会导致地基承载力下降、丧失，以致错位、移动，由此造成建筑物的破坏，即为地基基底效应。按形成机制不同，地基基底效应又可分为三种，即地基强烈沉降或不均匀沉降、地基水平滑移和砂基液化。造成地基失效的地形地质条件见图6-4。

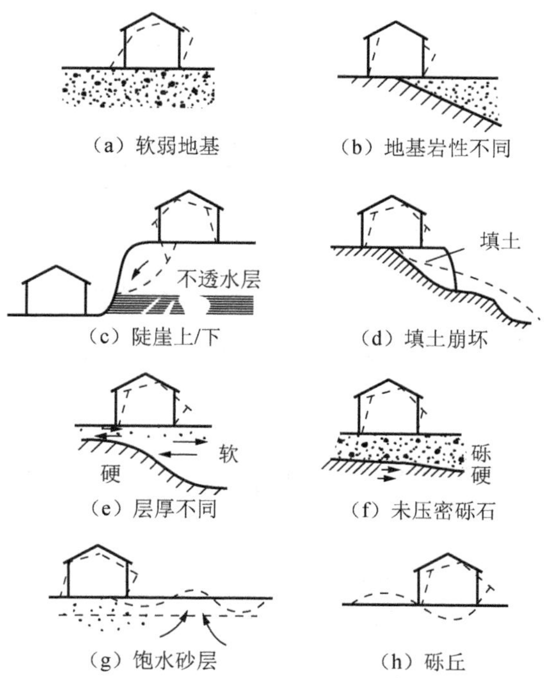

图6-4 造成地基失效的地质地形条件

地震时由于地基强烈沉降与不均匀沉降，致使建筑物遭受破坏。前者主要发生在疏松砂砾石、软弱黏性土及人工填土等地基中。地震时强烈振动的影响，使得地基被压密而迅速强烈地沉降。后者主要发生于地基岩性不同或层厚不同的情况下。

地基水平滑移主要发生在可能发生滑坡的地基之上，如较陡的斜坡上、下的建筑物，由于地震时附加水平振动力作用使斜坡失稳，从而造成建筑物破坏。此外，斜坡地段半填半挖形成的地基也可发生水平滑移。

3. 斜坡破坏效应

斜坡破坏效应包括地震导致的滑坡、崩塌或泥石流等，主要发生在山区和丘陵地带。

地震时巨大的滑坡和崩塌，会摧毁斜坡上、下的建筑物，酿成严重灾害。公元前 373 年希腊亥利斯城由于地震滑坡而滑入海中，居民全部葬身大海。我国 1920 年宁夏海原 8.5 级大地震，死亡 20 余万人，其中大部分是由黄土滑坡和窑洞坍塌所致。1964 年美国阿拉斯加 8.4 级地震，滨海的安科雷季市发生多处滑坡，其中最大的滑坡发生在塔那根地区，滑坡体长 2500m，宽 180～360m，有的地方滑入海中达 600m。滑坡后缘多形成地堑，其上建筑物毁坏甚多；前缘地基隆起，也造成大量建筑物毁坏。滑坡发生的主要原因是厚层灵敏黏土层的破坏和透镜状薄砂层的振动液化（图 6-5）。

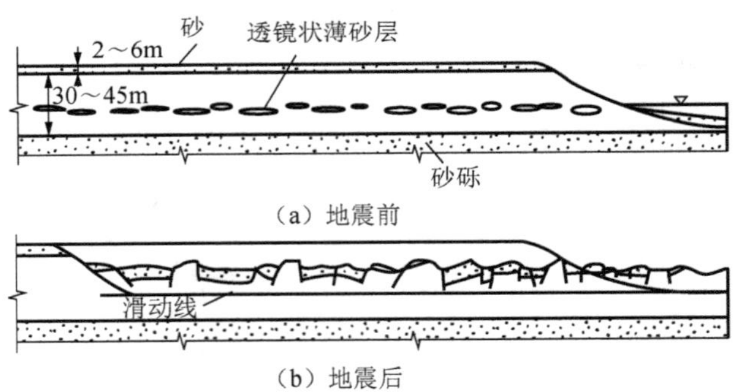

图 6-5　阿拉斯加地震前后，安科雷季市塔那根地区地层剖面图

如果地震前长期降雨，则地震发生时不但滑坡、崩塌灾害会加剧，而且还易发生泥石流，震害将更加惨重。

6.6　场地工程地质条件对宏观震害的影响

由上一节讨论可知，场地地震效应受许多因素的制约，其中场地的工程地质条件对宏观震害的影响尤为显著。从国内外大量宏观震害调查资料看出，在一个范围较大的场地内（如一个城市），对震害有重大影响的工程地质条件为岩土类型及性质、地质构造及地形地貌条件。此外，还有水文地质条件。

1. 岩土类型及性质

岩土类型及性质对震害的影响是目前研究得非常广泛和深入的地震工程地质条件之一。大量宏观调查资料证实，地基岩土体不同会造成震害的显著差异，平均震害指数的差值可达 50%～60%，烈度差值可达 3～8 度。一般地说，软土上的震害要比硬土上的大。

除岩土类型及性质对宏观震害影响显著外，松软沉积物厚度对宏观震害的影响也是很明显的。早在 1923 年日本关东大地震时，就发现了冲积层厚度与震害的相关性，即冲积层越厚，木架房屋的震害越大。

地基岩土体类型及性质和松软沉积物厚度对震害的影响，其根本原因是岩土卓越周期的作用。因为土质越松软，厚度越大，虽地面运动速度降低了，但由于其卓越周期增大，振动历时加长，使震害加大。

此外，地层结构对震害也有较大影响。对于双层结构的地基，如果软弱土层在表层，则地基抗震性能很差；但如果软弱土层在下部，其上部有较坚实的黏土层覆盖，则地基抗震性能就提高很多。在基岩上有覆盖层时，则土层越薄抗震性能越好。多层结构的地基，其抗震性能取决于软弱土层的位置和厚度。软弱土层埋藏越浅，厚度越大，震害也就越重。但是，当软弱土层埋藏较深，而其上部有多层较密实土层时，由于下伏软土层对地震波振动能量的消减作用，对地基抗震则是有利的。

2. 地质构造

地质构造主要是指场地内断裂对震害的影响。据一些单位的研究，应按发震断裂及与之有联系的断裂和非发震断裂两种情况来考虑。

发震断裂是引起地基和建筑物结构振动破坏的地震波的来源，又由于断裂两侧相对错位，因此震害应较其他地段更重些。考虑到断裂错位造成地基失效的破坏作用是不易抵御的，所以不能以提高发震断裂烈度的方式来处理，而应在场地选择中加以解决。但是，根据近十几年来对一些强震发震断裂震害的调查，从平均趋势看，振动破坏效应并没有特别加重。例如，1970 年通海地震时，直接位于曲江发震断裂上 11 个调查点的震害指数与同类地基平均震害指数之差的平均值（Δi）仅为-0.0145。此外，当场地内存在与发震断裂有一定联系的断裂时，由于受发震断裂的触动牵引等影响，沿该断裂带常形成高烈度异常区。这个问题比较复杂，目前研究资料尚少，有待进一步探索。

非发震断裂是指场地内与震源无构造联系的断裂。根据对通海和海城两次地震的宏观震害调查，证实非发震断裂无加重震害的趋势。例如，海城地震后调查了 500 多个村庄，其中 28 个村庄位于非发震断裂上，它们的震害指数在同类场地平均震害指数衰减曲线上是随机分布的。因此，不应提高非发震断裂的场地烈度。

3. 地形地貌条件

局部地形地貌对宏观震害的影响是一个颇为复杂又亟待解决的问题，尤其是在山区和丘陵地带，地形起伏变化较大，一个工程场地可能遇到较多的完全不同的微地形地貌，它们的地震效应究竟如何评价呢？

根据宏观震害调查、仪器观测、理论分析和模型试验等结果证实，微地形地貌条件对震害的影响非常明显。其总的效应趋势是：突出孤立的地形使地震动加强，震害加剧；而低洼沟谷则使地震动减弱，震害减轻。这可由1970年通海地震和1974年永善地震及1976年唐山地震震害实例说明。通海地震时调查了67个位于孤立小山丘或山脊顶部（高度一般在100m以上）的村庄，其震害指数较同类地基上的村庄要高出0.07～0.25。永善地震时，位于一狭长山脊上的卢家湾6队房屋破坏情况表明：山脊端部孤立突出的小山丘烈度高达Ⅸ度，靠近大山的根部为Ⅷ度，而山脊中间鞍部仅有Ⅶ度。这些资料有力地说明了局部地形地貌的影响。据计算，这三处的地面加速度分别为0.67g、0.4g和0.27g。唐山地震时，建于凤山顶的微波塔机房全部倒塌，而位于凤山脚缓坡地带的专家招待所及近旁的水塔完好无损。这两座建筑物的基础均砌置于基岩上，这又是地形效应的极好例证。

国外的许多资料也证实，局部地形地貌对震害有明显影响。例如，在1966年苏联里海西岸卡松肯斯克地震时发现，平坦山顶比山脚下宏观烈度要高1～2度，位于山顶的建筑物破坏要严重得多。

在黄土高原地区，地形高差对烈度的影响同样是非常明显的。例如，1920年海原地震时，甘肃天水、甘谷为Ⅶ～Ⅷ度烈度区。甘谷县姚家庄位于渭河谷地，为Ⅶ度；其北2km的牛家庄位于高出谷地100m的突出的黄土山梁上，为Ⅸ度；天水市属低洼地，为Ⅷ度；而黄土山梁上许多地段为Ⅸ度。

局部地形地貌的影响，主要是由于孤突的地形使山体共振或山体内体波多次反射而引起地面位移、速度和加速度的放大。1975年海城地震时，在营口市盘龙山（高58m）山脚、山腰和山顶三个测点收到六次完整的余震加速度记录，它们的平均比值是1∶1.33∶1.75。统计的数字是令人信服的。

4. 水文地质条件

岩土饱水后影响地震波的传播速度，总体来说使场地烈度增高。饱水砂砾石比不饱水者实际烈度要增加0.4～0.6度，其他类型土更为明显。烈度影响的深度随地下水埋深而定，埋深越小则烈度值越大；当埋深大于10m时，影响就不显著了。一般地说，地下水埋深在1～5m范围内影响最为明显。例如，天水市地下水埋深2～3m，在1920年海原地震时烈度为Ⅷ度；而渭河对岸的天水郡地质条件与天水市相同，但地下水埋深1～2m，烈度为Ⅸ度。1970年通海地震时，杞麓湖畔两个土质条件完全相同的相邻村庄，地下水埋深2.2m村庄的震害指数为0.44，而地下水埋深0.8m村庄的震害指数为0.58。

6.7　地震区抗震设计原则和建筑物抗震措施

1. 建筑场地的选择

在高烈度区内，建筑场地的选择是至关重要的。所以必须在地震工程地质勘察的基础上进行综合分析研究，联系历史震害的情况和确定的场地烈度，对工程使用期内可能造成的震害进行充分的估量，即做出场地地震效应评价及震害预测，然后选出抗震性能最好、震害最轻的地段作为建筑场地。同时应指出场地对抗震有利和不利的条件，提出建筑物抗震措施的建议。

在选择建筑场地时，应注意以下几点：

1）避开活动性断裂带和大断裂破碎带。活动性断裂带是地震危险区，地震时地面断裂错动会直接破坏建筑物。大断裂破碎带可能会使震害加剧。

2）尽可能避开强烈振动效应和地面破坏效应的地段做场地或地基。属此情况的有强烈沉降的淤泥层、厚填土层、可能产生液化的饱水砂土层及可能产生不均匀沉降的地基。

3）避开不稳定的斜坡或可能会产生斜坡效应的地段。这些地段是指已有崩塌、滑坡分布的地段、陡山坡及河坎旁。

4）避免孤立突出的地形位置做建筑场地。

5）尽可能避开地下水埋深过浅的地段做建筑场地。

6）岩溶地区地下不深处有大溶洞，地震时可能会塌陷，不宜做建筑场地。

对抗震有利的建筑场地条件应该是：地形较平坦开阔；基岩地区岩性均一坚硬，或上覆有较薄的覆盖层；若有较厚的土层，则应较密实；无断裂或有断裂，但它与发震断裂无联系，且胶结较好；地下水埋藏较深；滑坡、崩塌、岩溶等工程动力地质现象不发育。

2. 持力层和基础方案的选择

场地选定后，就应根据所查明的场区工程地质条件选择适宜的持力层和基础方案。为此，应具体了解建筑物上部结构的形式、尺寸和荷载特点，以及地震时必须维持的效能（如医院、动力源、通信设施等），还应考虑到切实可靠的施工。

基础的抗震设计，需注意以下几点：

1）基础要砌置于坚硬、密实的地基上，避免松软地基。

2）基础砌置深度要大些，以防止地震时建筑物的倾倒。

3）同一建筑物不要并用几种不同形式的基础。

4）同一建筑物的基础，不要跨越在性质显著不同或厚度变化很大的地基土上。

5）建筑物的基础要以刚性强的连接梁连成一个整体。

3. 建筑结构形式的选择及抗震措施

（1）工业与民用建筑物

强震区建筑物的平立面应力求简单方整，避免不必要的凸形状；若必须采用平面转折或立面层数有变化的形式，应在转折处或连接处留抗震缝。结构上应尽量做到减小质量、降低重心、加强整体性，并使各部分、各构件之间有足够的刚度和强度。

我国城乡低层和多层建筑物广泛采用的是木架结构和砖混墙结构。木架结构侧向刚度很差，地震时极易发生倾斜及散架落顶。其抗震措施主要是加强侧向刚度和整体性，主要措施见图 6-6。砖混承重墙结构一般是将混凝土楼盖板浮搁于承重墙上，整体性很差，强震时楼板极易从墙上脱落。其抗震措施应加强墙体之间及墙与楼、盖板之间的整体性。其主要措施有：用优质灰浆砌筑墙体；每隔一定高度于灰缝内配置拉接钢筋来补强；在楼盖板周围设置抗震圈梁，盖板与圈梁之间最好锚固起来；外墙的四角及其他部位要用竖筋补强，并使之与圈梁及基础固定。

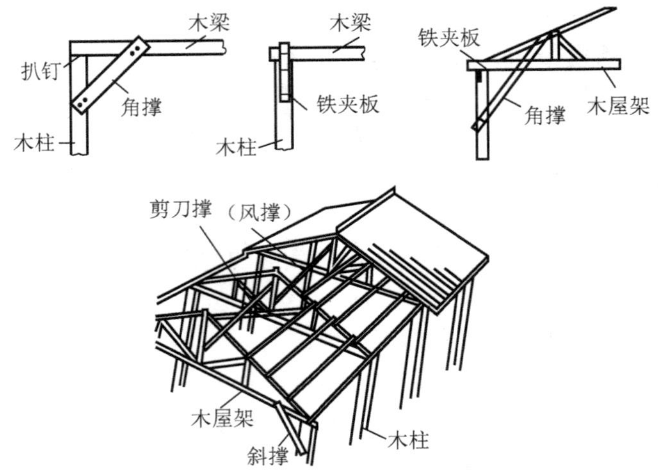

图 6-6　增加木构架整体性的措施

强震区的高层建筑物应采用侧向刚度较大的结构体系。不超过 12 层的建筑物可采用框架结构体系；而更高的建筑物应采用剪力墙和筒式结构体系。它们均为钢筋混凝土或钢骨结构。烟囱、水塔在 40m 以上的，必须采用钢筋混凝土结构；40m 以下的可砖砌，但要配置圈梁和竖向钢筋，并将它们锚固起来。

（2）水工建筑物

选择抗震性能良好的坝型是很重要的。土石坝以堆石坝抗震性能最好，而冲填土坝抗震性能很差。混凝土坝以拱坝抗震性能最好，其次为重力坝，而支墩坝因侧向刚度不足抗震性能最差。

大坝的抗震措施，对于土石坝来说主要为防止地基失稳，提高坝体压实度；适当加坝顶和增加坝顶超高，以防涌浪和溃决。混凝土坝中的重力坝应适当增加坝顶刚度，顶部坡折宜取弧形，避免突变以减少应力集中；支墩坝应尽可能增强侧向刚度；拱坝应注意坝顶两岸岩体的稳定性，并加强其连接部位的强度。

思考与习题

1. 简述地震震级及烈度的概念及差异。
2. 简述地震发生的条件。
3. 简述地震效应类型。
4. 简述场地工程地质条件对震害的影响。
5. 简述地震区抗震设计原则和措施。

第7章　地下工程地质问题

本章导读

在岩（土）体内，为各种目的经人工开凿形成的地下工程构筑物称为地下洞室。研究地下洞室围岩稳定性的实质，是研究岩体在开凿洞室后的力学变化机理和岩体中应力分布状况，查明岩体结构特征和地应力条件，根据岩体的强度和变形特点判别围岩的稳定性，分析主要的地下工程地质问题及保障地下洞室围岩稳定性的处理措施。

本章重点

（1）围岩压力变形破坏的基本类型，围岩压力的表现形式；

（2）地下洞室围岩稳定的影响因素，主要的地下工程地质问题；

（3）保障地下洞室围岩稳定性的处理方法。

一般情况下，在查明岩体结构特征和地应力条件的基础上，根据岩体的强度和变形特点就可以判别围岩的稳定性。目前用于研究围岩稳定性的方法有数学力学计算分析法、围岩的变形和破坏机制分析方法、岩体结构分析法和围岩稳定分类法、模拟试验法等。本章的主要内容有：以岩体结构及地应力理论为基础，系统地分析岩体变形与破坏机制和基本类型；介绍围岩的工程分类及其应用；讨论围岩稳定性的分析方法；探讨常见地下工程地质问题。

7.1　地应力与洞室围岩的变形及破坏

地应力也称天然应力、原岩应力、初始应力、一次应力，是指存在于地壳岩体中的应力。由于工程开挖，一定范围内岩体中的应力受到扰动而重新分布，则称为二次应力或扰动应力，在地下工程中称为围岩应力。

地应力包括岩体自重应力，地质构造应力，地温应力，地下水压力及结晶作用、变质作用、沉积作用、固结脱水作用等引起的应力。

洞室开挖后，地下形成了自由空间，原来处于挤压状态的围岩，由于解除束缚而向洞室空间松胀变形；这种变形大小超过了围岩所能承受的能力，便发生破坏，从母岩中分离、脱落，导致坍塌、滑动、隆破和岩爆等。

洞室围岩的变形与破坏程度，一方面取决于地下天然应力、重分布应力及附加应力，另一方面与岩（土）体的结构及其工程地质性质密切相关。

7.1.1 围岩的变形

导致围岩变形的根本原因是地应力的存在。地下洞室开挖前，岩（土）体处于自然平衡状态，内部储蓄着大量的弹性能，地下洞室开挖后，这种自然平衡状态被打破，弹性能释放，一定范围内的围岩发生弹性恢复变形。另外，由于围岩应力重新分布，各点的应力状态发生变化，导致围岩产生新的弹性变形。这种弹性变形是不均匀的，从而导致地下洞室周边位移的不均匀性。

重新分布的围岩应力在未达到或超过其强度以前，围岩以弹性变形为主。一般认为，弹性变形速度快、量值小，可瞬间完成，一般不易觉察。当应力超过围岩强度时，围岩出现塑性区域，甚至发生破坏，此时围岩变形将以塑性变形为主。塑性变形延续时间长、变形量大，发生压碎、拉裂或剪破，塑性变形是围岩变形的主要组成部分。

如果围岩裂隙十分明显或者围岩破坏严重，节理、裂隙间的相互错位、滑动及裂隙张开或压缩变形将会占据主导地位，而岩块本身的变形成分退居次要地位，按照岩体结构力学原理，由于岩体中大小结构面的存在，围岩的变形都会或多或少地存在结构面的变形。

此外，由于岩石的流变效应十分明显，围岩长期处于一种动态变化的高应力作用之中，流变也是围岩变形不可忽略的组成部分。

7.1.2 围岩的破坏

1. 脆性破坏

整体状结构及块状结构岩体，在一般工程地区开挖时是稳定的，有时产生局部掉块；但是在高地应力地区，由于洞室周边应力集中可引起岩爆，属脆性破裂。在地下洞室开挖过程中，施工导洞扩挖时预留的岩柱易产生劈裂破坏，也具有脆性破裂的特征。

2. 块体滑动与塌落

块状、厚层状及一些均质坚硬的层状结构岩体构成的围岩稳定性是高的。当这类岩体受软弱结构面的切割形成分离块体时，在重力和围岩应力作用下，有可能向临空面方向移动而形成块体的滑动与塌落。

在块状岩体中，由于破裂结构面的发育程度和组合方式不同，分离体的形态各有差异，反映在块体的塌落规模和自行稳定的时间上也不一样。因此，就可以根据洞室各个部位结构面的组合特征，去预报不稳定块体的形态与大小。

最为常见的是锯齿形，其次为“人”字形及各种槽形。

3. 层状岩体的弯曲折断

层状岩体的弯曲折断多发生在层状结构岩体中，尤其是在夹有软岩的互层状结构岩体中最为常见。然而在一些大型的地下工程中，受一组极发育的结构面控制的似层状结构岩体也可以产生类似的弯曲破坏。

4. 碎裂岩体的松动解脱

在水工隧洞施工中，较大规模的塌落和滑动多发生在由构造挤压破碎、节理密集及岩脉穿插的破碎地段。当岩体中泥质结构面数量较少时，围岩具有一定的承载能力，但是在张力和振动力作用下容易松动、解脱成为碎块散开或脱落。一般在洞顶呈现崩塌，在边墙上则表现为滑塌或碎块的坍塌。

5. 塑性变形和膨胀

有些具备松散结构的岩体，在重力、围岩应力和地下水的作用下产生塑性变形，并导致围岩的破坏。常见的塑性变形和破坏形式有边墙挤入、底鼓及洞径收缩等。膨胀是岩体体积随时间变化而增大的一种现象，通常是把由潜在膨胀性的岩石失水后引起的体积应变看作膨胀。

6. 松散围岩体的变形与破坏

松散围岩体是指强烈构造破碎、强烈风化岩体或新近堆积的松散土体。这类围岩的力学属性表现为弹塑性、塑性或流变形，其破坏形式以拱形冒落为主。当围岩结构均匀时，冒落拱的形状较为规则；但当围岩结构不均匀或松散岩体仅构成局部围岩时，则常表现为局部塌方、塑性挤入及滑动等变形破坏形式。

7. 特殊地质问题

（1）涌水

当地下洞室穿越含水层时，不可避免地会使地下水涌进洞内，为施工带来困难。涌水条件如下：

1）开挖洞室：遇相互贯通又富含水的节理、断层破碎带，蓄水洞穴或地下暗河等，可能产生涌水。

2）已开挖洞室：与地面有贯通裂缝，暴雨时可能产生涌水。

（2）有害气体

天然存在的有害气体能够充满岩石中的孔隙。这种气体或许处于压力之下，并且曾有过受压气体突然进入地下井巷使岩石受爆炸力破坏的情况。很多气体是危险的，如甲烷，即沼气，可在上石炭统煤系中碰到。

例如，瓦斯（以甲烷为主的有害气体的总称，主要发生在含煤地层）危害条件如下：

1）瓦斯浓度小于 5%，能在高温下燃烧。

2）瓦斯浓度为 5%～16%时，易爆炸（特别是浓度为 8%时）。

3）瓦斯浓度为 42%～57%时，易使人窒息。

施工要求：瓦斯浓度大于 1%，不准装药放炮；瓦斯浓度大于 2%，工作人员撤离现场。

（3）地温

地壳中温度有一定变化规律。地表下一定深度处的地温常年不变的称为常温带。常温带以下，地温随深度增加，地热增温率为深度增加 100m 时地温的增加值。

（4）岩爆

地下洞室开挖过程中，围岩突然猛烈释放弹性变形能，造成岩石脆性破坏，或将大小不等的岩块弹射或掉落，并常伴有响声的现象称为岩爆。岩爆特点如下：发生在高应力地区的坚硬岩石中；岩爆时，常伴有声音；岩爆过程分为启裂阶段、应力调整阶段、岩爆阶段；岩爆发生的临界深度为 200m。

（5）腐蚀

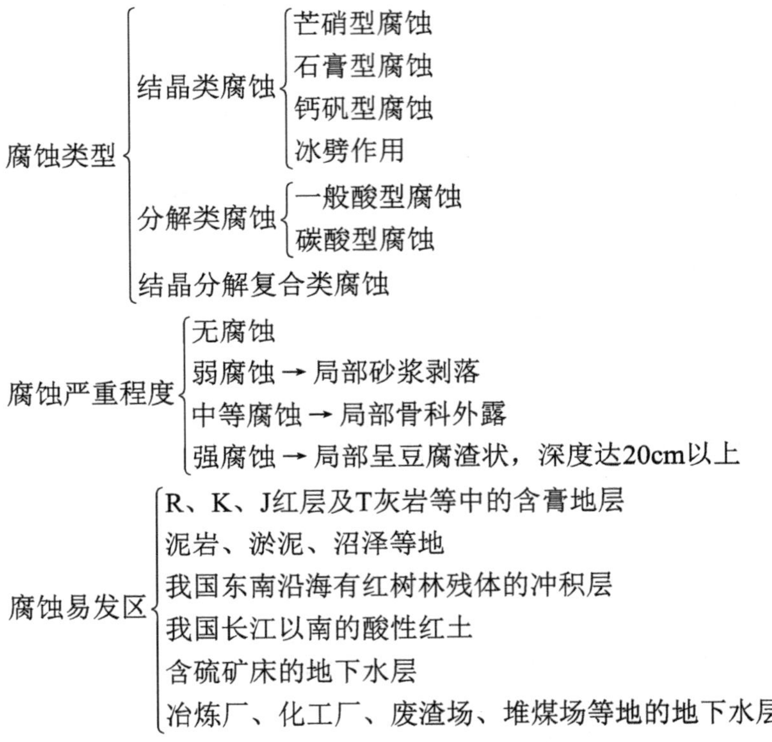

7.2　围岩的工程地质分类及其应用

分类科学也称为分类学，其研究分类理论的内涵，包括基础、原理、过程及规则，岩体分类的目的是系统地认识岩体的工程特性及其产生变形和破坏的一般规律，以便有效地利用和改造岩体，为工程设计和施工提供依据。岩体的分类目的包括以下几类：

1）确定影响岩体特征最重要的参数。

2）根据岩体的明显特征，将其相同的分成一组。

3）明确每一个岩体组的特征及其分类基础。

4）进行一个工程的岩体特征分析，并与其他工程对比分析。

5）取得为工程设计的定量资料和准则。

6）建立工程师与地质师之间的相互关系。

目前，国内外比较有系统的围岩分类至少有百十余种。但是，其中堪称完善且能为众人所接受的分类不多。一个好的分类应当具备下述基本要求：类别明确，特征突出，符合实际，简单易行，并且应能经得起工程实践的检验。

根据现有分类所采用的原则，大体上可将围岩的工程地质归并成三个分类系统：

1）按围岩的强度或岩体主要力学性质属性的分类。

2）以围岩稳定性为基础的综合分类。

3）按岩体质量等级的分类。

7.3　围岩稳定性计算

围岩稳定性计算是根据不同的岩体结构，不同的力学属性，简化成不同的力学模型，应用相应的力学方法，研究围岩的变形破坏过程，对围岩稳定性进行定量计算评价的方法，其重点是计算围岩压力。

围岩压力是指围岩作用在支护（衬砌）上的压力，是确定衬砌设计荷载大小的依据，围岩压力也称山岩压力或地压。围岩压力有松动压力、变形压力、冲击压力和膨胀压力四种。

1. 松动压力

由于开挖而引起围岩松动或坍塌的岩体以重力形式作用在支护结构上的压力称为松动压力，也称散体压力。松动压力是因为围岩个别岩石块体的滑动、松散围岩及在节理发育的裂隙岩体中，围岩某些部位沿软弱结构发生剪切破坏等导致局部滑动引起的。

2. 变形压力

开挖必然引起围岩变形，支护结构为抵抗围岩变形而承受的压力称为变形压力。围岩变形是时间的函数，变形压力与围岩变形和支护结构有关，所以变形压力是时间和支护结构特性的函数。围岩压力随时间的增加而减小，同一支护结构，一般随着支护时间的增加变形压力减小，但太长的支护时间会导致变形超过围岩极限变形而使围岩破坏，出现松动压力，从而作用到支护结构上的围岩压力又将增加，也使围岩性能变坏，因此隧道开挖后，一定的支护结构应有一个合理的支护时间。同一支护时间采用不同的支护结构，变形压力也将不同。一般地说，支护结构柔性越好，变形压力就越低。

3. 冲击压力

在坚硬完整岩体中，地下建筑开挖后的洞体应力如果在围岩的弹性界限之内，则仅在开挖后的短时期内引起弹性变形，而不致产生围岩压力。但当建筑物埋深较大，或由于构造作用使初始应力很高时，开挖后洞体应力超过了围岩的弹性界限，这些能量突然释放所产生的巨大压力，称为冲击压力。冲击压力发生时，伴随着巨响，岩石以镜片状或叶片状高速迸发而出，因此冲击压力也称岩爆。

4. 膨胀压力

某些岩体由于遇水后体积发生膨胀，从而产生膨胀压力。膨胀压力与变形压力的基本区别在于它是围岩吸水膨胀引起的，从现象上看与流变和压力相似。膨胀压力的大小取决于岩体的物理力学性质和地下水的活动特征。

7.4 地下洞室围岩稳定性的分析方法

1. 影响围岩稳定的因素

地下洞室围岩的稳定与岩性、岩体结构与地质构造等自然因素有关，与开挖方式、支护形式及时间等人为因素也有关。

（1）岩性

坚硬完整的岩石一般对围岩稳定性影响较小，而软弱岩石则由于岩石强度低、抗水性差、受力容易变形和破坏，对围岩稳定性影响较大。

我们知道岩石由于其矿物成分、结构和构造的不同，物理力学性质差别很大。如果地下洞室围岩为整体性良好、裂隙不发育的坚硬岩石，则岩石本身的强度远高于结构面的强度。这种情况下，岩石性质对围岩的稳定性影响很小。

如果地下洞室围岩强度较低、裂隙发育、遇水软化，特别是具有较强膨胀性围岩，则二次应力使围岩产生较大的塑性变形或较大的破坏区域。同时裂隙间的错动、滑移变形也将增大，势必给围岩的稳定带来重大影响。

（2）岩体结构

块状结构的岩体作为地下洞室的围岩，其稳定性主要受结构面的发育和分布特点所控制，这时的围岩压力主要来自最不利的结构面组合，同时与结构面和临空面的切割关系有密切关系；碎裂结构围岩的破坏往往是由于变形过大，导致块体间相互脱落，连续性被破坏而发生坍塌，或某些主要连通结构面切割而成的不稳定部分整体冒落，其稳定性最差。

（3）地质构造

地质构造对于围岩的稳定性起重要作用，当洞室通过软硬相间的层状岩体时，易在接触面处变形或坍落。若洞室轴线与岩层走向近于直交，可使工程通过软弱岩层的长度较短；若与岩层走向近于平行而不能完全布置在坚硬岩层里，断面又通过不同岩层，则应适当调整洞室轴线高程或左右变移轴线位置，使围岩有较好的稳定性。洞室应尽量设置在坚硬岩层中，或尽量把坚硬岩层作为顶围。

当洞室通过背斜轴部时，顶围向两侧倾斜，由于拱的作用，利于顶围的稳定。而向斜则相反，两侧岩体倾向洞内，并因洞顶存在张裂，对围岩稳定不利。另外，向斜轴部多易储存聚集地下水，且多承压，更削弱了岩体的稳定性。

当洞室邻近或处在断层破碎带时，断层带宽度越大，走向与洞室轴交角越小，则它在洞内出露越长，对围岩稳定性影响便越大。

（4）构造应力

构造应力随地下洞室的埋深增加而增大，因此一般地下洞室埋藏越深，稳定性越差。根据经验，沿构造应力最大主应力方向延伸的地下洞室比沿垂直最大主应力方向延伸的地下洞室稳定；地下洞室的最大断面尺寸沿构造应力最大主应力的方向延伸时较为稳定，这是由围岩应力分布决定的。一般地质构造复杂的岩层中构造应力十分明显，尽量避开这些岩层，对地下洞室的稳定非常重要。

（5）地下水

围岩中地下水的赋存和活动状态，既影响着围岩的应力状态，又影响着围岩的强度。当洞室处于含水层中或地下洞室围岩透水性强时，这些影响更为明显。静水压力作用于衬砌上，等于给衬砌增加了一定的荷载，因此，衬砌强度和厚度设计时，应充分考虑静水压力的影响。另外，静水压力使结构面张开，减小了滑动摩擦力，从而增加了围岩坍塌、滑落的可能性；动水压力的作用促使岩块沿水流方向移动，也冲刷和带走裂隙内的细小矿物颗粒，从而增加裂隙的张开程度，增加围岩破坏的程度。地下水对岩石的溶解作用和软化作用也降低了岩体的强度，影响围岩的稳定性。

地下洞室围岩的稳定性，除了受到上述自然因素的影响外，人为因素也是不可忽视的，如开挖方法、开挖强度、支护形式和时间等因素。

2. 地下洞室围岩稳定性的分析方法

由于不同结构类型的岩体变形和失稳的机制不同，因此不同类型的地下洞室对稳定性的要求不同。围岩稳定性分析和评价的方法多种多样，目前有以下几种方法。

（1）围岩稳定分类法

围岩稳定分类法以大量的工程实践为基础，以稳定性观点对工程岩体进行分类，并以分类指导稳定性评价。围岩稳定分类法很多，大体上可归纳为三类，即岩体完整性分类、岩体结构分类和岩体质量的综合分类。

（2）工程地质类比法

工程地质类比法即根据大量实际资料分析统计和总结，按不同围岩压力的经验数值，作为后建工程确定围岩压力的依据。这种方法是常用的传统方法，其适用条件必须是被比较的两个地下工程具有相似的工程地质特征。

（3）岩体结构分析法

1）借助赤平极射投影等投影法进行图解分析，初步判断岩体的稳定性。

2）在深入研究岩体结构特征的基础上建立地质力学模型，通过有限单元法或边界元计算，得出工程岩体稳定性的定量指标，判断围岩的稳定性。

（4）数学力学计算分析法

岩体稳定性分析正处于由定性向定量的发展阶段，数学力学计算分析法已广泛应用。

（5）模拟试验法

模拟试验法是在岩体结构和岩体力学性质研究的基础上，考虑外力作用的特点，通过物理模拟和数学模拟方法，研究岩体变形、破坏的条件和过程，由此得出岩体稳定性的直观结果。

7.5　地下工程基本地质问题

地下工程修建在各种不同地质条件的岩体内，所遇到的工程地质问题比较复杂。从现有的工程实践来看，地下建筑工程的工程地质问题主要是围绕着岩体稳定而出现的。一般说来，地下工程所要解决的主要工程地质问题有如下几方面。

1）在选择地下建筑工程位置时，判定拟建工程的区域稳定性和山体岩体的稳定性（包括洞口边坡稳定和洞身岩体的稳定）。这时一般多从拟建洞室山体的地形、地貌、地层岩性、地质构造、水文地质条件及其他影响建设洞室的不良地质现象等方面来判定岩体的稳定性。

2）在已选定的工程位置上判定地下建筑工程所在岩体的稳定性。这个阶段除进行一般的岩体稳定评价以外，还要解决一些与土建设计有关的岩体稳定方面的问题，这些问题有如下几类：

① 洞室四周岩体的围岩压力的评价（岩体本身对衬砌支护的压力评价）。

② 岩体内地下水压力的评价（地下水对衬砌支护的压力）。

③ 提出保护围岩稳定性和提高稳定性的加固措施。

④ 在需要时，进行岩体弹性抗力的评价（弹性抗力即在衬砌对围岩有作用力时，围岩变形所表现出来的抵抗力。此项评价对于洞室有内压力时较为有用，而对地下工厂则一般意义不大）。由于地下工程的重要性和各种自然地质现象的复杂多变，要想详细地弄清楚上述各种不同的工程地质问题，在进行洞室工程勘测时，应坚持必要的程序，按勘测设计阶段，由浅入深地做好勘测工作。

下面着重就地下工程总体位置、洞口和洞室轴线的选择要求，分别加以分析和讨论。

7.5.1　地下工程总体位置的选择

在进行地下工程总体位置选择时，首先要考虑区域稳定性，此项工作的进行主要是向有关部门收集当地的有关地震、区域地质构造历史及现代构造运动等资料，进行综合地质分析和评价。特别是对于区域性深大断裂交会处、近期活动断层和现代构造运动较为强烈的地段，尤其要引起注意。

一般认为具备下列条件是适合建洞的：基本地震烈度一般小于8度，历史上地震烈度及震级不高，无毁灭性地震；区域地质构造稳定，工程区无区域性断裂带通过，附近没有发震构造；第四纪以来没有明显的构造活动。

区域稳定性问题解决以后，即地下工程总体位置选定后，进一步就要选择建洞山体，一般认为理想的建洞山体具有以下条件：

1）在区域稳定性评价基础上，将洞室选择在安全可靠的地段。

2）建洞区域构造简单，岩层厚且产状平缓，构造裂隙间距大、组数少，无影响整个山体稳定的断裂带。

3）岩体完整，层位稳定，且具有较厚的、单一的坚硬或中等坚硬的地层，岩体结构强度不仅能抵抗静力荷载，而且能抵抗冲击荷载。

4）地形完整，山体受地表水切割破坏少，没有滑坡、塌方等早期埋藏和近期破坏的地形。无岩溶或岩溶很不发育，山体在满足进洞生产面积的同时，又有 50～100m 覆盖厚度的防护地层。

5）地下水影响小，水质满足建厂要求。

6）无有害气体及异常地热。

7）其他有关因素，如与运输、供给、动力源、水源等因素有关的地理位置等。

上述因素实际上往往不能十全十美，应根据具体情况综合考虑。

7.5.2　洞口工程地质条件的选择

洞口的工程地质条件，主要是考虑洞口处的地形及岩性、洞口底部的标高、洞口的方向等问题。至于洞口数量和位置（平面位置和高程位置）的确定必须根据工程的具体要求，结合所处山体的地形、工程地质及水文地质条件等慎重考虑，因为出入口位置已确定，一般来说，基本上就决定了地下洞室轴线位置和洞室的平面形状。

1. 洞口的地形和地质条件

洞口宜设在山体坡度较大（大于 30°）的一面，岩层完整，覆盖层较薄，最好设置在岩层裸露的地段，以免切口刷坡时刷方太大，破坏原来的地形地貌而暴露目标。一般来说，洞口不宜设在悬崖绝壁之下，特别是在岩层破碎地带，容易发生山崩和土石塌方，堵塞洞口和交通要道。

2. 洞口底部标高

洞口底部标高一般应位于谷底最高洪水位 0.5m 以上的位置（千年或百年一遇的洪水位），以免在山洪暴发时，洪水泛滥倒灌流入地下洞室；如离谷底较近，易聚集毒气，各个洞口的高程不宜相差太大，要注意洞室内部工艺和施工时所要求的坡度，便于各洞口之间的道路联系。

3. 洞口方向

洞口最好选在隐蔽且易于伪装地带，洞口位置应选在面对高山和沟谷不宽的山体的北坡背阴处。一般来说，山体北坡较陡，岩石风化程度较轻，岩石较坚固。洞口设置分散，最好不要在同一方向上设置。如受到地形限制，一定要在同一方向上设立若干个洞口，且各个洞口之间要保持一定距离。特别要注意洞口不要面对常年主导风向，以免毒气侵入洞室。

4. 洞门边坡的物理地质现象

洞门边坡的物理地质现象同于一般自然山坡和人工边坡的问题。

在选择洞口时，必须将进出口地段的物理地质现象调查清楚。洞口应尽量避开易产生崩塌、剥落和滑坡等地段，或易产生泥石流和雪崩的地段，以免对工程造成不必要的损失。

7.5.3 洞室轴线工程地质条件的选择

洞室轴线的选择主要根据地层岩性、岩层产状、地质构造及水文地质条件等方面综合分析来考虑确定。

1. 地层岩性与洞室轴线的关系

洞室工程的布置对地层岩性的要求是：尽可能使地层岩性均一，层位稳定，整体性强，风化轻微，从抗压与抗剪强度都较大的岩层中通过。一般说来，凡没有经受剧烈风化及构造影响的大多数岩层都适宜修建地下工程。岩浆岩和变质岩大部分均属于坚硬岩石，如花岗岩、闪长岩、辉长岩、辉绿岩、安山岩、流纹岩、片麻岩、大理岩、石英岩等。在这些岩石组成的岩体内建洞，只要岩石未受风化，且较完整，一般的洞室（地面下不超过 300m，跨度不超过 10m）的岩石强度是不成问题的。也就是说，在这些岩石组成的岩体内建洞，其围岩的稳定性取决于岩体的构造和风化程度等方面。在变质岩中有部分岩石是属于软质的，如黏土质片岩、绿泥石片岩、千枚岩和泥质板岩等，在这些岩石组成的岩体内建洞容易崩塌，影响洞室的稳定性。

沉积岩的岩性比较复杂，总地来说，比上述两类岩石差。在这类岩石中较坚硬的有石灰岩、硅质胶结的石英砂、砾岩等，较软弱的岩石有泥质页岩、黏土岩、泥砂质胶结的砂、砾岩和部分凝灰岩等，这些较软弱的岩石往往具有易风化的特性。在这类岩体中建洞易产生变形和崩塌，或只有短期的稳定性。

2. 地质构造与洞室轴线的关系

洞室轴线的位置确定，只根据岩性好坏往往是不够的，其通常与岩体所处的地质构造的复杂程度有密切的关系。在修建地下工程时，岩层的产状及成层条件对洞室的稳定性有很大影响，尤其是岩层的层次多、层薄或夹有极薄层的易滑动的软弱岩层时，对修建地下工程很不利。

岩层无裂隙或极少裂隙的倾角平缓的地层中压力分布情况是垂直压力大，侧压力小。相反，岩层倾角陡，则垂直压力小，侧压力增大。

下面进一步分析有关洞室轴线与岩层产状要素及地质构造的关系。

1）当洞室轴线平行于岩层走向时，根据岩层产状要素和厚度不同大体有如下三种情况：

① 在水平岩层（岩层倾角 50°）中，若岩层薄，彼此之间联结性差，又属于不同性质的岩层，在开挖洞室（特别是大跨度的洞室）时，常发生塌顶，因为此时洞顶岩层的作用如同过梁，它很容易因层间的拉应力达到极限强度而导致破坏。如果水平岩层具有各个方向的裂隙，则常造成洞室大面积的坍塌。因此，在选择洞室位置时，最好选在层间联结紧密、厚度大（大于洞室高度两倍以上者）、不透水、裂隙不发育，又无断裂破碎带的水平岩体部位，这样对于修建洞室是有利的（图 7-1）。

② 在倾斜岩层中，开挖洞室一般来说是不利的，因为此时岩层完全被洞室切割，若岩层间缺乏紧密联结，又有几组裂隙切割，则在洞室两侧边墙所受的侧压力不一致，容易造成洞室边墙的变形（图 7-2）。

图 7-1 水平岩层中的洞室

1. 页岩；2. 石灰岩；3. 泥灰岩

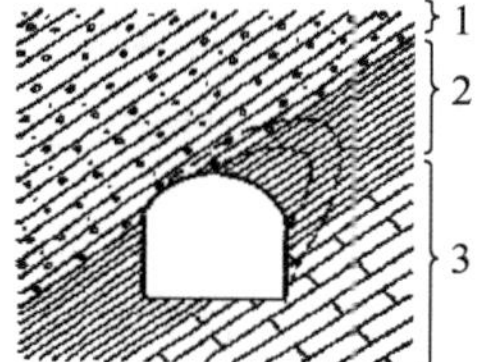

图 7-2 倾斜岩层中的洞室

1. 砾岩；2. 页岩；3. 石灰岩

③ 在近似直立的岩层中，可能会出现与上述倾斜岩层类似的动力地质现象，在这种情况下，最好限制洞室开挖的长度，而应采取分段开挖。对于整个洞室位置处在厚层、坚硬、致密、裂隙又不发育的完整岩体内，其岩层厚度大于洞室跨度一倍或更大者，情况则例外。但一定要注意不能把洞室选在软硬岩层的分界线上（图 7-3）。特别要注意不能将洞室置于直立岩层厚度与洞室跨度相等或小于跨度的地层内（图 7-4）。因为地层岩性不一样，在地下水作用下更易促使洞顶岩层向下滑动，破坏洞室，并给施工造成困难。

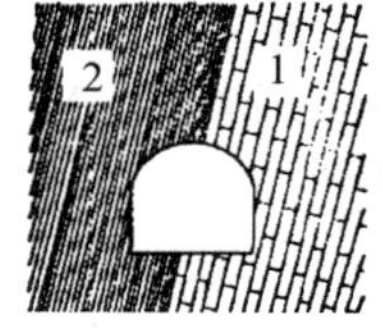

图 7-3 陡立岩层岩性分界面处的洞室

1. 石灰岩；2. 页岩

图 7-4 陡立岩层口的洞室

1. 石灰岩；2. 页岩

2）当洞室轴线与岩层走向垂直正交时，为较好的洞室布置方案。在这种情况下，当开挖导洞时，出于导洞顶部岩石应力再分布的结果，断面形成一抛物线形的自然拱，由于岩层被开挖对岩体稳定性的削弱要小得多，其影响程度取决于岩层倾角大小和岩性的均一性。

① 当岩层倾角较陡时，各岩层可不需依靠相互间的内聚力联结而能完全稳定。因此，若岩性均一，结构致密，各岩层间联结紧密，节理裂隙不发育，在这些岩层中开挖地下工程最好（图 7-5）。

② 当岩层倾角较平缓，洞室轴线与岩层倾斜的夹角较小，若岩性又属于非均质的、垂直或斜交层面、节理裂隙又发育时，在洞顶就容易发生局部石块坍落现象，洞室顶部常出现阶梯形特征（图 7-6）。

图 7-5　单斜（陡倾立）构造中洞室

图 7-6　单斜（缓倾立）构造中洞室

3）洞室轴线穿过褶曲地层时，由于地层受到强烈褶曲后，其外缘被拉裂，内缘被挤压破碎，加上风化力作用，岩层往往破碎严重，因此在开挖时遇到的岩层岩性变化较大，有时在某些地段常遇到大量的地下水，而在另一些地段可能发生洞室顶板的岩块大量坍落。一般洞室轴线穿越褶曲地层时将遇到以下几种情况。

① 洞室横穿向斜层。在向斜的轴部有时遇到大量地下水的威胁和洞室顶板岩块崩落的危险。因轴部的岩层遭到挤压破碎常呈上窄下宽的楔形石块，组成倒拱形，因而使其轴部岩层压力增加，洞顶岩块最容易突然地坍落到洞室。另外，由于轴部岩层破碎，又弯曲呈盆形，在这些地带往往是自流水储存的场所。

若当洞室开挖在多孔隙的岩层中，在高压力下，大量的地下水将突然涌入洞室；如果所处岩层属于致密的坚硬岩石，则承压状态的地下水将出现在许多节理中，对洞室围岩稳定和施工将会造成很大的威胁（图 7-7）。

② 洞室轴线横穿背斜层。由于背斜呈上拱形，被破碎岩层犹如石砌的拱形结构，能很好地将上覆岩层的荷重传递到两侧岩体中，因而地层压力既小又较少发生洞室顶部坍塌的事故。但是应注意，若岩层受到剧烈的动力作用被压碎，则顶板破碎岩层容易产生小规模掉块。因此，当洞室穿过背斜层时，也必须进行支撑和衬砌（图 7-8）。

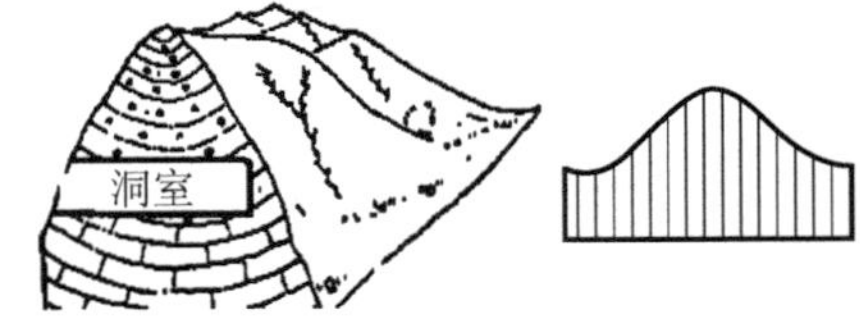

图 7-7　向斜洞室轴线上压力强度分布示意图

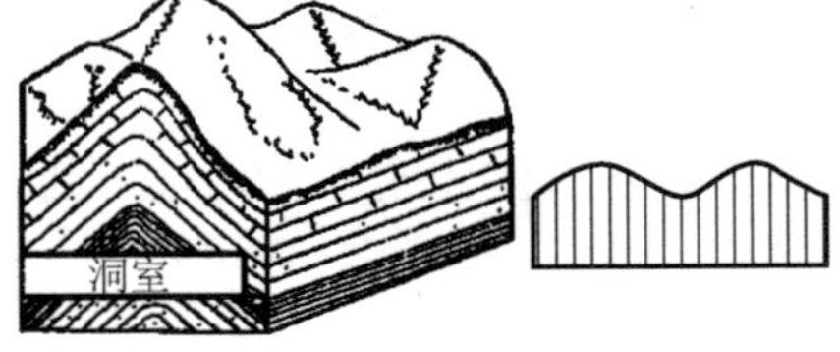

图 7-8　背斜洞室轴线上压力强度分布示意图

③ 当洞室轴线与褶曲轴线重合时，也可有几种不同情况。

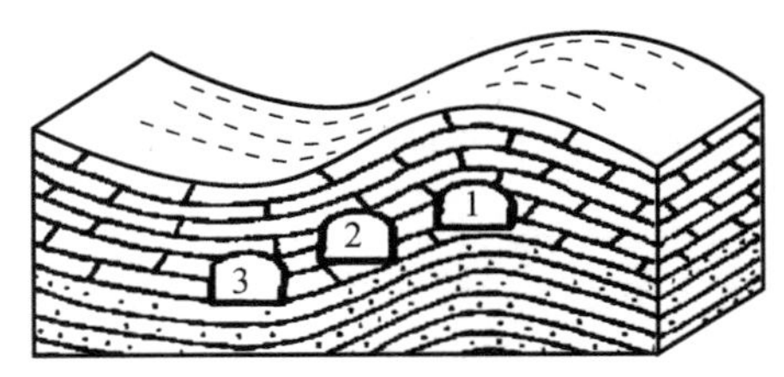

图 7-9　洞室轴线与褶曲轴线关系示意图

1. 洞室轴线与背斜轴线重合；2. 洞室位于褶曲的翼部；3. 洞室轴线与向斜轴线重合

过背斜轴部时，从顶部压力来看，可以认为比通过向斜轴部优越，因为在背斜轴部形成了自然拱圈。但是另一方面，背斜轴部的岩层处于张力带，遭受过强烈的破坏，故在轴部设置洞室一般是不利的（图 7-9 中 1 号洞室）。

当洞室置于背斜的翼部（图 7-9 中 2 号洞室）时，顶部及侧部均处于受剪切力状态，在发育剪切裂隙的同时，由于地下水的存在，将产生动水压力，因而倾斜岩层可能产生滑动而引起压力的局部加强。

当洞室沿向斜轴线开挖（图 7-9 中 3 号洞室）时，对工程的稳定性极为不利，应另选位置。若必须在褶曲岩层地段修建地下工程，可以将洞室轴线选在背斜或向斜的两翼，这时它的侧压力增加，在结构设计时应该慎重分析，采取加固措施。

④ 在断裂破碎带地区洞室位置的布置应特别慎重。一般情况下，应避免洞室轴线沿断层带的轴线布置，特别在较宽的破碎带地段，当破碎带中的泥砂及碎石等尚未胶结成岩时，绝对不允许建筑洞室工程，因为断层带的两侧岩层容易发生变位，导致洞室的毁坏；断层带中的岩石又多为破碎的岩块及泥土充填，且未被胶结成岩，最易崩落，同时也是地表水渗漏的良好通道，故对地下工程危害极大，如图 7-10 中 1 号洞室。

当洞室轴线与断层垂直时（图 7-10 中 2 号洞室），虽然断裂破碎带在洞室内属局部地段，但在断裂破碎带处岩层压力增加，有时还能遇到高压的地下水，影响施工。若断层两侧为坚硬致密的岩层，则容易发生相对移动。特别遇到有几组断裂纵横交错的地段，洞室轴线应尽量避开。因为这些地段除本身压力增高外，还应考虑压力沿洞室轴线及其他相应方向重新分布，这是由于几组断裂切割形成的上大下小的楔形山体可能将其自重传给与之相邻的山体，而使这些部位的地层压力增加（图 7-11）。

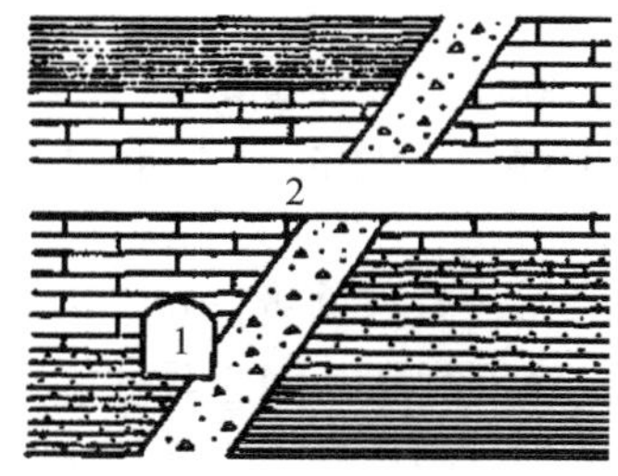

图 7-10　洞室轴线与断层轴线示意图

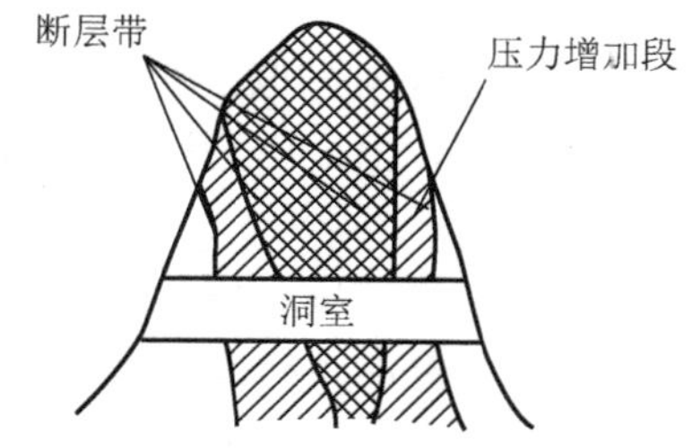

图 7-11　洞室被几组断裂切割，洞室承受压力不同

在新生断裂或地震区域的断裂，因还处于活动时期，断裂变位还在复杂的持续过程中，这些地段是不稳定的，不宜选作地下工程场地。若在这类地段修建地下工程，将会遇到巨大的岩层压力，且易发土岩体坍塌，压裂衬砌造成结构物的破坏。

总之，在断裂破碎带地区，洞室轴线与断裂破碎带轴线所成的交角大小对洞室稳定及施工的难易程度关系很大。如洞室轴线与断裂带垂直或接近垂直，则所需穿越的不稳定地段较短，仅是断裂带及其影响范围岩体的宽度；若断裂带与洞室轴线平行或交角甚小，则洞室不稳定地段增长，并将发生不对称的侧向岩层压力。

7.6　保障地下洞室围岩稳定性的处理措施

研究地下洞室围岩稳定性，不仅在于正确地据以进行工程设计与施工，也为了有效地改造围岩，提高其稳定性，常采用光面爆破、掘进机开挖等先进的施工方法及对围岩采取灌浆、锚固、支撑和衬砌等加固措施。从工程地质观点出发，保障地下洞室围岩稳定性的途径有两个：第一，保护地下洞室围岩原有的强度和承载能力，如及时封闭围岩以防风化，及时衬砌阻止围岩产生过大变形和松动；第二，赋予围岩一定的强度使其稳定性有所提高，如给围岩注浆、封闭裂隙、用锚杆加固围岩等。前者主要是采用合理的施工和支护衬砌方案，后者主要是加固围岩。

1. 合理施工，尽量减少围岩的扰动

围岩稳定程度不同，应选择不同的施工方案。尽可能全断面开挖，多次开挖会损坏岩体。若地下洞室断面较大，一次开挖成型困难，可采用分部开挖、逐步扩大的施工方法，并根据围岩的特征，采用不同的开挖顺序以保证围岩的稳定性。例如，当洞顶围岩不稳定而边墙围岩稳定性较好时，应先在洞顶开挖导洞并立即做好支撑，当洞顶全部轮廓挖出做好永久性衬砌后再扩大下部断面。如整个洞室的围岩均不甚稳定，则应先开挖侧墙导洞并做好衬砌后，再开挖上部断面。

2. 支撑、衬砌与锚喷支护

支撑是临时性加固洞壁的措施，衬砌是永久性加固洞壁的措施。此外还有喷浆护壁、喷射混凝土、锚筋加固、锚喷支护等。

（1）支撑

支撑按材料可分为木支撑、钢支撑和混凝土支撑等。在不太稳定的岩体中开挖时，应考虑及时设置支撑，以防止围岩早期松动。支撑是保护围岩稳定性的简易可行的办法。

（2）衬砌

衬砌的作用与支撑相同，但经久耐用，使洞壁光坦。砖、石衬砌较便宜，钢筋混凝土、钢板衬砌的成本最高。衬砌一定要与洞壁紧密结合，填严塞实其间空隙才能产生良好效果。做顶拱的衬砌时，一般还要预留压浆孔。衬砌后，再回填灌浆，在渗水地段也可起防渗作用。

（3）锚喷支护

锚喷支护充分利用围岩自身强度来达到保护围岩并使之稳定的目的。此方法在我国的应用日益广泛，国外采用也很普遍。

锚喷支护是喷射混凝土支护与锚杆支护的简称，其特点是通过加固地下洞室围岩，提高围岩的自承载能力来达到维护地下洞室稳定的目的。它是近年来发展起来的一种新型支护方式。这种支护方式技术先进、经济合理、质量可靠、用途广泛，在世界各地的矿山、铁路交通、地下建筑及水利工程中得到了广泛使用。

在支护原理上，锚喷支护能充分发挥围岩的自承能力，从而使围岩压力降低，支护厚度减薄。在施工工艺上，喷射混凝土支护实现了混凝土的运输、浇筑和捣固的联合作业，且机械化程度高，施工简单，因而有利于减轻劳动强度和提高工作效率；在工程质量上，通过国内外工程实践表明是可靠的。

锚喷支护在围岩加固、软岩支护等方面均有其独到的支护效果，但是到现在为止，锚喷支护仍在发展和完善之中，无论是对作用机理的探讨，还是对设计与施工方法的研究均有待于科学技术工作者做出新的成就，以缩短理论和实践的差距。

1）喷层的力学作用。喷层的力学作用有两个方面。其一是防护加固围岩，提高围岩强度。地下洞室掘进后立即喷射混凝土可及时封闭围岩暴露面，由于喷层与岩壁密贴，因此能有效地隔绝水和空气，防止围岩因潮解风化产生剥落和膨胀，避免裂隙中充填料流失，防止围岩强度降低。此外，高压喷射混凝土时，可使一部分混凝土浆液渗入张开的裂隙或节理中，起到胶结和加固作用，提高了围岩的强度。其二是改善围岩和支架的受力状态。含有速凝剂的混凝土喷射液，可在喷射后几分钟内凝固，及时向围岩提供了支护抗力（径向力），使围岩表层岩体由未支护时的双向受力状态变为三向受力状态，提高了围岩强度。

2）锚杆的力学作用。目前比较成熟和完善的有关锚杆的支护力学原理有悬吊作用、减跨作用和组合作用。

悬吊作用认为，锚杆可将不稳定的岩层悬吊在坚固的岩层上，以阻止围岩移动或滑落。这样，锚杆杆体中所受到的拉力即为危岩的自重，只要锚杆不被拉断，支护就是成功的，当然，锚杆也能把结构面切割的岩块连接起来，阻止结构面张开。

减跨作用是在地下洞室顶板岩层打入锚杆，相当于在地下洞室顶板上增加了新的支点，使地下洞室的跨度减小，从而使顶板岩石中的应力较小，起到了维护地下洞室的作用。

组合作用是在层状岩层中打入锚杆，把若干薄岩层锚固在一起，类似于将叠置的板梁组成组合梁，从而提高了顶板岩层的自支承能力，起到维护地下洞室稳定的作用，这种作用称为组合梁作用。另一种组合作用力——组合拱，深入围岩内部的锚杆，由于围岩变形使锚杆受拉，或在预应力作用下锚杆内受力，这样相当于在锚杆的两端施加一对压力。这对力的作用，使沿锚杆方向一个圆锥体范围的岩体受到控制。这样按一定间距排列的多根锚杆的锥体控制区连成一个拱圈控制带，这就是组合拱，组合拱间的围岩相互挤压，相当于天然的拱券，从而起到维护围岩的作用。

（4）灌浆加固

在裂隙严重的岩体和极不稳定的第四纪堆积物中开挖地下洞室，常需要加固以增大围岩稳定性，降低其渗水性。最常用的加固方法就是水泥灌浆，其次有沥青灌浆、水玻璃灌浆等。通过这种办法，在围岩中大体形成一圆柱形或球形的固结层，起到加固的目的。

思考与习题

1. 简述围岩压力变形破坏的基本类型和围岩压力的表现形式。
2. 地下洞室围岩稳定与哪些因素有关？主要的地下工程地质问题有哪些？
3. 保障地下洞室围岩稳定性的处理方法有哪几种？

第8章 工程地质勘察

本章导读

工程地质勘察的目的是对建筑物或构筑物工程场地、地基的稳定性与适宜性及岩土材料的性状等问题进行技术方案论证，解决并处理整个工程建设中涉及的岩土的利用、整治、改造问题，保证工程的正常使用。工程地质勘察的内容包括勘察的目的与阶段划分、工程地质测绘与调查、勘探、室内试验、现场测试等，以及工程地质图的类型及内容，工程地质勘察报告书阅读。

本章重点

（1）勘察目的、等级、任务，可行性勘察、初步勘察和详细勘察阶段基本要求与内容；

（2）工程地质测绘内容和测绘比例尺；

（3）勘探与取样：坑探任务，钻探概念、钻探方法及适用范围、取土器及土样采取，物探；

（4）原位测试：平板载荷试验、静力触探、圆锥试验、标准贯入试验、十字板剪切试验等各原位测试方法的基本原理、技术要求、试验资料成果及其应用等；

（5）现场监测：地基基础的检验与监测、地下水监测、岩土体性状的监测，体变形和滑坡动态观测、地下建筑围岩变形及压力观测；

（6）勘察资料整理：岩土参数的统计、分析与选取，工程地质勘察报告书的主要内容，工程地质图（类型、内容）。

8.1　勘察等级与阶段的划分

工程地质勘察的主要任务是通过工程地质测绘与调查、勘探、室内试验、现场测试等方法，查明场地的工程地质条件，如场地地形地貌特征、地层条件、地质构造、水文地质条件、不良地质现象、岩土物理力学性质指标等。在此基础上，根据场地的工程地质条件并结合工程的具体特点和要求，进行岩土工程分析评价，为基础工程、整治工程、土方工程提出设计方案。

8.1.1　勘察等级的划分

岩土工程勘察等级，应根据工程安全等级、场地等级和地基等级综合分析确定，应符合表 8-1 的规定。

表 8-1　岩土工程勘察等级划分

<table>
<tr><th rowspan="2">勘察等级</th><th colspan="3">确定勘察等级的条件</th></tr>
<tr><th>工程安全等级</th><th>场地等级</th><th>地基等级</th></tr>
<tr><td rowspan="3">甲级</td><td>一级</td><td>任意</td><td>任意</td></tr>
<tr><td rowspan="2">二级</td><td>一级</td><td>任意</td></tr>
<tr><td>任意</td><td>一级</td></tr>
<tr><td rowspan="5">乙级</td><td rowspan="2">二级</td><td>二级</td><td>二级或三级</td></tr>
<tr><td>三级</td><td>二级</td></tr>
<tr><td rowspan="3">三级</td><td>一级</td><td>任意</td></tr>
<tr><td>任意</td><td>一级</td></tr>
<tr><td>二级</td><td>二级</td></tr>
<tr><td rowspan="3">丙级</td><td>二级</td><td>三级</td><td>三级</td></tr>
<tr><td rowspan="2">三级</td><td>二级</td><td>三级</td></tr>
<tr><td>三级</td><td>二级或三级</td></tr>
</table>

注：建筑在岩质地基上的一级工程，当场地等级和地基等级均为三级时，工程勘察等级可定为乙级。

8.1.2　勘察阶段的划分

勘察一般分如下几个阶段：可行性勘察、初步勘察、详细勘察及施工勘察。勘察阶段与设计阶段相适应，根据场地的条件及建筑物构筑物重要性可分别选取，但一般工程中初步勘察和详细勘察是必须具备的。

1. 可行性勘察

可行性勘察主要是为探明工程场地的稳定性和适宜性。一般选取两个以上的场地资料，对地形地貌、地层结构、岩土性质做出评价。

2. 初步勘察

初步勘察与初步设计相对应，对场地的稳定性做出岩土工程评价，主要工作内容如下：

1）搜集可行性研究阶段岩土工程勘察报告，取得建筑区范围的地形图及有关工程性质、规模的文件。

2）初步查明地层、构造、岩土物理力学性质、地下水埋藏条件及冻结深度。

3）查明场地不良地质现象的成因、分布、对场地稳定性的影响及其发展趋势。

4）对抗震设防烈度不小于 7 度的场地，应判定场地和地基的地震效应。

3. 详细勘察

详细勘察与施工图设计相对应，按不同建筑物或建筑群提出详细的岩土工程资料和设计所需的岩土技术参数，对地基做出工程分析评价，为基础设计、地基处理、不良地质现象的防治等做出方案及其论证，给出建议。详细勘察线、点的布置比初步勘察重要，勘察内容应视建筑物的具体情况和工程要求而定。其主要工作内容如下：

1）取得附有坐标及地形的建筑物总平面布置图，各建筑物的地面整平标高，建筑物的性质、规模、结构特点，可能采取的基础形式、尺寸、预计埋置深度，对地基基础设计的特殊要求等。

2）查明不良地质现象的成因、类型、分布范围、发展趋势及危害程度，并提出评价与整治所需的岩土技术参数和整治方案建议。

3）查明建筑物范围各层岩土的类别、结构、厚度、坡度、工程特性，计算和评价地基的稳定性和承载力。

4）对需要进行沉降计算的建筑物提供地基变形计算参数，预测建筑物的沉降、差异沉降或整体倾斜。

5）对抗震设防烈度不小于 6 度的场地，应划分场地土类型和场地类别；对抗震设防烈度不小于 7 度的场地，应分析预测地震效应，判定饱和砂土或饱和粉土的地震液化，并应计算液化指数。

6）查明地下水的埋藏条件。当基坑降水设计时应查明水位变化幅度与规律，提供地层的渗透性。

7）判定环境水和土对建筑材料和金属的腐蚀性。

8）判定地基土及地下水在建筑物施工和使用期间可能产生的变化及其对工程的影响，提出防治措施及建议。

9）对深基坑开挖应提供稳定计算和支护设计所需的岩土技术参数；论证和评价基坑开挖、降水等对邻近工程的影响。

10）提供桩基设计所需的岩土技术参数，并确定单桩承载力；提出桩的类型、长度和施工方法等建议。

4. 施工勘察

施工勘察主要是与设计施工相结合进行的地基验槽，是对桩基工程与地基处理的质量和效果的检验，特别在施工阶段发现地质情况与初步勘察、详细勘察不符时，要进行施工勘察，补充必要的数据，为施工阶段的地基基础设计变更提出相应的地基资料。

勘察的基本手段有工程地质测绘、勘探与取样、原位测试和现场监测等。

8.2 工程地质测绘

工程地质测绘是在地形地质图上填绘出测区的工程地质条件，作为工程地质勘探、取样、测试、监测的主要依据。测绘所用地形图比例尺，在选址阶段选用（1∶50000）～（1∶5000），初步勘察阶段选用（1∶10000）～（1∶2000），详细勘察阶段选用（1∶5000）～（1∶2000）。地质条件复杂时，比例尺可适当放大，必要时采用扩大比例尺表示。建筑地段的地质界线、地点测绘精度在图上的误差不超过 3mm，其他地段不超过 5mm。

8.3 勘探与取样

勘探一般包括坑探、钻探和物探等。

1. 坑探

坑探就是挖一个坑观看土层情况。

2. 钻探

钻探是借助于钻机打钻孔获取地下地质资料。钻探按动力来源可分为人工钻和机动钻；按取土方法的不同，又可分为回转、冲击、回转冲击和振动四种。钻探方法的选择要根据土性及勘察对土样振动程度的要求而定。回转钻探适用于黏性土、粉土、砂土，冲击钻探较适用于砂土、碎石土，振动钻探一般适用于黏性土、粉土、砂土。

钻孔分鉴别孔和技术孔，鉴别孔用来划分地层，技术孔还用于取土进行物理力学指标的测试。

在钻孔中取不扰动土样需用取土器。取土器按内部结构可分为上提活阀式和反旋活阀式，按壁厚可分为厚壁取土器和薄壁取土器。将取土器接在钻杆或加重杆上，取土器放入孔内时不得冲击孔底。尽量采用快速静力连续压入法或采用重锤少击法将取土器送入土中。当取土器盛满土样后，提断或扭断试样底端，然后提出钻具。筒两端多余土削去后，盖上筒盖，贴上标签，随即蜡封。

3. 物探

物探是地球物理勘探的简称，一般包括电法勘探（电探）、地震波速法勘探（地震勘探）等。

8.4 原位测试

原位测试是在保持土体原有应力状态条件下，在现场进行的各种测试试验，主要包括平板载荷试验、静力触探、圆锥试验、标准贯入试验和十字板剪切试验。对于难于取得原状土样的岩土样的岩土层、砂土、碎石土、软土等宜采用原位测试。

8.4.1 平板载荷试验

平板载荷试验主要用于确定地基土承载力特征值及土的变形模量，试验一般在试坑中进行。

将试坑挖到基础的持力层位置，用 1～2cm 中粗砂找平，放上承压板，在承压板上施加荷载时，总加荷量约为设计荷载的 2 倍。荷载按预估极限荷载的 1/10～1/8 分级施加。每级荷载稳定的标准为连续 2h 内，每小时的沉降增量不大于 0.1mm。试验应做到破坏，破坏的标志是：承压板周围土有明显的侧向挤出；或同一级荷载下，24h 内沉降不稳，呈加速发展的趋势。达到破坏时应停止加荷。

试验成果主要是绘制荷载-沉降曲线，即 P-S 曲线。

试验成果应用：①确定地基承载力特征值；②确定地基土变形模量 E_0。E_0 计算公式如下：

$$E_0 = I_0(1-\mu^2)pd/s \tag{8-1}$$

式中：I_0——承压板形状系数；

μ——泊松比；

d——承压板直径；

p——弹性段荷载；

s——弹性段荷载对应的沉降量。

8.4.2 静力触探

静力触探（Cone Penetration Test，CPT）是将圆锥形的金属探头以静力方式按一定的速率均匀压入土中，量测其贯入阻力，借以间接判定土的物理力学性质的试验。其优点是可在现场快速、连续、较精确地直接测得土的贯入阻力指标，了解土层原始状态的物理力学性质。特别是对于不易取样的饱和砂土、高灵敏的软土层，以及土层竖向变化复杂而不能密集取样或测试以查明土层性质变化的情况下，静力触探具有它独特的优点。其缺点是不能取土直接观察鉴别，测试深度不大（常小于 50m），对基岩和碎石类土层不适用。

静力触探按探头结构分为单桥探头和双桥探头。单桥探头只能测得总贯入阻力，而双桥探头则能同时测得侧壁摩阻力 f_s 和锥尖摩阻力 q_c。静力触探测得的指标如下。

单桥：比贯入阻力

$$p_s = \frac{P}{A} \tag{8-2}$$

双桥：侧壁摩阻力

$$f_s = \frac{P_f}{F_s} \tag{8-3}$$

锥尖摩阻力

$$q_c = \frac{Q_c}{A} \tag{8-4}$$

式中，P——总作用力，N；

P_f——侧壁作用力，N；

Q_c——锥尖作用力，N；

A——锥底面积，cm^2；

F_s——摩擦筒表面积，cm^2。

静力触探的成果主要应用于划分土层、确定地基承载力、确定土的变形性质及估算单桩承载力。

8.4.3 圆锥试验、标准贯入试验和十字板剪切试验

1. 圆锥试验

圆锥试验和标准贯入试验都属动力触探，即利用一定的落能量，将与探杆连接的金属探头打入土层，以一定深度所需的锤击数来判定土的工程性质。动力触探按锤击能量的大小不同可分为轻型、中型、重型和超重型四种。

2. 标准贯入试验

标准贯入试验设备主要由标准贯入器、触探杆和穿心锤三部分组成。

操作时，先用钻具钻进到试验土层标高以上约 15cm 处，63.5kg 重心穿心锤从 76cm 将贯入器打入土层 15cm 不计数，然后打入土层 30cm 的锤击数即为实测锤击数 N'。当触探杆长度大于 3m 时，锤击数需要进行杆长修正。

标贯锤击数 N 可用于确定土的承载力，判别砂土的液化及状态，判别黏性土的稠度状态和无侧限抗压强度 q_u。

3. 十字板剪切试验

十字板剪切试验是测定现场原位软黏土抗剪强度的一种方法，特别适用于高灵敏度的黏性土。

通过地面上扭动力设备对钻杆施加扭矩，伏埋在土中的十字板扭转，测出把土剪切损坏时的最大力矩 M，并通过下式计算十字板原位土的抗剪强度 S：

$$S = \frac{2M}{\pi D^2\left(H + \frac{D}{3}\right)} \tag{8-5}$$

式中，H——十字板高度；

D——十字板直径。

8.5 现场监测

8.5.1 一般规定

现场检验与监测应在施工期内进行。对有特殊要求的工程，应在建筑物的使用期内继续进行。现场检验应根据施工的实际情况，对勘察成果进行补充修正。必要时应进行施工阶段勘察。现场检验尚应对岩土工程施工质量进行控制与检验。

现场监测应主要包括下列内容：

1）对岩土性状受施工影响而引起变化的监测。

2）对施工和使用中建筑物的监测。

3）对环境条件，包括工程地质条件、水文地质条件及相邻结构、设施等可能发生的变化进行监测，并提出处理措施。

现场检验与监测记录应包括下列内容：

1）施工揭露的工程地质条件、水文地质条件的主要特性及在施工过程中的变化。

2）施工工序、施工方法和质量控制的参数。

3）材料质量。

4）施工应符合设计要求，当有不符时应分析原因。

5）设计变更记录、隐蔽工程竣工图件和验收记录。

6）场地情况、邻近结构和设施的观察记录。

7）仪器观测数据及分析整理成果。

应根据检验、监测结果，比较预期性状与观测结果的差别，对原勘察设计成果进行评价。当差别明显时，应修改岩土工程设计或采取相应的处理措施。

应根据工程的重要性、场地和地基土条件及在施工过程中和建成后的状况，提出使用期间的监测要求，并确定监测过程的期限和周期，对特别重要的工程建筑宜在整个有效使用期间进行监测。

8.5.2 地基基础的检验与监测

天然地基的基槽的检验与检测应符合下列要求：

1）核对工程位置、平面尺寸、基础埋深和槽底标高。

2）检查槽底土质情况，当遇到局部异常土质和坑穴、古井等情况时应结合地质条件提出处理措施。

3）基槽检验后应写出包括岩土描述、槽底土质平面分布图、基槽处理竣工图、现场测试记录的检验报告。

桩基础的检验与监测应符合下列要求：

1）检验与监测的内容：

① 核对桩的位置、尺寸、数量、距离、类型、规格、质量、灌注桩扩底直径、形状和垂直度。

② 核查选用的施工机械、置桩能量与场地条件、地基土条件和工程要求等。

③ 核查桩基持力层的岩土性质、埋深和起伏变化，检验沉桩可能性。

④ 验证与单桩设计承载力相适应的打入桩的最终贯入度、桩尖标高、桩尖进入持力层的深度等施工控制标准。

⑤ 对灌注桩，核查成孔过程的缩径、坍孔现象，持力层情况、孔底沉渣和扰动厚度等。核查钻孔泥浆特性、混凝土的强度等级、坍落度、含砂率和水泥用量、混凝土灌入量、混凝土面高度、拔管速度及钢筋笼的制作和安装。

⑥ 必要时对置桩过程造成的土体变形，超孔隙水压力，桩身的受力、变形及对相邻工程的影响进行观测。

2）检验与监测的要求：

① 当场地划分为不同地质单元时，应在各个不同单元内进行试打和试钻。

② 试打或试钻过程中发现的问题应及时提出解决方案，必要时应做补充勘察，对原设计做相应调整。

③ 对大直径灌注桩应逐孔进行终孔验收。

④ 必要时应检验桩身完整性和单桩承载力。

3）检验报告应包括试打或试钻记录、施工记录、施工中遇到的问题及处理方法、竣工图纸及专门的试验和监测报告。

地基加固与改良的检验与监测应符合下列要求：

1）核查地基加固与改良方案的适用性。当需要时应进行补充勘察和试验性施工，并对加固与改良措施进行调整。

2）施工质量控制应按设计要求进行，并应核查材料的质量、施工机械的特性、施工方法、地基加固与改良的效果。

3）应对岩土性状的改变、施工产生的振动、噪声等环境影响进行监测，当需要时应对加固地基的固结变形性状和强度时间效应进行长期监测。

深基开挖和支护的检验与监测应符合下列要求：

1）检验挡墙及支撑系统的装置应符合设计要求，并监测支护构件的受力、变形和支护系统整体工作状态。

2）监测基槽内支护系统附近及邻近建筑物地基范围内的地下水位、孔隙水压力的变化及渗漏、冒水、管涌、冲刷等。

3）监测地面变形，邻近工程的沉降、倾斜、裂缝和水平位移。

建筑物沉降观测应符合下列要求。

1）下列建筑物宜进行沉降观测：

① 一级建筑物。

② 不均匀或软弱地基上的重要二级及以上建筑物。

③ 加层、接建或因地基变形、局部失稳而使结构产生裂缝的建筑物。

④ 受邻近深基开挖施工影响或受场地地下水等环境因素变化影响的建筑物。

⑤ 需要积累建筑经验或进行反分析计算参数的工程。

2）观测次数和间隔时间应根据观测目的、加载情况和沉降速率确定。当沉降速率为每 100 日小于 1mm 时可停止经常性的观测。

8.5.3 岩土体性状的监测

当进行岩土体性状的检验与监测，遇到下列情况之一时应对岩土体的物理力学特性进行测试：

1）验证岩土体条件对设计和施工方法的适用性。

2）验证回填和堆筑等材料的质量。

3）检验地基加固与改良的施工效果。

岩土体的变形观测应包括下列内容：

1）验证垂直和水平位移。

2）观测深开挖基底回弹、支护系统和被支护土体的变形。

3）观测边坡、地下洞室等岩土体的稳定性。确定岩土体滑坡滑动面的位置。

对滑坡等较大范围的岩土体位移监测应建立平面测量网，测出发生位移区段的范围边界、位移方向、位移量和位移速度。量测结果应及时整理，绘制图表、曲线。当发现位移或沉降异常时，应采取处理措施。

土体内部变形的量测应符合下列要求：

1）钻孔测斜仪的测斜管宜埋设在孔径不小于 108mm 的钻孔中。管底深度应在预计发生倾斜部位的深度以下，砂土不应小于 1m，粉土、黏性不应小于 3m。

2）钻孔及测斜管的埋设应垂直，使管内沟槽呈直线，并使相对沟槽所成平面垂直或平行于工作面。测斜管和孔壁之间应用砂料填筑密实。

3）测斜管应在测试前 5 天装设完毕，并在 3～5 天内重复测量不得少于 3 次，判明处于稳定状态后方可进行正式测试工作。

4）钻孔伸长仪宜测定土体各点间的相对位移，其装设位置和埋设深度应根据工程需要确定。

5）深层标宜用于深开挖基槽回弹或深层土的沉降变形观测。深层标的设计和埋设应根据工程需要确定。当使用挂尺式时，应保持尺的拉力恒定并考虑温度变化的影响。

当监测岩体内部变形或滑动面位置时，应进行岩体内部变形量测，并应符合下列要求：

1）采用钻孔测斜仪量测岩体滑动面的位置时，测点的间距应根据仪器的精度和实际需要确定。沿钻孔深度水平位移明显增大处应为滑动面所在的位置。

2）对于具有理想滑动面（带）的岩体，其滑动面（带）位置可采用机械式钻孔挠度计或多点式钻孔挠度计测定，并应使挠度计通过潜在滑动面（带），其埋设深度应超过滑动面（带）。

3）钻孔伸长仪宜用于监测不稳定结构面的位移，可做单点和多点的量测。钻孔的位置和孔深应按工程地质条件和监测目的确定。

4）岩体滑动面，尚可通过在钻孔中放置弹性杆件或沿柔韧的编织带粘贴薄铜片等方法测定。

岩土体的变形和位移量测应定期进行，观测时间间隔根据需要确定。除记录测读数据外，尚应对测点附近的施工活动、降雨情况、地震动、岩土体的变形和破坏现象进行记录，并应结合环境和地质条件正确解释观测结果。

岩土体应力量测可用于量测基础底面与地基土的接触压力或挡土结构土压力，监视建筑物的使用安全，并可用于量测岩体的原位应力状态。

土压力的量测可采用液压式、气压式、钢弦式或电阻应变式压力计，压力计应符合下列要求：

1）应有足够的强度和耐久性，加压、减压线性应良好，对适应温度及环境条件的变化应稳定。有效直径与极中心变形之比不宜小于 2000。

2）压力计应经标定，有条件时宜采用水标、砂标等方法进行比较。

3）埋设压力计应避免对土体的扰动，回填土的性状应与周围土体一致。

8.5.4　地下水的监测

下列情况应进行地下水监测：

1）当地下水位的升降影响岩土的稳定时。

2）当地下水上升对构筑物产生浮托力或对地下室和地下构筑物的防潮、防水产生较大影响时。

3）当施工排水对工程有较大影响时。

4）当施工或环境条件改变造成的孔隙水压力、地下水压的变化对岩土工程有较大影响时。

地下水的监测应包括下列内容：

1）地下水的升降、变化幅度及其与地表水、大气降水的关系等的动态监测。

2）对开挖深基，掘进洞室、隧道，评价斜坡、边岸的稳定和加固软土地基等进行孔隙水压力、地下水压力的监测。

3）工程降水对区域地下水的影响。

4）潜蚀作用、管涌现象和基坑突涌对工程的影响。

5）当工程可能受到腐蚀时，对地下水应进行水质监测。

监测工作的布置，应根据岩土体的性状和工程类型确定，并应符合下列要求：

1）在平原及地质条件简单的地区，可按网格布置。观测线应平行和垂直地下水流向，其间距不宜大于 400m。

2）在狭窄地区，当无地表水体时，观测点可按三角形布置；当有地表水体时，观测线应垂直地表水体的岸边线布置。

3）水位变化大的地段，上层滞水或裂隙水聚集地带应布置观测孔。

4）滑坡、岸边地段应在滑动带和坝基、坝肩或坝的上下潜布置监测孔；基坑开挖可垂直基坑长边布置观测线。

5）工程降水监测孔的深度应达到基础施工最大降水深度以下 1m。

监测方法应满足下列要求：

1）地下水的动态监测可采用水井、地下水天然露头或钻孔、探井进行。

2）孔隙水压力、地下水压力的监测可采用测压计或钻孔测压仪。

3）用化学分析法定期监测水质时，其采样次数全年不宜少于四次，并应进行水质化学全分析。

监测时间应满足下列要求：

1）动态监测不应少于一个水文年，并宜每三天监测一次；雨天宜每天监测一次。

2）当孔隙水压力在施工期间发生变化影响建筑物的性能时，应在施工结束或孔隙水压力降到安全值后方可停止监测。对受地下水浮托力影响的工程，孔隙水压力的监测应进行至浮托力消除时为止。

监测成果应及时整理，并根据需要提出地下水位和降水量的动态变化曲线图、地下水压动态变化曲线图、不同时期的水位深度图、等水位线图、不同时期的有害化学成分的等值线图等资料，并分析地下水的危害因素，提出防治措施。

8.6 勘察资料的整理

岩土工程勘察的最终成果是提出勘察报告书和必要的附件。其内容包括图件的编制、岩土物理力学性质指标的整理、反演分析、岩土工程分析评价及报告书的编写等。

8.6.1 图件的编制

图件编制是利用已搜集的和现场勘察的资料，经整理分析后，绘制成工程地质图。工程地质图是建筑工程用的地质图，有平面和剖面两种。常用的图有综合工程地质图、工程地质分区图、工程地质剖面图、柱状图及探坑或探井展示图等。

1）综合工程地质图在建筑工程中较常用。图上应表示出地貌单元、地层分布、地质构造、不良地质现象及场地的其他建筑条件。必要时应附岩土的物理力学性质等资料。绘制时，先将野外测绘的岩层露头、地质界线等按要求的比例尺绘在地形图上，注明岩层类型及产状要素，根据露头彼此间的关系绘出地层界线和构造线；再将勘察所得的各种地质资料如不良地质现象、水文地质条件等，用规定的符号绘在图上，并标明方位、比例尺和图例。此外，在同一图纸上绘勘探线剖面图及综合柱状图。这样，即是完整的综合工程地质图。

2）工程地质分区图是对建筑场地进行工程地质条件分区的图件，是以综合工程地质图为基础绘制的。绘制时，可根据场地的稳定性、适宜性及地层的工程地质条件，并综合地形地貌、地质构造、不良地质现象、岩土性质及地下水等因素进行工程地质区（段）的划分。

3）工程地质剖面图直接根据钻孔、探井等勘探资料绘制。绘图时，先绘水平坐标，定出钻孔或探井间的距离；再绘纵坐标，定出各钻孔或探井的地面标高，各标高点连线表示地面。再在钻孔（或探井）线上用符号及一定比例尺按岩层由上而下的次序表明其厚度和岩性，将同地质时代的同种岩层连线后，绘上岩层符号、图例，如比例尺，即是工程地质剖面图。绘图比例尺常采用（1∶500）～（1∶100）。

4）柱状图的绘制。

① 综合柱状图的绘制。综合柱状图是将勘探的地层绘成综合的柱状，用来表示勘察地区地层的剖面。绘制时，按各地层的新老次序由上而下绘成柱状，然后注明岩土性质、厚度及地质时代等，即是综合柱状图。比例尺可采用（1∶200）～（1∶50）。

② 钻孔柱状图的绘制。钻孔柱状图是根据钻孔的勘探资料绘制的，绘制法与综合柱状图相同。图上应注明钻孔编号，岩土名称、特点、厚度及埋藏深度，地下水位和取样深度等。

8.6.2　岩土物理力学性质指标的整理

在勘察中，必须对所得的大量岩土物理力学性质指标数据加以整理，才能取得有代表性的数值，用于岩土工程的设计计算。

1. 指标基本值的计算

计算指标的算术平均值 f_m：

$$f_m = \frac{\sum_{i=1}^{n} f_i}{n} \tag{8-6}$$

式中，f_i——岩土某项指标数据；

n——统计单元内数据的个数。

当统计指标数据较多时，可将指标的变化范围适当分成间隔的整数区段（一般分为7～10 区段），再计算平均值。设分为 j 区段，各区段的平均值为 f_{m1}、f_{m2}、…、f_{mj}，相应区段的数据个数（频数）为 n_1、n_2、…、n_j，则平均值的计算式为

$$f_m = \frac{n_1 f_{m1} + n_2 f_{m2} + \cdots + n_i f_{mi}}{n_1 + n_2 + \cdots + n_i} = \frac{1}{n}\sum_{i=1}^{j} n_i f_{mi} \tag{8-7}$$

算术平均值 f_m 值虽具有代表性，但并不能反映指标的离散程度。指标的离散特征用标准差（均方差）σ_f 表示：

$$\sigma_f = \sqrt{\frac{1}{n-1}\left[\sum_{i=1}^{n} f_i^2 - \left(\sum_{i=1}^{n} f_i\right)^2\right]} \tag{8-8}$$

标准差σ_f越大，表明数据越分散，测定的精度越差；反之亦然。

为了比较不同组的试验数据的离散程度，需要采用变异系数δ：

$$\delta = \frac{\sigma_f}{f_m} \tag{8-9}$$

根据变异系数的大小，可将指标的变异性划分为不同的等级（表 8-2）。在土工测试中，通常变异系数的范围为 0.10～0.25，对于大于 0.30 的数据需要特别慎重对待。

表 8-2　指标的变异性分级

变异系数	$\delta<0.1$	$0.1\leqslant\delta<0.2$	$0.2\leqslant\delta\leqslant0.3$	$0.3<\delta\leqslant0.4$	$\delta>0.4$
变异性	很低	低	中等	高	很高

对于主要的岩土指标，需分析其在深度方向和水平方向的变异规律。这样，有助于正确掌握岩土指标的变异特性，按变异特性划分力学层或分区统计指标，或者在岩土力学计算中引入指标变异规律的函数，以估计复杂变化条件下岩土的特性。

岩土指标在深度方向上的变异可划分为相关型与非相关型两类。相关型参数随深度呈有规律的变化（正相关、负相关），可按式（8-10）和式（8-11）确定变异系数：

$$\delta = \frac{\sigma_r}{f_m} \tag{8-10}$$

$$\sigma_r = \sigma_f\sqrt{1-r^2} \tag{8-11}$$

式中，σ_r——剩余标准差；

r——相关系数。

非相关型参数按式（8-10）确定变异系数。按变异系数，岩土指标随深度的变异特征可划分为均一型（$\delta<0.3$）和剧变型（$\delta\geqslant0.3$）。

2. 岩土指标的标准值和设计值的计算

岩土指标的标准值f_k是岩土指标的可靠性估值，按以下公式计算：

$$f_k = f_m\gamma_s \tag{8-12}$$

$$\gamma_s = 1\pm\left(\frac{1.704}{\sqrt{n}}+\frac{4.678}{n^2}\right)\delta \tag{8-13}$$

式中，f_m——岩土指标的平均值；

γ_s——统计修正系数；

n——参加统计数据的个数；

δ——变异系数。

岩土指标的设计值f_d是岩土工程极限状态设计时，满足极限状态方程最不利组合的代表值，其值按式（8-14）确定：

$$f_d = \gamma f_k \tag{8-14}$$

式中，γ——岩土指标的分项系数，根据岩土工程类型的不同按有关设计规范规定取值。

8.6.3　勘察报告书的编写

岩土工程勘察的成果用报告书并附有必要的图表来表示。报告书的编写应做到资料准确、重点突出、论据充分、结论明确。对报告依据的所有原始资料均应进行整理、分析、鉴定，认为无误后才能利用。岩土的各项性质指标数据应进行统计、分析，提出标准值和设计值。报告的内容应根据任务要求、勘察阶段、地质条件、工程特点等具体情况确定。对于地质条件简单，勘察工作量小，设计、施工上无特殊要求的三级岩土工程，报告可采用图表式并附以简要的文字分析说明。对于场地岩土工程条件复杂、工程规模大的一级岩土工程，报告的内容包括前言、场地条件、勘察方法和工作量布置、岩土工程分析评价。结论报告应附有必要的图表附件，主要有：①勘探点平面布置图；②钻孔柱状图；③工程地质剖面图；④原位测试成果表；⑤室内试验成果表；⑥岩土利用、整治、改造方案有关图表；⑦岩土工程计算简图和计算成果表；⑧必要时，尚应附有综合工程地质图或工程地质分区图、综合柱状图、地下水等水位线图、某种特殊岩土的分布图、地质素描及照片等图表。

除综合性的岩土工程勘察报告外，根据任务要求可提出单项报告，主要有：①岩土工程测试报告（如横压试验报告）；②岩土工程检验报告（如施工验算报告）或监测报告（如沉降观测报告）；③岩土工程事故调查与分析报告（如工程偏斜原因及纠正措施报告）；④岩土利用、整治或改造方案（如深开挖的降水与支挡设计）；⑤专门岩土工程问题的技术咨询报告（如场地地震反应分析、场地土液化评价）等。

8.7　工业与民用建筑的工程地质勘察

8.7.1　工业与民用建筑的特征

工业建筑主要是厂房和车间，其特征是跨度大，一般跨度为 9～12m，大者可达 30m；外墙高，基础荷载大，主要结构承受的荷载较大，基础埋深大。而民用建筑跨度不大，结构简单，基底压力不大，基础埋深较浅。高层建筑的特点是重心高，荷载大，结构不但承受竖向荷载，还承受很大的水平荷载，基础一般埋深大。

在工业与民用建筑中，基础的埋深主要由建筑物的类型、用途、结构特征、相邻建筑物基础埋置深度、建筑物荷载大小、地基土质、水文地质条件及季节性冻深等来确定。

8.7.2　工业与民用建筑的勘察要点

选址勘察主要通过踏勘、搜集资料及当地的建筑经验，初步查明场地的地层、构造、不良地质现象及水文地质条件等。

选址时应避开以下地区：不良地质现象发育地区、地基土性不良地区、建筑物抗震不利的地段等。

1. 初步勘察

初步勘察主要为初步设计提供工程地质资料，勘察要点是：进行工程地质测绘，研究地形地貌特征，划分地貌单元及分析其形成过程，不良地质现象的成因、分布范围、发展趋势；查明土层的成因类型、工程性质，一些特殊土的埋藏及分布范围；了解水文地质条件，分析它对地下结构物的影响。对有抗震设防的场地，应制定场地的地震效应。

初步勘察应在搜集分析已有资料的基础上，根据需要进行工程地质测绘或调查及勘探、测试和物探工作。

勘探点、线、网的布置应符合下列要求：

1）勘探线应垂直地貌单元边界线、地质构造线及地层界线。

2）宜按勘探线布置勘探点，并在每个地貌单元及其交接部位布置勘探点，在微地貌和地层变化较大的地段，勘探点应予以加密。

3）在地形平坦地区，可按方格网布置勘探点。

在初步勘察阶段，钻孔之间间距及勘察线的间距应满足表 8-3 的要求。其中控制性勘探孔（技术孔）占总勘探孔总数的 1/5～1/3。

表 8-3　初步勘察阶段勘探间距与孔深

岩土工程勘察等级	间距/m		孔深/m	
	线距	点距	一般性勘探孔	控制性勘探孔
一级	50～100	30～50	≥15	≥30
二级	75～150	40～100	8～15	15～30
三级	150～300	75～200	≤8	≤15

2. 详细勘察

详细勘察应针对具体的建筑物提出详细的岩土工程资料和设计所需的土性物理、力学指标，对场地进行分析评价，并对基础设计、地基处理、不良地基现象防治、基坑支护等给出具体的实施方案，并做出论证和建议。

详细勘察阶段的要点：查明不良地质现象的成因、类型、分布范围、发展趋势及危害程度，查明土层分布、类别、结构，给出各土层物理力学计算参数、承载力特征值，计算和评价地基的稳定性，对需要进行沉降计算的建筑物提供地基变形计算参数，对采用桩基础的多层、高层建筑物提供各层土桩侧摩阻力、桩端阻力标准值，给出桩端持力层的位置，预估单桩承载力；对有抗震设防烈度不小于 6 度的场地，应划分场地土类型，不小于 7 度的场地，要进行砂土震动液化的判别；查明地下水埋置条件，对建筑材料侵蚀性判别，对地基建筑物在施工和使用过程中可能发生的问题提出防治措施。

详细勘察的勘探点布置应按岩土工程勘察等级确定，并应符合下列规定：

1）对安全等级为一级、二级的建筑物，宜按主要柱列线或建筑物的周边线布置勘探点；对三级建筑物可按建筑物或建筑群的范围布置勘探点。

2）对重大设备基础应单独布置勘探点；对重大的动力机器基础，勘探点不宜少于三个。

3）在复杂地质条件或特殊岩土地区宜布置适量的探井。

4）高耸构筑物应专门布置必要数量的勘探点。

详细勘察的勘探点间距可按表 8-4 确定。

表 8-4　勘探点间距

岩土工程勘察等级	间距/m
一级	15～35
二级	25～45
三级	40～65

详细勘察勘探孔的深度自基础底面算起，其值应符合下列规定：

1）对按承载力计算的地基，勘探孔深度应能控制地基主要受力层。当基础底面宽度 b 不大于 5m 时，勘探孔深度对条形基础应为基础底面宽度的 3 倍；对单独柱基应为 1.5 倍，但不应小于 5m。

2）大型设备基础勘探孔深度不宜小于基础底面宽度的 2～3 倍。

3）对需要进行变形验算的地基，控制性勘探孔的深度应超过地基沉降计算深度，并考虑相邻基础的影响。

4）当有大面积地面堆载或软弱下卧层时，应适当加深勘探孔的深度。

详细勘察取样的测试应符合下列要求：

1）取土试样和进行原位测试的孔（井）数量，应按地基土的均匀性和设计要求确定，并宜取勘探孔总数的 1/2～2/3，对安全等级为一级的建筑物每幢不得少于 3 个。

2）取土试样和原位测试点的竖向间距，在地基主要受力层内宜为 1～2m，对每个场地或每幢安全等级为一级的建筑物，每一主要土层的原状土试样不应少于 6 件；同一土层的孔内原位测试数据不应少于 6 组。

3）在地基主要持力层内，对厚度大于 50cm 的夹层或透镜体应采取土试样或进行孔内原位测试。

4）当土质不均或结构松散难以采取试验土样时，可采用原位测试。

8.8　道路与桥梁工程地质勘察

道路与桥梁是表层建筑物，它们往往要穿越许多地质条件复杂的地区和不同的地貌单元，工程地质条件一般很复杂，勘察工作通常包括以下几个方面的内容：

1）路线工程主要是查明各路线方案的主要工程地质条件，选择地质条件良好的线路方案；在复杂地段，确定线路的合理布设，对线路方案与线路布设起控制作用的地段要进行重点调查并得出结论。

2）路基与路面工程地质勘察，应对选定的中线两侧一定范围的地带进行详细的工程地质勘察，为设计提供工程地质和水文地质资料。

3）桥梁工程地质勘察主要是针对桥位的选择，应进行多方案对比，选择地质条件比较好的桥位，然后对其进行详细的工程地质勘察。

4）对于其他的道路工程，如隧道工程、筑路工程、特殊土地段的勘察，要根据使用要求、土性特点、材料特征进行勘察，并提出处理措施。

道路工程勘察分为三个阶段。可行性研究勘察阶段主要是研究建设基础所在地的自然特征，充分收集已有地质资料，广泛进行调查研究，配合规划设计，进行必要的工程地质勘察，解决大的线路方案的选择问题。初步勘察阶段应查明与选择线路方案和确定线路走向有关的工程地质条件，查明与地基稳定和边坡稳定及设计有关的地质条件，包括岩石性质、产状、风化破碎程度与厚度，土的类别、密实程度、含水状态，地下水与地表水的活动情况等。确定土的承载力、强度指标、地基沉降和稳定性。详细勘察阶段应查明工程地质问题发生的原因、发展趋势，以及对工程建筑的危害程度，提出处理意见。查明沿线的地质构造、岩土类别、土的物理性质、基岩风化情况、地下水埋深、变化规律和地表水活动情况，确定路基基底的稳定性、边坡结构形式及坡度；对已确定存在沉降和滑移问题的高填路堤的初拟处理方案，应查明其有关地层层位、层厚、岩土类别、分布范围和水文地质条件，对有关地层进行测试，掌握设计所用到的各种物理力学指标数据，特别是固结和抗剪指标；对已确定存在不稳定问题的斜坡路堤的各种初拟处理方案，应查明有关的地层岩性、地质构造、水文地质条件，对有关地层可能滑动的岩土界面进行测试并掌握其各种物理力学指标，重点是抗剪、抗滑指标，以满足设计的需要。

桥梁是道路建筑工程中的重要组成部分。当道路跨越河流、山谷时，为了道路的畅通，需修建桥梁。桥梁的主要工程地质问题集中于桥墩台，通过勘察，要保证桥墩台地基稳定性、桥墩台的偏心受压及桥墩台地基的冲刷问题等。

桥墩台的基底面积不大，但却常坐落在强度不一、软硬不均的地基土上。桥梁结构一般为大跨度超静定结构，对不均匀沉降十分敏感，很小的不均匀沉降都会在桥梁结构内部产生较大的附加应力。因此，应采用多种方法综合确定地基承载的特征值。

桥梁工程勘察一般分可行性研究勘察、初步勘察、详细勘察三个阶段。可行性研究勘察着重于对控制路线方案的大桥桥位进行勘察，查明其地形、地物、岩性、岩坡的稳定性等。初步勘察着重于桥位选择的勘察，应对各桥位方案进行工程地质勘察，并对建桥适宜性和稳定性有关的工程地质条件做出结论性评价。详细勘察阶段重点是查明桥位区地层岩性、地质构造、不良地质现象的分布及工程地质特征，查明桥墩台地基土的物理力学性质，提供承载力、桩基设计参数、地基的稳定性、不良地质的危害程度和地下水对地基的影响等。

思考与习题

1. 勘察的目的和阶段划分有哪些？
2. 工程地质的原位测试有哪些？
3. 工程地质图如何编制？

第9章　工程地质试验与实习

试验1　矿物及三大类岩石的室内标本鉴定

1．矿物鉴定

不同的矿物，外表特征和物理性质有所不同，因此，可以对矿物进行肉眼鉴定。一般可以从矿物的外形、矿物的光学性质、矿物的力学性质等方面来对矿物进行鉴定。

（1）外形鉴定

具有晶体结构的矿物，在条件允许时往往能生成具有一定形态的单晶体。有的沿一个方向生成，成为柱状、棒状等；有的沿两个方向发展，成为板状、片状等；有的是三向等长，成为立方体、菱面体等。

在野外，很少能见到矿物的单晶体，常见到的大多是矿物晶粒的集合体，或是没有结晶结构的矿物的微粒集合体。一般单晶体为一向伸展，集合体常为纤维状、毛发状；单晶体为两向伸展，集合体常为鳞状；单晶体为三向伸展，集合体常为粒状或块状。此外，矿物的集合体还有一些特殊形态，如放射状、晶簇、肾状、钟乳状等。

（2）光学性质鉴定

矿物的光学性质是指矿物在可见光作用下所表现的性质，包括透明度、光泽、颜色和条痕。

1）透明度：矿物透过可见光的能力称为矿物的透明度，矿物薄片能透过光线的称为透明矿物，否则称为不透明矿物。一般来说，所有的非金属矿物都是透明矿物，所有的金属矿物都是不透明矿物。

2）光泽：矿物表面反射光线的能力，它是用来鉴定矿物的重要标志之一。金属矿物表面一般为金属光泽，非金属矿物表面一般为非金属光泽。非金属光泽又分为金刚光泽、玻璃光泽、油脂光泽、丝绢光泽、珍珠光泽、土块光泽等。

3）颜色：矿物的颜色是矿物对不同波长可见光吸收程度的不同反映。它是指矿物新表面呈现的颜色，取决于矿物的化学成分及其所含的杂质。按成色原因，有自色、他色、假色之分，如黄铜矿为黄铜色，孔雀石为翠绿色。许多透明矿物由于外来原因，常常出现不很固定的颜色，如纯净的石英为无色，混有杂质时呈现不同的颜色。

4）条痕：条痕是矿物粉末的颜色。一般将矿物在一白色无釉的瓷板上擦划，瓷板上就留下矿物粉末痕迹的颜色。条痕对某些金属矿物具有重要的鉴定意义，如赤铁矿的颜色虽有不同，但条痕固定为樱红色。由于透明矿物的条痕都是白色或无色，因此条痕对于鉴定透明矿物的意义不大。

（3）力学性质鉴定

矿物的力学性质是指矿物受外力作用后表现出来的性质，包括矿物的硬度、解理和断口，以及弹性和挠性等。

1）硬度：硬度即矿物抵抗外力刻划、研磨的能力。它是通过已知硬度的某种矿物或矿体（如铁刀刃），对另一种未知硬度的矿物刻划来鉴别硬度的相对高低的。它是岩石软硬程度的重要标志，也是鉴别矿物的一个重要特征。硬度对比的标准，从软到硬依此由十种矿物组成，称为莫氏硬度计。例如，将需要鉴定的矿物与莫氏硬度计中的方解石对刻，结果被方解石刻伤而自身又能刻伤石膏，说明其硬度大于石膏而小于方解石，在 2～3，即可将该矿物的硬度定为 2.5。

2）解理和断口：矿物被打击时，常沿一定方向有规则地裂开，形成光滑平面的性质称为解理。平坦光滑的裂开面称为解理面。根据解理的完全程度可分为五类：极完全解理，如云母、绿泥石等；完全解理，如方解石、方铅矿；中等解理，如长石；不完全解理，如磷灰石；无解理，如石英、磁铁矿。矿物被打击后只产生不规则的破裂，破裂面凹凸不平成为断口。根据矿物断口形状，可分为贝壳状断口，如石英；锯齿状断口，如自然铜等。

3）弹性和挠性：矿物受外力作用时发生弯曲而不断开，外力解除后能恢复原状的性质称为弹性，不能恢复原状的性质称为挠性。例如，云母与绿泥石的主要区别之一就是前者具有弹性，后者具有挠性。

矿物的一些简单化学性质，对于鉴定某些矿物也是十分重要的。例如，方解石滴上稀盐酸能剧烈起泡，白云石滴上浓盐酸或热酸可以起泡。其他矿物不具备这种性质，常以此作为鉴定它们的依据。

2．三大类岩石鉴定

三大类岩石的室内标本鉴定：岩石鉴定的基本方法是颜色+物理性质（光泽、条痕等）+力学性质（硬度、解理、断口等）+结构构造+其他性质。要求学生在观察上百种三大类岩石矿物标本的基础上，写出岩浆岩、沉积岩、变质岩中各三种岩石的鉴定特征（如岩浆岩选择花岗岩、玄武岩、安山岩等）。

三大类岩石的具体鉴定方法如下：

1）判断岩石是岩浆岩、变质岩还是沉积岩。

岩浆岩呈晶质结构，由矿物晶体互相连接聚集而成。岩石里的晶体或无规律聚集，或是显示出某种方向性。岩浆岩没有沉积岩的层理构造，也没有变质岩的片理构造。有些熔岩充满气孔，不含化石。

变质岩分为区域变质岩和接触变质岩两大类，区域变质岩有独特的片理构造，常呈波浪状，不像沉积岩层理面那样平坦；接触变质岩晶体呈较不规则排列。

沉积岩有明显的层理，颗粒连接松散，用手指可蹭下颗粒。石英是许多沉积岩的主要成分，方解石是石灰岩的重要组分。沉积岩含化石，依此可与岩浆岩和变质岩区别。

三大类岩石的主要区别见表 9-1。

表 9-1　岩浆岩、沉积岩和变质岩的主要区别

地质特征岩类	岩浆岩	沉积岩	变质岩
主要矿物成分	全部为从岩浆中析出的原生矿物，成分复杂，但较为稳定。浅色的矿物有石英、长石、白云母等，深色的矿物有黑云母、角闪石、辉石、橄榄石等	次生矿物占主要地位，成分单一，一半多不固定。常见的有石英、长石、白云母、方解石、白云石、高岭石等	除具有变质前原来岩石的矿物，如石英、长石、云母、角闪石、辉石、方解石、白云石、高岭石等外，尚有经变质作用产生的矿物，如石榴子石、滑石、绿泥石、蛇纹石等
结构	岩浆岩的结构特征按矿物颗粒的相对大小可分为等粒结构、不等粒结构、斑状结构和似斑状结构；按矿物结晶程度可分为全结晶、半结晶和非晶质结构	沉积岩的结构是指组成岩石成分的颗粒形态、大小及其连接方式。按成因可将沉积岩的结构分为碎屑结构、泥质结构、化学结构和生物结构	变质岩的结构是指构成岩石的各矿物颗粒的大小、形状及它们之间的相互关系。变质岩的结构有变余结构、变晶结构和碎裂结构三种
构造	岩浆岩的构造特征主要取决于岩浆冷凝时的环境，具块状构造和杏仁状构造	沉积岩最主要的构造是层理构造，另外还包括波痕、结核和缝合线	变质岩的构造一般按成分可分为片麻状构造、片状构造、板状构造、块状构造、千枚状构造五种
成因	直接由高温熔融的岩浆作用而形成	主要由先成岩石的风化产物，经压密、胶结、重结晶等成岩作用而形成	由先成的岩浆岩、沉积岩和变质岩，经变质作用而形成

2）确定岩石成因类别之后，就可根据颗粒的大小进行划分。这里指的是组成岩石的颗粒的大小，而不是嵌生于其中的个别晶体的大小。

3）必须考虑岩石的其他特征（颜色、构造、矿物组合）。通过上两步确定标本属于岩浆岩、沉积岩还是变质岩，并确定其颗粒的大小。

4）确定岩石标本的具体岩石名称，此时按颜色+物理性质（光泽、条痕）+力学性质（硬度、解理、断口）+结构构造+其他性质来鉴别。

对岩浆岩，下一步就是观察颜色，含深色矿物多、颜色较深的，一般为基性或超基性岩；含深色矿物少、颜色较浅的，一般为酸性或中性岩。相同成分的岩石，隐晶质的较显晶质的颜色要深一些。应注意岩石总体的颜色，并应在岩石的新鲜面上观察。接着观察岩石的光泽、条痕、硬度、解理、断口，以及岩石中矿物的成分、组合及特征，并估计每种矿物的含量，即可初步确定岩石属何大类。进一步观察岩石的结构构造特征，区别是喷出岩还是浅成或深成岩，并结合岩石的特征进行命名。

对变质岩，应观察其有片理（某些矿物的定向排列）还是无片理（结晶，无明显的构造），确定手持标本的属性。变质岩的成因类型多种多样，鉴定时必须重视野外地质产状和分布范围，以及产出的地质环境，确定成因类型。根据岩石本身特点，仔细观察它的矿物成分、结构和构造，应尽可能地描述用肉眼或放大镜可见到的矿物成分，应特别注意具有变质特征矿物的含量、粒度、晶型及相互排列关系。接着观察岩石的光泽、条痕、硬度、解理、断口，以及岩石中矿物的成分、组合及特征。然后，依据构造特点确定类别的名称。例如，具有片麻状构造的称为片麻岩，具有片状构造的称为片岩。再根据矿物成分可进一步命名，如片麻岩中有花岗片麻岩（矿物成分以长石、石英、云母为主）、角闪石片麻岩（矿物成分以角闪石为主），板岩中则有泥质板岩、硅质板岩等。鉴别变质岩时，可以先从观察岩石的构造开始。根据构造，首先将变质岩区分为片理构造和块状构造的两类，然后进一步根据片理特征和主要矿物成分，分析所属的亚类，确定岩石的名称。

对沉积岩，首先观察它的矿物成分，是由岩屑，即岩石碎屑组成的还是主要由石英组成的。石英通常呈灰色，且很坚硬，易于辨认。富含碳酸钙的石灰岩颜色较浅，与稀盐酸作用起泡。接着观察岩石的光泽、条痕、硬度、解理、断口，岩石中矿物的成分、组合及特征，来确定岩石的名称。

试验时要求学生在岩浆岩、沉积岩、变质岩的岩石标本中，每类任选两种岩石（如花岗岩、流纹岩；砂岩、石灰岩；片麻岩、大理岩）进行岩石的颜色、光泽、条痕色、解理、断口、硬度等方面的标本鉴定。要求学生掌握实验室内典型岩石标本的特征。常见岩浆岩、沉积岩和变质岩标本鉴定（以试验时现场标本鉴定为主）参考表 9-2～表 9-4。

表 9-2　常见岩浆岩标本鉴定参考表

成因	常见岩石	主要造岩矿物	结构、构造	颜色	其他特征	光泽	条痕	解理	断口	硬度	其他
深成岩	花岗岩	正长石、石英、黑云母、普通角闪石	粗粒、细粒、全晶质、斑状	灰白色、浅红色、淡褐色、淡黄色	石英的质量分数不少于 25%，暗色矿物质的质量分数不少于 5%						
	花岗闪长岩、石英闪长岩	斜长石、石英、钾长石、黑云母、角闪石、辉石	中粒至细粒全晶质结构	深灰居多数							
	花岗斑岩	正长石、石英、斜长石、黑云母、角闪石	中细粒斑状结构、块状结构	灰白色、肉红色	暗色矿物少，正长石为斑晶						
	闪长岩	斜长石、辉石、黑云母、角闪石	细粒全晶质结构	杂色或深色，长石呈浅色	不含石英或含的很少，暗色矿物的质量分数为 15%～25%						
	辉长石	斜长石、辉石、角闪石、橄榄石	粗粒全晶质结构	呈灰色，间有白色长石条带，呈斑状	深色矿物的质量分数为 40%～50%						
	橄榄岩、辉岩	橄榄石、普通角闪石、黑云母	中粗等粒结构	黑色、深灰色、深棕色、深绿色	不含长石，含辉石，多呈辉岩						

续表

成因	常见岩石	主要造岩矿物	结构、构造	颜色	其他特征	光泽	条痕	解理	断口	硬度	其他
浅成岩	正长斑岩	正长石、角闪石、黑云母	斑状结构、石基以细粒状、致密状	灰色、淡红色、浅红褐色	斑晶较大，辨认出矿物名称、断口粗糙						
	辉绿岩	斜长石、辉石、角闪石、橄榄石	致密状或微粒状结构	黑或带暗绿色	长石斑晶，光泽强						
喷出岩	流纹岩、流纹斑岩	与花岗岩有相似的矿物成分，常出现长石、石英晶体	斑状结构，基质致密或呈玻璃质流纹构造	灰白、灰黄或紫红色	斑晶，肉眼可辨，新相为流纹岩，古相为流纹斑岩						
	安山岩	普通辉石、斜长石、角闪石、黑云母	斑状结构，角闪石，长石为斑晶	灰色、灰黄或紫红色	不含橄榄石，有光滑断口						
	玄武岩	普通辉石、斜长石，也有橄榄石	致密微粒状结构，或细粒，等粒块状、杏仁状构造	黑色或棕红色	有气孔状或杏仁状构造，橄榄石斑晶可辨认，呈黄绿色，气孔充填碳酸盐矿物						

表 9-3　常见沉积岩标本鉴定参考表

沉积类型	常见岩石	沉积特征			物质组成	光泽	条痕	解理	断口	硬度	其他
		种类	主要沉积物	物质组成							
碎屑岩	火山集块岩	砾质	大的火山碎屑物	火山喷出碎屑物质成岩	粒径>100mm，块状						
	火山角砾岩		粗的火山碎屑物		粒径为 2～100mm，角砾状						
	凝灰岩		细的火山灰		粒径<2mm						
	圆砾岩		磨圆碎屑物	沉积岩石碎屑	常呈圆状或次圆状，分选差，粒径大于 2mm						
	粗砂岩	砂质	粗粒砂	石英、长石碎屑、岩石碎屑	矿物碎屑为主，粒度为 0.5～2mm，碎屑岩石的质量分数占 50%以上						
	中砂岩		中粒砂		矿物碎屑为主，粒度为 0.25～0.5mm，碎屑岩石的质量分数占 50%以上						
	细砂岩		细粒砂		矿物碎屑为主，粒度为 0.05～0.25mm，碎屑岩石的质量分数占 50%以上						
	粉砂岩		粉末状砂		矿物碎屑为主，粒度为 0.005～0.05mm，碎屑岩石的质量分数占 50%以上						

续表

沉积类型	常见岩石	沉积特征			物质组成	光泽	条痕	解理	断口	硬度	其他
		种类	主要沉积物	物质组成							
黏土岩	砂质页岩	泥质	黏土中含泥砂土	黏土矿物、石英云母、方解石	粒径结构均匀致密，锤击时呈叶片状碎裂						
	钙质页岩		方解石、水云母	黏土矿物、云母碎屑、次矿物碎屑黏土	含方解石，端口粗糙，加盐酸起泡，常呈黄色、灰褐色						
	硅质页岩		二氧化硅	云母碎屑、次矿物碎屑	富含 SO_2，质硬而脆，有玉髓、石英分散在页岩中						
	碳质页岩		碳质物	粉状碳质物或碳质遗体	常见有植物化石，生物泥质结构，深黑色，多产于煤系地层、沼泽相中						
化学岩和生物化学岩	油页岩		沥青岩		含沥青质，点燃冒烟，有水汽，有气味						
	灰岩		方解石		致密均一，隐晶质或细晶质结构，贝壳状断口，颜色不一，加盐酸起泡，较脆						
	鲕状石灰石				鲕状结构，鲕状圆形或半圆形，0.2～2m，有时有微斜层理						
	硅质石灰岩		方解石	方解石、石英玉髓质量分数为5%～25%	硅质分散状态存在岩石中，硬度大而脆，加盐酸不起泡，常夹燧石条带						
	泥质石灰岩		方解石		红褐、紫红、浅紫、黄色、绿色等，隐晶质或微晶结构，质地均一致密，贝壳状断口，具微层理，加盐酸起泡，留黑点						
	竹叶状灰岩		方解石		黄灰、浅紫红色，砾石多为扁圆形或长椭圆形，似竹叶，边缘有氧化铁，砾石定向排列						
	白云岩		白云石、方解石	$CaCO_3$、$MgCO_3$ 黏土矿物石膏	浅白色，晶质结构，端口粗糙，加冷稀盐酸不起泡、坚硬						
	盐岩		湖盐	NaCl	大面积结晶，纯者无色、透明，玻璃光泽，有碱味						
	石膏		海盐	$CaSO_4 \cdot 2H_2O$	厚板状或纤维状结晶，丝绢状或珍珠状光泽，硬度小						

表 9-4　常见变质岩标本鉴定参考

岩石构造	常见岩石	主要矿物成分	结构及其他特征	光泽	条痕	解理	断口	硬度	其他
片状构造	片麻岩	石英、长石、普通角闪石	等粒或斑状变晶结构，片麻构造，浅色长石和深色云母条带互相交错，矿物成分可用肉眼辨认						
	云母片岩	云母、石英	有薄片理，片理上有丝绢光泽，云母用肉眼可见						
	绿泥石片岩	绿泥石	绿色，鳞片状或叶片状绿色块体						
	滑石片岩	滑石	鳞片状或叶片状绿色块体，用指甲可刻划，有高度的滑感						
千枚状构造	千枚岩	绢云母、绿泥石	系板岩与页岩之间的岩石，变质程度较差，矿物结晶细小，丝绢光泽，显微鳞片变晶结构，绿、灰、黑等色						
板状构造	板岩	主要为黏土，次为云母、绿泥石	隐晶致密结构，变质程度差，矿物肉眼难认，颜色不一，暗灰居多，敲打有清脆声，易劈开厚度均匀的石板						
块状构造	大理岩	方解石、白云石	灰至白色，粒状结构或变板状结构，加盐酸起泡						
	石英岩	石英	灰至白色，致密、细粒、块状、坚硬，玻璃光泽，贝壳状断口						

试验 2　不良地质作用、地质构造认知及地质罗盘的使用

学生通过和教师集体观看已有的地震、地裂缝、河流地质作用、崩塌、滑坡、岩溶和土洞、泥石流、采空区、台风等不良地质作用带来的地质灾害视频，了解不良地质作用的形成原因和发生机理，同时了解不良地质作用的预防和处理措施，使学生对不良地质作用有感性的了解。

了解常见的地质构造、地质罗盘的构造及基本使用方法。

试验 3　地貌及地质构造的野外认识实习

1. 地貌的野外认识实习

（1）剥蚀地貌

剥蚀地貌包括山地、丘陵、剥蚀残山和剥蚀平原。

1）山地按构造形式可分为断块山、褶皱断块山和褶皱山。

① 断块山是由断裂变动所形成的山地。它可能只在一侧有断裂，也可能两侧均为断裂。断块山在形成初期可能有完整的断层面及明显的断层线，断层面构成了山前的陡崖，断层线控制了山脚的轮廓，使山地与平原，或山地与河谷间的界线相当明显且比较顺直。由于长期强烈的剥蚀作用，断层面被破坏而模糊不清。

② 褶皱断块山是构造形态具有被断裂作用分离的褶皱岩层，曾经是构造运动剧烈和频繁的地区。

③ 褶皱山是具有背斜或向斜构造的山地，构造形态上并不复杂，除了简单的背斜或向斜褶曲外，有时还有次生的小褶曲。山脉的走向与褶皱轴的方向常相一致。在向斜构造的褶皱山区，河流常沿向斜轴部发育成狭长的槽沟地形。

2）丘陵是经过长期剥蚀切割，外貌呈低矮而平缓的起伏地形。其绝对高程小于500m，相对高程小于200m。丘陵地区岩基一般埋藏较浅，顶部常直接裸露，风化一般严重，有时表层为残积物掩盖；谷底堆积有较厚的洪积物、坡积物或冲积物，有时还有淤泥等；在边缘地带常堆积有结构松散的新近堆积物。丘陵地区地下水的分布较复杂，一般丘顶部分无地下水，边缘和谷底常有上层滞水或潜水型的孔隙水。

3）剥蚀残山是在山体地质构造的基础上，经长期外力剥蚀作用形成的。由于此类山岭的形成是以外力剥蚀作用为主，山体的构造形态对地貌形成的影响已退居次要地位，因此此类山岭的形成特征主要取决于山体的岩性、外力的性质及剥蚀作用的强度和规模。低山在长期的剥蚀过程中，极大部分的山地被夷平成为准平原，但在个别地段形成了比较坚硬的残丘，称为剥蚀残山。一般常成几个孤零屹立的小丘，有时剥蚀残山与河谷交错分布。

4）剥蚀平原是在地壳上升微弱、地表岩层好、高差不大的条件下，经外力的长期剥蚀夷平所形成。其特点是地形面与岩层面不一致，上覆堆积物很薄，基岩常裸露于地表；在低洼地段有时覆盖有厚度稍大的残积物、坡积物、洪积物等。

剥蚀平原按外力剥蚀作用的动力性质不同可分为河成剥蚀平原、海成剥蚀平原、风力剥蚀平原和冰川剥蚀平原，其中较为常见的是前两种。河成剥蚀平原是由河流长期侵蚀作用所造成的侵蚀平原，也称准平原，其地形起伏较大，并沿河流向上逐渐升高，有时在一些地方则保留有残丘。海成剥蚀平原由海流的海蚀作用造成，其地形一般极为平缓，微向现代海平面倾斜。

剥蚀平原形成后，往往因地壳运动变得活跃，剥蚀作用重新加剧，使剥蚀平原遭到破坏，故其分布面积常常不大。剥蚀平原的工程地质条件一般较好，剥蚀作用将起伏不平的小丘夷平，某些覆盖层较厚的洼地也比较稳定。

（2）山麓斜坡堆积地貌

山麓斜坡堆积地貌包括洪积扇、坡积裙、山前平原、山间凹地。

1）洪积扇是山区河流自山谷流入平原后，流速减小，形成分散的漫流，流水挟带的碎屑物质开始堆积，形成的由顶端（山谷出口处）向边缘缓慢倾斜的扇地地貌。洪积扇的顶部堆积物的颗粒粗大，且多呈三角形；中部颗粒较细，多为块石、碎石、圆砾、角砾及砂等；尾部颗粒更细，多为细砂、粉砂、轻亚黏土和亚黏土等，有时还有淤泥等软土。洪积扇的地下水位在顶部埋藏较深，向中部及尾部变浅，在尾部及边缘地带常出露地表，形成条带状的沼泽地。

2）坡积裙是由山坡上的水流将风化碎屑物质携带到山坡下，并围绕坡脚堆积形成的裙状地貌。坡积裙的物质组成直接来源于山坡，因此，一般分选性差，细小和粗大的颗粒互相夹杂在一起。有时由于重力的作用，粗颗粒堆积在紧邻山麓处，细颗粒则堆积得稍远一点。

3）山前平原是山区和平原的过渡地带，一般是河流冲刷和沉积都很活跃的地区。汛期到来时洪水冲刷，在山前堆积了大量的洪积物；汛期过后，常年流水的河流中冲积物增加。洪积物或冲积物多沿山麓分布，靠近山麓地形较高，环绕着山前成一狭长地带，形成规模大小不一的山前洪积、冲积平原。由于山前平原由多个大小不一的洪（冲）积扇互相连接而成，因此呈高低起伏的波状地形。在中心构造运动上升的地区，堆积物随洪（冲）积扇向山麓的下方移动，使山前洪积、冲积平原的范围不断扩大。如果山区在上升过程中曾有过间歇，则在山前平原，其颗粒为砾石和砂，甚至粉粒或黏粒。地下水埋藏较浅，常有地下水溢出，水文地质条件较差，往往对工程建筑不利。

4）山间凹地是被环绕的山地所包围而形成的堆积盆地。山间凹地由周围的山前平原继续扩大所组成，凹地边缘颗粒粗大，一般呈三角形，凹地中心颗粒逐渐变细，地下水位浅，有时形成大片沼泽洼地。

（3）河流地貌

河流所流经的槽状地形称为河谷，它是在流域地质构造的基础上，经河流的长期侵蚀、搬运和堆积作用逐渐形成和发展起来的一种地貌，凡由河流作用形成的地貌，称为河流地貌。

河流作用塑造的地貌极其多样。从河谷横剖面看，可分谷底和谷坡两大部分。谷底包括河床和河漫滩；谷坡是河谷两侧的岸坡，常有阶地发育。谷坡与谷底的交界处称为谷坡麓。谷坡与原始山坡或地面的交界处称为谷肩，也称谷缘。从河流纵剖面看，上游河谷狭窄，多瀑布；中游河谷较宽，发育河漫滩和阶地；下游河床坡度较小，河谷宽浅，多形成曲流和汊河，河口段形成三角洲和三角湾。

河谷中枯水期水流所占据的谷底部分称为河床。河床横剖面呈一低凹的槽形。从源头到河口的河床最低点连线称为河床纵剖面，它呈一不规则的曲线。山区河床较窄，两岸常有许多山嘴突出，使河床岸线犬牙交错，纵剖面较陡，浅滩和深槽彼此交错，且多跌水和瀑布。平原地区河床较宽浅，纵剖面坡度较缓，有微微起伏。河床发展过程中，由于不同因素的影响，在河床中形成各种地貌，如河床中的浅滩、深槽、坡，山地基岩河床中的壶穴和岩槛等。

河流洪水期淹没河床以外的谷底部分称为河漫滩。平原河流河漫滩发育且宽广，常在河床两侧分布，或只分布在河流的凸岸。山地河谷比较狭窄，洪水期水位高度较大，河漫滩的宽度较小，相对高程却比平原河流的河漫滩要高。

在宽浅的河床中，水流常分汊，于是出现两股相对的横向环流，河床中部水流上升，发生底砂堆积，在水下形成浅滩，称为河心浅滩。随着河心浅滩的冲淤速度变化，浅滩会扩大或缩小，也会增高，如高出枯水位以上就称为心滩，或称为心滩式河漫滩。

河流阶地是在地壳的构造运动与河流的侵蚀、堆积作用的综合作用下形成的。当河漫滩河谷形成之后，由于地壳上升或侵蚀基准面相对下降，原来的河床或河漫滩便受到下切，而没有受到下切的部分就高出于洪水位之上，变成阶地，于是河流又在新的水平面上开辟谷地。此后，当地壳构造运动处于相对稳定期或下降期时，河流纵剖面坡度较小，流水动能减弱，河流垂直侵蚀作用变弱或停止，侧向侵蚀和沉积作用增强，于是又重新拓宽河谷，塑造新的河漫滩。在长期的地质历史过程中，若地壳发生多次升降运动，则引起河流侵蚀与堆积交替发生，从而在河谷中形成多级阶地。紧邻河漫滩的一级阶地形成的时代最晚，一般保存较好；依次向上，阶地的形成时代越老，其形态相对保持越差。

河流阶地的主要类型包括侵蚀阶地、堆积阶地和基座阶地。

2. 地质构造的野外认识实习

要了解地质构造的性质，往往需要对平面和不同方向的剖面进行观察和综合分析才能得到较为全面的认识。现将以下三组地质构造模型的观察步骤与要点分析如下。

（1）岩层的基本产状

1）观察水平、直立、倾斜三种产状的岩层平面与剖面表现特征，了解倾斜岩层的产状、走向、倾向和倾角的测量方法。

2）观察新、老岩层的相对位置在三种基本产状的模型中，其平面与剖面上的表现。

（2）褶皱

1）褶皱要素：通过观察掌握褶曲的核部、翼部、翼间角、转折端、轴面、枢纽、轴迹、脊线和槽线等褶皱要素的含义及其相互位置。

2）褶皱存在的依据：褶皱的基本类型是背斜和向斜，它们存在的共同特点是不同时代的地层在平面与剖面上均表现为对称式重复出现。

3）确定褶皱的性质与类型：确定褶皱存在后，需通过以下几方面的观察进一步确定其性质及类型：

① 根据地层的新老关系及产状区分向斜和背斜，核老翼新者为背斜，反之为向斜。核部地层上凸者为背斜，下凹者为向斜。

② 根据褶皱轴面的产状判别直立、倾斜、倒转、平卧或翻转等褶皱。

③ 根据褶皱横剖面的形态判别圆弧（正常）形、尖棱状、箱状、扇状、挠曲等褶皱。

④ 根据枢纽产状判别是水平褶皱还是倾伏褶皱，若属后者还应指出其倾伏方向（褶皱枢纽的倾伏方向是倾伏端岩层从老到新的方向）和倾伏角。

⑤ 根据褶皱的平面形态即长短轴之比可判别穹状（或盆状）、短轴或线状褶皱。根据褶皱的剖面组合形式可判别复背斜、复向斜、隔挡式或隔槽式等褶皱。

⑥ 根据褶皱的平面组合形式可判别平行型、斜列型或弧型等褶皱。

（3）断层

1）断层要素：观察并了解断层要素，如断层面、断层线、断层带、断盘（上盘、下盘，上升盘与下降盘及俯侧等要素的含义及其所在位置）、断距。

2）断层的依据：断层是否存在，主要取决于平面和剖面上地层的分布情况。如果断层出现非对称式重复或缺失，地层沿走向中断（与不同时代地层接触），则可确定断层的存在和位置。

3）确定断层的性质与类型：确定断层存在后，需通过以下几方面的观察进一步确定其性质与类型：

① 观察断层走向与地层走向间的关系，判别走向断层、倾向断层或斜向断层。

② 观察断层两盘的运动方向，判别正断层、逆断层或平移断层。当为逆断层时还应根据断层面倾角大小判别冲断层、逆掩断层或推覆构造。

③ 根据层线与褶皱轴线方向的关系，判别纵断层、横断层或斜断层。

④ 根据断层组合关系，判别地垒、地堑、阶梯状断层、叠瓦状断层、放射状断层或环状断层等。

3. 地层接触关系

概括地说，地层接触关系包括底层间的整合、假整合（平行不整合）和不整合；与侵入体的接触关系有侵入接触和沉积接触。此外还有断层接触等。现将判别和区分的要点简述如下：

1）整合、假整合和不整合接触关系的观察：首先应注意地层时代是否连续，有无地层缺失和沉积间断。其次是详细观察接触带的特征，看其上覆和下伏地层的产状是否一致，上覆地层底部有无来源于下伏地层的碎屑物组成的地砾岩，上覆地层底界面有无盖于不同时代或同一时代不同层位的地层上，上、下地层间有无冲刷面，上、下地层间有无岩浆侵入或区域变质程度的差异等。

2）侵入接触和沉积接触关系的观察：首先应注意岩体与围岩产状的关系是平行还是穿插。其次是观察接触带两侧的特征，如岩体内有无捕虏体、岩体边缘围岩有无烘烤边、有无接触变质，上覆岩层底部有无下伏岩体成分的砾石，以及岩体顶部有无古风化壳等。

3）断层接触关系的观察：注意观察地层是否呈不对称式重复出现或缺失，岩体或地层沿走向延伸是否连续或被错断等。

4）认识集中构造岩石（动力变质岩）：各类岩石在构造断裂带中，受力的影响，发生破碎、变形和重结晶作用而形成的岩石称为动力变质岩。它们呈带状和线状分布，由于原岩的性质、受力的程度及受力的大小等不同，可以形成不同类型的动力变质岩。

① 构造角砾岩：在构造断裂带中，岩石受力后破碎成大小不等的碎块，被次生的物质（破碎的岩石粉末、铁质、钙质、碳酸盐）胶结形成的岩石。

② 压碎岩类：以压碎、变形作用为主，受力更强，碎裂化的程度更高。按岩石碎裂的强弱又可分为：碎裂岩，岩石在压力作用下发生破碎，碎块无明显位移，裂隙中有钙质、铁质、硅质充填；碎斑岩，岩石中部分矿物碎裂化或呈粉末状，部分为较大的碎块（碎斑），被粉碎物质包围，矿物有变形；碎砾岩，是强烈被粉碎的岩石，岩石和矿物的碎粒仅 0.02～0.1mm，粉碎没有定向排列，原岩结构已不存在。

③ 糜棱岩类：在地壳的较下层位，因具备较高温度和静压力等条件，矿物发生塑

性变形生成的岩石。这类岩石比压碎岩类受力更强烈。最明显的特点是有平行的定向构造，线理发育。岩石中呈现眼球状、扁豆状碎斑，变形明显，具不同程度的重结晶现象和新生矿物的出现。根据岩石矿物变形程度及新生矿物的多少，可分为初糜棱岩、糜棱岩、超糜棱岩等。

4. 岩石的野外认识实习

沿周边山脉进行对岩浆岩、沉积岩、变质岩三大类岩石的野外认识实习，要求学生掌握岩浆岩、沉积岩、变质岩岩石的鉴定特征。

试验4　现场勘探试验工作的认识实习

1. 野外各类土的特征识别

1）碎石土为粒径大于2mm的颗粒质量分数超过50%的土。碎石土可分为漂石、块石（粒径大于200mm的颗粒的质量分数超过50%）、卵石、碎石（粒径大于20mm的颗粒的质量分数超过50%）（表9-5）。

表9-5　碎石土密实度野外鉴别方法

密实度	骨架颗粒含量和排列	可挖性	可钻性
密实	骨架颗粒质量分数大于70%，呈交错排列，连续接触	铁镐挖掘困难，用撬棍方能松动；井壁一般较稳定	钻进极困难；冲击钻探时钻杆、吊锤跳动剧烈；孔壁较稳定
中密	骨架颗粒质量分数为60%～70%，呈交错排列，大部分接触	铁镐可挖掘；井壁有掉块现象，从井壁取出大颗粒处，能保持颗粒凹面形状	钻进较困难；冲击钻探时钻杆、吊锤跳动不剧烈；孔壁有坍塌现象
稍密	骨架颗粒质量分数小于60%，呈交错排列，大部分不接触	锹可以挖掘；井壁易坍塌，从井壁取出大颗粒后，砂土充填物立即坍落	钻进较容易；冲击钻探时，钻杆稍有跳动；孔壁易坍塌

2）砂土为粒径大于2mm的颗粒的质量分数不超过50%，粒径大于0.075mm的颗粒的质量分数超过50%的土。砂土可分为砾砂、粗砂、中砂、细砂和粉砂（表9-6）。

表9-6　砂土的分类

土的名称	颗粒级配
砾砂	粒径大于2mm的颗粒的质量分数为25%～50%
粗砂	粒径大于0.5mm的颗粒的质量分数为50%
中砂	粒径大于0.25mm的颗粒的质量分数为50%
细砂	粒径大于0.075mm的颗粒的质量分数为85%
粉砂	粒径大于0.075mm的颗粒的质量分数为50%

注：1）定名时应根据颗粒级配由大到小以最先符合者确定。

2）当砂土中小于0.075mm的土的塑性指数大于10时，应冠以“含黏性土”定名，如含黏性土粗砂等。

3）粉土介于砂土和黏土之间，塑性指数I_p ≤10 且粒径大于 0.075mm 的颗粒的质量分数不超过 50%（表 9-7）。

表 9-7　粉土的分类

土的名称	颗粒级配
砂质粉土	粒径小于 0.005mm 的颗粒的质量分数不超过 10%
黏质粉土	粒径小于 0.005mm 的颗粒的质量分数超过 10%

4）塑性指数I_p大于 10 的土，根据塑性指数分为粉质黏土（10≤ I_p ≤17）和黏土（I_p >17）。

5）软土是天然含水量大、压缩性高、承载力和抗剪强度很低的呈软塑-流塑状态的黏性土。软土是一类土的总称，还可以将它细分为软黏性土、淤泥质土、淤泥、泥炭质土和泥炭等。淤泥质土的孔隙比 e 大于 1，小于 1.5；淤泥孔隙比大于 1.5；泥炭土的含水量有可能大于 100%。

有机质土：深灰色，有光泽，味臭。除腐殖质外尚含少量未完全分解的动植物体，浸水后水面出现气泡，干燥后体积有收缩。

泥炭质土：深灰或灰色，有腥臭味。能看到未完全分解的植物结构，浸水体胀，易崩解，有植物残渣浮于水中，干缩现象明显。

泥炭：除有泥炭质土特征外，结构松散，土质很轻，暗无光泽，干缩现象极为明显。

2. 工程地质钻探

现场最有效和最直观的手段是工程地质钻探，工程地质钻探一般采用回旋钻探，钻机一般采用 xy-100 型。现场钻探时一般边钻探边取样，钻探时最好是整个钻孔从上到下全芯取样，并将岩土芯样放入地面岩芯箱内，且做好深度、土样名称、标识及拍照。学生实习时应在工程钻探现场进行岩土芯样编录工作。编录内容包括土样的编号、取样深度、岩样土样颜色、岩样土样结构构造、岩样土样矿物成分及硬度、岩样土样颗粒大小及含量、岩样土样的饱和状态及可塑性、岩样土样采取率、岩样土样的扰动程度等，并对现场岩样土样命名。可以请现场有经验的钻探取样工程师现场介绍编录工作的要点及室内土工试验土样的取样要求。

3. 现场常用原位测试方法认识实习

现场常用的原位测试方法包括平板静力载荷试验、静力触探试验、动力触探和标准贯入试验、十字板剪切试验、扁铲侧胀试验、旁压试验、波速测试等。教师最好提前联系好工程勘察单位，然后带学生到工地现场进行上述一项或者多项现场原位测试方法的实习，使学生对现场原位测试方法有一个感性认识。

主要参考文献

《工程地质手册》编委会，2007．工程地质手册[M]．4 版．北京：中国建筑工业出版社．

胡广韬，杨文远，1984．工程地质学[M]．北京：地质出版社．

胡厚田，白志勇，2009．土木工程地质[M]．2 版．北京：高等教育出版社．

唐辉明，2008．工程地质学基础[M]．北京：化学工业出版社．

《简明工程地质手册》编委会，1998．简明工程地质手册[M]．北京：中国建筑工业出版社．

孔宪立，2001．工程地质学[M]．北京：中国建筑工业出版社．

李隽蓬，谢强，2001．土木工程地质[M]．成都：西南交通大学出版社．

李叔达，1994．动力地质学原理[M]．2 版．北京：地质出版社．

李智毅，杨裕云，1994．工程地质学概论[M]．北京：中国地质大学出版社．

林宗元，1996．岩土工程勘察设计手册．沈阳：辽宁科学技术出版社．

陆兆溱，1989．工程地质学[M]．北京：水利电力出版社．

王大纯，张人权，史毅虹，等，1995．水文地质学基础[M]．北京：地质出版社．

《岩土工程手册》编委会，1994．岩土工程手册[M]．北京：中国建筑工业出版社．

张咸恭，王思敬，张倬元，等，2000．中国工程地质学[M]．北京：科学出版社．

张忠苗，2007．工程地质学[M]．北京：中国建筑工业出版社．

中华人民共和国建设部，2009．岩土工程勘察规范[2009 年版]：GB 50021—2001[S]．北京：中国建筑工业出版社．

中华人民共和国交通运输部，2011．公路工程地质勘察规范：JTG C20—2011[S]．北京：人民交通出版社．

中华人民共和国铁道部，2007．铁路工程地质勘察规范（附条文说明）：TB 10012—2007[S]．北京：中国铁道出版社．

中华人民共和国住房和城乡建设部，2015．工程岩体分级标准：GB/T 50218—2014[S]．北京：中国计划出版社．

朱志澄，宋鸿林，1990．构造地质学[M]．武汉：中国地质大学出版社．